Characteristics and Control of Heavy Metal Pollution Sources
in Copper and Lead Industrial Sites

铜铅场地重金属污染源
特征及防控

马倩玲　郑洁琼　李　莉　等 编著

化学工业出版社

·北京·

内 容 简 介

本书以铜铅采选、冶炼行业为代表，以探究企业"三废"排放源与场地污染受体之间的联系为主线，主要介绍了铜铅采选、冶炼行业的"三废"排放特征，研究了废气排放源扩散至地面的规律，识别了废水和废渣污染场地土壤的因素，分析了场地污染特征，旨在探究场地污染发生规律，形成不同行业的排放源与污染场地响应关系。

本书具有较强的针对性、可操作性和实践性，可供从事重金属污染场地污染源监管和风险防控等的工程技术人员、科研人员和管理人员参考，也可供高等学校环境科学与工程、生态工程、矿业工程及相关专业师生参阅。

图书在版编目（CIP）数据

铜铅场地重金属污染源特征及防控/马倩玲等编著
. —北京：化学工业出版社，2023.6
ISBN 978-7-122-43714-3

Ⅰ.①铜…　Ⅱ.①马…　Ⅲ.①铜污染-土壤污染-污染防治②铅污染-土壤污染-污染防治　Ⅳ.①X53

中国国家版本馆 CIP 数据核字（2023）第 115619 号

责任编辑：刘兴春　刘　婧　　　　　装帧设计：韩　飞
责任校对：张茜越

出版发行：化学工业出版社（北京市东城区青年湖南街 13 号　邮政编码 100011）
印　　装：北京天宇星印刷厂
787mm×1092mm　1/16　印张 14¾　字数 290 千字
2023 年 11 月北京第 1 版第 1 次印刷

购书咨询：010-64518888　　　　　　售后服务：010-64518899
网　　址：http://www.cip.com.cn
凡购买本书，如有缺损质量问题，本社销售中心负责调换。

定　　价：98.00 元

《铜铅场地重金属污染源特征及防控》
编著人员名单

编著者：马倩玲　郑洁琼　李　莉　金尚勇　席利丽　杨文勇

谈　浩　顾　夏　马海涛　苏小平　林星杰　张　鸽

庞治坤　范书凯　楚敬龙

前　言

据 2014 年全国土壤污染状况调查公报，重污染企业用地、工业废弃地和采矿区土壤超标点位分别达到 36.3％、34.9％和 33.4％，且集中在金属采选、冶炼和化工等重点行业。我国金属采选/冶炼企业有 2 万多家，场地污染问题突出。

现有研究多针对金属采选/冶炼污染物排放特征开展，包括行业污染物类型、产排节点、排放强度、排放方式、排放去向等，未对场地污染发生规律进行系统研究；在场地污染成因方面，大多数研究仅根据场地污染实测情况对污染成因进行定性分析，较少对行业污染排放源与场地污染成因之间的响应关系进行定量分析；对行业污染源排放场地污染的分布规律、污染程度的影响缺乏系统、全面研究。

本书以铜铅采选、冶炼行业为代表，主要介绍了铜铅采选、冶炼行业的"三废"排放特征，研究了废气排放源扩散至地面的规律，识别了废水和废渣污染场地土壤的因素，分析了场地污染特征，探究了场地污染发生规律，建立了排放源与场地污染受体之间的关系，形成了特征污染源排放表，旨在解决我国重点行业场地污染源不清晰、源识别困难的问题，为场地污染源解析提供理论依据和数据基础，为污染源监管与风险防控提供技术支撑。

本书共分 7 章，其中第 1 章介绍了铜铅采选、冶炼行业重金属产生与排放，在现有产排污系数基础上按工序给出"三废"中单位产品重金属产生量，形成了该行业污染源排放表，指导行业污染源分析；本章主要由郑洁琼、席利丽、张鸽等完成。第 2 章、第 3 章、第 4 章分别探究了铜铅采选冶炼行业废气、废水、固体废物污染的发生规律，建立了排放源与场地污染受体之间的关系；其中第 2 章由李莉、苏小平、谈浩等完成，第 3 章由金尚勇、杨文勇、楚敬龙等完成，第 4 章由马倩玲、范书凯、谈浩、顾夏等完成。第 5 章识别了铜铅采选冶炼行业重点污染场地；本章由马倩玲、马海涛、庞治坤、楚敬龙等完成。第 6 章从宏观、微观层面对土壤污染的影响因素进行了分析；本章由马倩玲、郑洁琼、张鸽、范书凯等完成。第 7 章提出了铜铅采选冶炼行业场地污染防治对策；本章由郑洁琼、马倩玲、林星杰、苏小平等完成。全书最后由马倩玲统稿并定稿。

本书在编著过程中得到了很多同行、同事的帮助，在此表示感谢。书中所引用的文献资料统一在书后的参考文献中给予标注，但对部分做了取舍，对于没有写明的，敬请作者或原资料引用者谅解，在此表示衷心的感谢。

限于编著者水平及编著时间，书中存在不足和疏漏之处在所难免，敬请读者提出修改建议。

编著者

2023 年 4 月于北京

目　录

第 1 章

铜铅采选、冶炼行业重金属产生与排放

1.1 铜铅采选、冶炼行业发展现状

1.1.1 铜铅采选行业发展现状

1.1.1.1 铜采选行业

世界上铜矿资源丰富，分布集中度较高。据估计，世界上已探明和未探明的铜矿资源分别为 21 亿吨和 35 亿吨。2021 年，世界铜矿资源储量 8.8 亿吨，主要分布于智利、澳大利亚、秘鲁、俄罗斯、墨西哥等国家。我国 2021 年铜矿资源储量位居全球第 9 位，约为 2600 万吨，占全球储量的 2.95%，主要集中在西北、西南及华南等地区。其中，西藏、江西、云南、内蒙古、新疆、安徽、黑龙江、甘肃 8 省区合计储量占比超过 75%，而西藏、江西、云南 3 省区储量超过 50%。

2021 年全球铜精矿总产量 1742 万吨，其中智利为产量第一大国。我国 2021 年铜精矿产量为 182 万吨，占全球铜精矿总产量的 10.45%，位居世界第四位。我国主要有江西、铜陵、大冶、白银、中条山、云南、东北 7 大铜矿山基地。

1.1.1.2 铅采选行业

全球铅矿资源丰富，且分布广泛。目前，世界已查明的铅资源量超过 20 亿吨。2021 年，全球铅矿储量达到了 9000 万吨。2021 年我国铅矿资源储量为 2040.81 金属万吨，位居全球第二位，仅次于澳大利亚。我国的铅矿资源主要分布在云南、内蒙古、甘肃、广东、湖南和广西 6 个省区，合计储量占全国总量的 75% 以上。

同时，我国是全球第一大铅精矿生产国。2021 年，全球铅精矿生产量为 470 万吨，我国铅精矿生产量为 150.73 万吨，占比 32.07%。我国铅采矿和选矿产能主要分布于内蒙古、湖南、广西、四川和云南 5 个省区，占全国产能的 70% 以上。目前，我国已经建成一批大型铅锌矿山，如兰坪铅锌矿、凡口铅锌矿、锡铁山铅锌矿、会泽铅锌矿、厂坝铅锌矿等。

1.1.2 铜铅冶炼行业发展现状

1.1.2.1 铜冶炼行业

中国是全球最大的铜冶炼国。2010~2021 年我国精炼铜产量见图 1-1。其中，2021 年的全球精炼铜产量为 2458.9 万吨，其中 42.6% 来自中国，产量为 1048.7 万吨。

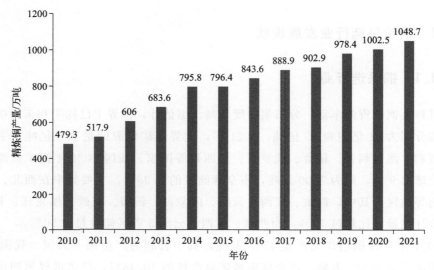

图 1-1 2010~2021 年我国精炼铜产量

2021 年我国主要铜冶炼企业产能见表 1-1，主要分布于江西、山东、安徽、甘肃、云南 5 个省份，产量合计占比达到了 54.22%，前 3 省份的产量合计占比达到了 38.43%。矿产铜生产主要集中在江西铜业、铜陵有色、中国铜业、金川集团、紫金矿业、大冶有色、祥光铜业 7 家大型企业。

表 1-1 2021 年我国主要铜冶炼企业产能

项目	企业名称	数值
精炼铜 产量 /万吨	铜陵有色金属集团股份有限公司	159.69
	江西铜业集团公司	178.22
	中国铜业有限公司	134.73
	金川集团股份有限公司	87.92
	东营方圆铜业公司	65.6
	大冶有色金属股份有限公司	48.02
	紫金矿业集团股份有限公司	58.40

续表

项目	企业名称	数值
精炼铜产量/万吨	山东祥光铜业公司	40.43
	8 家企业合计	773.01
	全国	1048.7
	占全国比例/%	73.71

注：1. 东营方圆数据为 2016 年数据，金川集团和祥光铜业为 2019 年数据，其余为 2021 年数据。
　　2. 数据来源为企业年报。

1.1.2.2　铅冶炼行业

我国是全球最重要的铅冶炼生产国，2016～2021 年我国铅产量见图 1-2。其中，2021 年精炼铅产量为 736.5 万吨，均稳居世界第一位，占世界总产量的 51.2%。我国电解铅主要集中在河南、湖南和云南等省份。矿产铅产能每年超过 20 万吨的仅有河南济源的豫光金铅、济源万洋、金利金铅 3 家企业。

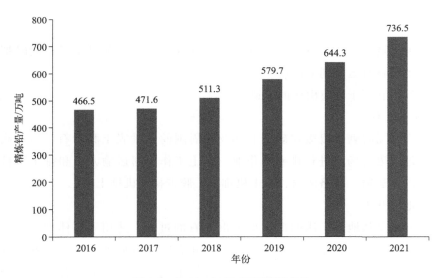

图 1-2　2016～2021 年我国铅产量

1.2　铜铅采选、冶炼行业主要工艺

1.2.1　铜铅采选行业主要工艺

1.2.1.1　采矿工艺

矿床开采分为露天开采和地下开采两种方式。一般说来，对于埋藏较深的矿

床宜采用地下开采。与地下开采相比，露天开采具有废石量大、占地面积大、地表植被破坏大、水土流失严重等环境问题，但露天开采具有生产能力大、建设速度快、矿石回收率高、采矿成本低、作业比较安全、适合大型高效设备等特点。

（1）露天开采

按地形和矿床埋深条件，露天矿可分为山坡露天矿和凹陷露天矿。露天采矿是一个移走矿体上的覆盖物，得到所需矿物，从敞露地表的采矿场采出有用矿物的过程。在敞开的地表采场进行有用矿物的采剥作业称为露天采矿。

露天开采作业主要包括穿孔、爆破、铲装、运输和排土。

1）穿孔、爆破

在露天采场矿岩内钻凿一定直径和深度的定向爆破孔，以炸药爆破，对矿岩进行破碎和松动。

2）铲装工作

铲装工作是露天矿开采全部生产过程的中心环节，它决定着露天矿的开采方法、采装工艺、技术装备、生产能力、开采强度和经济效益。露天矿采剥方法分为缓帮开采和陡帮开采两种。

3）运输工作

将露天采场的矿、岩分别运送到卸载点（或选矿厂）和排土场，同时把生产人员、设备和材料运送到采矿场。主要运输方式有铁路、公路、输送机、提升机，还有水力运输和用于崎岖山区的索道运输等。

4）排土工作

从露天采场将剥离覆盖在矿床上部及其周围的大量表土和岩石，运送到专门设置的场地（废石场）进行排弃的作业。排土工作根据运输方式和排土机械的不同可分为汽车运输、铁路运输、推土机排土、胶带排土机排土等。

（2）地下开采

地下开采是从地下矿床的矿块里采出矿石的过程，适用于矿体埋藏较深，在经济上和技术上不适宜露天开采的矿床。从地表向地下掘进一系列井巷工程通达矿体，建立完整的提升、运输、通风、排气等生产系统，并进行有用矿物开采工作的称为地下开采。地下采矿方法分类繁多，常用的以地压管理方法为依据，坑采方法分为空场采矿法、充填采矿法、崩落采矿法三大类。地下开采主要通过矿床开拓、矿块的采准、切割和回采 4 个步骤实现。

开采流程包括凿岩爆破、通风、铲装运输等。

1）凿岩爆破

在岩石（或矿石）上钻凿炮孔，然后采用浅孔爆破、深孔爆破、硐室爆破等。

2）通风

矿井通风防尘系统是矿井通风网路、通风动力及控制、防尘系统的总称。矿井通风防尘系统向地下井巷连续送入新鲜空气，排出有害气体，以保证井下作业人员的安全和健康，创造良好的工作环境。

3）铲装运输

将采出的矿石、废石经各转运点和主要巷道运送至地面，以及对人员、设备器材进行运送。

我国 80% 的铜矿资源为低品位矿，共伴生元素主要有金、钼、铅、锌等，且铜矿大矿少、中小矿多，铜矿平均品位为 0.87%，不及世界主要生产国矿石品位的 1/3，富铜矿（品位>1%）查明资源储量仅占总查明资源储量的 20%，因此我国铜矿山建设规模普遍较小，且我国铜资源中斑岩型铜矿少，矽卡岩型多，而矽卡岩型铜矿多数适宜地下开采。现阶段我国铜矿开采主要有露天和地下两种方式，随着铜矿开采需求增大，地下开采技术手段逐渐成了较为重要的方式。

我国的铅矿资源具有小矿多，大矿少；贫矿多，富矿少；伴生元素较多，矿石类型复杂，开采难度较大等特点。在采矿方式方面，我国铅矿山以地下开采为主，露天开采为辅，大型资源基地内矿山均为地下开采。据统计，我国目前地下采矿量占总采矿量的 91.26%，而露天开采只占 8.74%。在采矿方法方面，我国地下铅矿山以空场法作为主要采矿方法，约占 60%；其次为充填法，约占 20%。小型铅矿山规模小、矿体不大，主要采用浅孔留矿法、全面法及房柱法等简单工艺，贫化率和损失率都较高，资源浪费和损失严重。

1.2.1.2　选矿工艺

选矿是将原矿石或其他原料用化学或物理化学方法，使有用矿物和无用矿物、杂质经济有效地分离，以满足冶炼或者其他用户对产品的需要。将有用矿物进行有效分离的过程称选矿工艺。

通常选矿工艺流程中可能包括的工序有破碎、筛分、磨矿、重选、浮选、磁电选、化学选矿、细菌选矿等。

（1）破碎、筛分

1）破碎

破碎是大块物料在机械力作用下力度变小的过程，其是矿物加工过程的重要环节。破碎流程包括一段破碎、两段破碎、三段破碎和带洗矿作业的破碎。

破碎机械按处理物料的粒度可分为粗碎、中碎和细碎破碎机；按工作原理和结构特征可分为颚式破碎机、圆锥破碎机、冲击式破碎机和磨碎机等。

2）筛分

筛分是将颗粒大小不同的混合物料，通过单层或多层筛子而分成若干个不同粒度级别的过程。筛分设备有固定筛、振动筛，其中振动筛包括自定中心振动筛、重型振动筛、共振筛、直线振动筛。

（2）磨矿分级

磨矿分级流程由磨矿机与分级机组成。

磨矿是指将破碎后的矿石进一步缩小粒度，使有用矿物与脉石解离，以满足选别或其他特殊要求的作业。磨矿流程可分为一段磨矿和两段磨矿。常用的磨矿设备是球磨机和棒磨机。

根据固体颗粒因粒度不同在介质中具有不同沉降速度的原理，将颗粒分为两种或多种粒度级别的过程为分级，包括湿式分级（水力分级）和干法分级（风力分级）。

分级流程常用一段闭路磨矿流程或二段闭路磨矿流程。

分级设备有螺旋分级机和水力旋流器。

（3）重选

重力选矿是按照矿物的密度差对矿物进行分选的选矿方法，简称重选。重选的实质就是借助多种力，按物料的密度实现分离。重选过程必须在某种流体介质中进行。常用的介质有水、空气、重介质（重液或重悬浮液），其中应用最多的介质是水，称为湿式分选；以空气为介质时称为风力分选；在重介质中进行的分选过程称为重介质分选。

（4）浮选

浮选是利用矿物表面物理化学性质差异，在固-液-气三相界面有选择性地富集一种或几种目的矿物，从而达到与脉石矿物分离的一种选别技术。浮选即泡沫浮选，是根据矿物表面物理化学性质的不同来分选矿物的选矿方法。在浮选过程中要加入浮选药剂，以改变颗粒表面性质或浮选介质的特性来提高分选效率。浮选药剂的种类很多，根据其在浮选过程中的作用可分为捕收剂、起泡剂、抑制剂、活化剂和介质调整五大类。

（5）磁选

磁选是基于矿物间磁性差异，在不均匀磁场中实现矿物之间分离的一种选矿方法。被选矿石给入磁选设备的选分空间后，受到磁力和机械力的作用。磁性不同的矿粒受到不同的磁力作用，沿着不同的路径运动。由于矿粒运动的路径不同，分别接取时就能达到磁性产品和非磁性产品。

（6）电选

电选是以带不同电荷的矿物和物料在外电场作用下发生分离为理论基础的。电选法应用物料固有的不同摩擦带电性质、电导率和介电性质，从而有效分离颗粒。

（7）化学选矿

化学选矿是借助化学反应使矿物中有用组分富集或除去杂质的工艺过程，包括各种浸出法、焙烧法及沉淀、吸附、萃取、电积、离子浮选等从溶液中回收有用组分的各种方法。

铜选矿的方法有重选、浮选、磁电选、化学选矿等。铅锌矿分选以浮选为主，工艺流程主要有全电位控制浮选、全浮选工艺流程、硫化浮选工艺法、重介质-浮选工艺、改性胺浮选法、螯合捕收剂浮选法、浸出（氨浸、酸浸）-浮选、快速浮选、分支串联浮选、异步混合浮选、部分快速优先浮选、选冶联合等工艺。单一浮选又分先铅后锌的优先浮选，先硫化矿后氧化矿的分段浮选，先浮易浮矿后浮难浮矿等的可浮流程。针对目前中低品位氧化铅锌矿资源，倾向于选冶联合工艺流程，即选矿采用正反浮选技术，生产出满足选冶联合技术要求的氧化铅锌精矿。

1.2.2　铜铅冶炼行业主要工艺

1.2.2.1　铜冶炼工艺

本书介绍的铜冶炼是指以铜精矿为原料获取金属铜的工业生产活动，不包括以废旧铜物料为原料的再生铜冶炼。

铜冶炼工艺分为火法冶炼和湿法冶炼两种，其中以火法冶炼为主。世界上火法冶炼的精炼铜产量约占总产量的 85%，我国火法冶炼的精炼铜产量占总产量95% 以上。

（1）火法冶炼

全球矿铜产量的 75%～80% 以硫化形态存在，矿物经开采、浮选后得到铜精矿。因此，以硫化铜精矿为原料，采用冶炼工业炉窑火法炼铜是生产精铜产品的主要工艺方法。

铜冶炼火法工艺过程见图 1-3，主要包括 4 个主要步骤，即造锍熔炼、铜锍（冰铜）吹炼、粗铜火法精炼和阳极铜电解精炼。

1）造锍熔炼

造锍熔炼主要是使用铜精矿（含铜 13%～32%）造冰铜熔炼，目的是使铜精矿部分铁氧化，造渣除去，产出含铜较高的冰铜（含铜 40%～75%）。

熔炼工艺和熔炼设备是火法炼铜的核心。传统熔炼方法主要有鼓风炉法、反射炉法、电炉法。现代炼铜方法主要分为两大类，包括闪速熔炼方法和熔池熔炼方法。

传统的火法炼铜工艺由于冶炼效率低、能耗大、污染严重等问题，逐步被淘汰。根据《限期淘汰产生严重污染环境的工业固体废物的落后生产工艺设备名录》（工信部公告 2021 年第 25 号），"鼓风炉、电炉、反射炉炼铜工艺及设备"为国家产业政策已明令淘汰或立即淘汰的落后生产工艺设备。因此近年来我国火法炼铜的工艺均为现代炼铜法。

① 闪速熔炼。闪速熔炼炉包括奥托昆普（Outokumpu）闪速炉、国际镍公司因科（Inco）闪速炉和旋涡顶吹熔炼（ConTop）3 种。

闪速熔炼的生产过程是用富氧空气或热风，将干精矿喷入专门设计的闪速炉的反应塔，精矿粒子在空间悬浮的 1～3s 内与高温氧化性气流迅速发生硫化矿物的

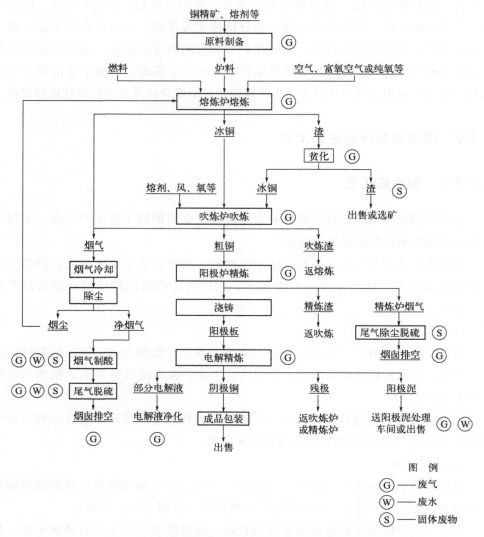

图 1-3　火法炼铜生产工艺流程及排污节点图

氧化反应，并放出大量的热，完成熔炼反应即造锍的过程。反应的产物落入闪速炉的沉淀池中进行沉降，使铜锍和渣得到进一步的分离。

闪速熔炼在 20 世纪 50 年代末开始生产，已在很多企业推广应用，目前世界约50%的粗铜冶炼能力采用闪速熔炼工艺。中国采用闪速熔炼工艺的冶炼厂主要有贵溪冶炼厂、金隆冶炼厂、金冠冶炼厂、金川集团公司铜冶炼厂和山东阳谷祥光铜业公司。该工艺技术具有生产能力大、能耗低、污染少等优点，单套系统最大矿铜产能可达 40 万吨/年以上，适用于规模 20 万吨/年以上的工厂。但是要求原料深度干燥到含水<0.3%，精矿粒度<1mm，原料中杂质铅加锌不宜高于 6%。该工艺的缺点是：设备复杂、烟尘率较高，渣含铜比较高，需要进行贫化处理。

闪速熔炼工艺技术在能效和环保方面的特点：闪速熔炼的铜精矿氧化反应迅

速，单位时间内放出的热量多，加快了熔炼速度，使熔炼的生产率大幅度提高，为反射炉与电炉熔炼的 2 倍。采用富氧工艺后，在铜精矿含硫正常情况下可实现自热熔炼，大大降低了燃料的消耗。由于精矿中硫化物的氧化反应程度高，且采用高浓度的富氧空气熔炼，烟气量少，烟气中的 SO_2 浓度可提高到 30% 以上，有利于烟气制硫酸过程中硫的回收和环境保护，硫的捕集率和回收率均可达到 98% 以上。

② 熔池熔炼。熔池熔炼工艺按送风方向可分为富氧侧吹熔炼、氧气顶吹熔炼和氧气底吹熔炼 3 种。其中，富氧侧吹熔炼按熔炼炉型可分为以诺兰达炉和特尼恩特炉为代表的单侧吹熔炼技术和以瓦纽科夫炉、金峰炉和白银炉为代表的双侧吹熔炼技术。氧气顶吹熔炼主要为三菱法、顶吹旋转转炉法和艾萨（ISA）/奥斯迈特（Ausmelt）熔炼法等。金峰炉、白银炉和氧气底吹熔炼均为我国自主开发的铜熔炼工艺技术。

对比闪速炉反应塔的熔炼过程，熔池熔炼也是一个悬浮颗粒与周围介质的热与质的传递过程。所不同的是，悬浮粒子是处在一个强烈搅动的液-气两相介质中，受液体流动、气体流动及两种流体间的相互作用以及动量交换的影响。由于熔池熔炼过程的传热与传质效果好，可大大强化冶金过程，达到提高设备生产率和降低冶炼过程能耗的目的。其特点是对炉料的要求不高，各种类型的精矿，干的、湿的、大粒的、粉状的都适用，炉子容积小，热损失小，节能环保都比较好，特别是烟尘率明显低于闪速熔炼。

熔池熔炼是 20 世纪 70 年代开始在工业上应用的，近年来得到了广泛的推广。富氧侧吹熔炼技术已在我国赤峰云铜、浙江和鼎铜业、烟台国润、烟台恒邦和南国铜业等 10 余家企业投入生产运行，氧气底吹炼铜厂有东营方圆、山东恒邦、中原黄金、五矿铜业和青海铜业等，采用氧气顶吹熔炼技术的企业包括铜陵金冠、大冶有色、云锡铜业、易门铜业等。总体看来，富氧侧吹熔炼技术和氧气底吹熔炼技术的发展较快，氧气顶吹熔炼因其原料制备复杂、铜回收率低、铜回收率低、投资运行成分高，且难以适应连续吹炼技术等缺点发展受限。

2）铜锍（冰铜）吹炼

铜锍（冰铜）吹炼是将铜锍或冰铜（含铜 40%～75%）进一步氧化、造渣脱除其中的铁和硫，生产粗铜（含铜约 98%）。

铜锍（冰铜）吹炼技术分为间歇式 P-S 转炉吹炼和连续吹炼两种。

① 间歇式 P-S 转炉吹炼。间歇式 P-S 转炉吹炼已有百年的历史，1905 年 Peirce 和 Smith 成功应用碱性耐火材料内衬卧式吹炼转炉，使 P-S 转炉成功用于铜的吹炼。P-S 转炉吹炼是从浸入式风口鼓风进入熔融的冰铜层，对冰铜中的 Fe 和 S 进行氧化，形成熔融的粗铜（99%Cu）。这个过程由两个阶段组成：第一阶段为造渣期，即 FeS 强烈氧化，生成 FeO 并放出 SO_2 气体；第二阶段为造铜期，即 Cu_2S 氧化成 CuO，并与未氧化的 Cu_2S 相互反应生成 Cu 和 SO_2，直至与铜结合的

硫全部除去为止。

该工艺成熟可靠,设备和操作简单,投资低,不加燃料吹炼,可用空气和低浓度的富氧空气,能够利用剩余热量处理工厂中的含铜中间物料(粗铜壳、残阳极、烟尘、冷冰铜等),还能够处理外购的冷杂铜,生产成本低。

该工艺适用范围广,无论生产规模大小、铜锍品位高低,均可应用该工艺,是世界上普遍采用的成熟工艺。世界上大约80%的铜锍采用P-S转炉吹炼,我国也有50%以上的产能占比,包含一些大型铜冶炼企业,例如贵溪冶炼厂、紫金铜业、金隆铜业、云铜冶炼厂、金川铜冶炼厂、大冶冶炼厂等。但由于该工艺为分周期、间断作业,炉体密闭差,漏风大,烟气SO_2浓度低,设备台数多,物料进出需要吊车装运,低空污染较严重,因此人们一直在开发连续吹炼工艺替代P-S转炉吹炼。

② 连续吹炼。连续吹炼技术由赤峰云铜和金峰冶金技术发展有限公司于2014年7月共同开发成功。

连续吹炼工艺即吹炼炉连续进料、连续排烟、工艺操作连续一致。为了控制粗铜含硫,连续吹炼工艺大多采用无铜锍的炉渣-粗铜两相操作,因而炉渣的氧化程度高,渣含铜和Fe_3O_4高,炉渣需要返回熔炼炉处理。为了提高吹炼的铜直收率,同时降低吹炼渣量以降低熔炼炉负荷,提高熔炼炉产能,必须提高吹炼的入炉铜锍品位。过低的铜锍品位还会使吹炼炉过热。因此,高铜锍品位是进行连续吹炼的前提条件之一,一般要求铜锍品位为68%以上。目前已经投入工业应用的连续吹炼工艺见表1-2。

表 1-2 工业应用的铜锍连续吹炼工艺

连续吹炼工艺	发明国家	首次应用时间	应用情况
闪速吹炼	美国、芬兰	1995年7月	已建成投产6台,其中5台在中国,1台在美国;中国4台的设计年产生能力为40万~45万吨矿铜,1台为30万吨,美国1台为30万吨
三菱吹炼	日本	1974年3月	已建成6台:加拿大Kidd Creek和澳大利亚port Kembla厂已停产;有4台在运行,设计最大年能力为30万吨矿铜
诺兰达连续吹炼	加拿大	1997年11月	仅在加拿大霍恩冶炼厂应用,将诺兰达炉产出的铜锍吹炼,连续产出含硫很高的"半粗铜",再用P-S转炉吹炼产出粗铜
奥斯麦特吹炼	澳大利亚	1999年8月	吹炼分造铜期和造渣期操作,不能连续进料,分炉次间断作业,没有富氧,与P-S转炉相似,只是不需要包子和行车输送铜锍。在侯马冶炼厂和印度Birla冶炼厂应用,Birla冶炼厂系统投产不顺利,已永久性关闭
奥斯麦特C3工艺	澳大利亚	2012年3月	仅在中国云锡公司应用,按炉次周期性作业,每炉次分三个阶段:进料造渣、氧化造铜、放铜排渣。设计生产能力为粗铜10万吨/年
氧气底吹吹炼	中国	2014年3月	目前国内已有5家冶炼厂、6台吹炼炉(东营方圆2台)投产

连续吹炼工艺	发明国家	首次应用时间	应用情况
多枪顶吹 连续吹炼	中国	2014 年 10 月	国内有 2 台在运行，设计最大生产能力 15 万吨；4 台在建，设计最大生产能力 30 万吨

注：以上统计截至 2019 年 3 月。

从表 1-2 可以看出，当今主流的连续吹炼技术有闪速吹炼、三菱顶吹连续吹炼、氧气底吹连续吹炼技术、多枪顶吹连续吹炼技术等。我国除三菱顶吹连续吹炼技术外，其他连续吹炼技术均已投入工业生产。其中，多枪顶吹连续吹炼技术即我国借鉴日本三菱顶吹连续吹炼工艺自主研发的，并且在原有技术上进行了升级。多枪顶吹炉采用固定式水冷炉体，采用热态连续进料，多支氧枪从炉体顶部鼓入富氧空气，吹炼所需熔剂通过顶部溜管加入炉内，实现了铜锍连续进料、连续吹炼，产出粗铜和吹炼渣分别通过虹吸和溢流排放。该技术已在烟台国润、赤峰云铜和南国铜业成功应用，具有反应强度大、作业率高、成本低、操作环境好等优点。

3）粗铜火法精炼

火法精炼是将粗铜（含铜约 98%）通过氧化造渣进一步脱除杂质元素，生产（含铜 98.5%～99.5%）阳极铜。

火法精炼主要有反射炉精炼工艺、回转式阳极炉火法精炼工艺和倾动炉精炼工艺三种。反射炉精炼工艺存在炉体寿命短、能耗高、环保效果差等缺点，目前已被淘汰；回转式阳极炉火法精炼工艺环保效果好、生产成本低，并采用纯氧燃烧技术和透气砖技术，大大提高了火法精炼作业的技术指标；倾动炉精炼工艺多用于再生铜冶炼。目前国内精炼工艺以回转式阳极炉火法精炼为主。

4）阳极铜电解精炼

电解精炼是通过引入直流电，阳极铜（含铜 98.5%～99.5%）溶解，在阴极析出纯铜，杂质进入阳极泥或电解液，从而实现铜和杂质的分离，产出阴极铜（含铜≥99.995%）。

阳极铜电解精炼工艺包括常规电解精炼工艺和不锈钢阴极电解精炼工艺。常规电解精炼工艺采用铜薄片（厚度 0.3～0.7mm）经加工安装吊耳后制成铜始极片作为阴极，电解过程中铜离子析出于始极片上成为阴极铜。不锈钢阴极电解精炼工艺技术使用不锈钢阴极板代替铜始极片作阴极，产出的阴极铜从不锈钢阴极板上剥下，不锈钢阴极板再返回电解槽中使用。由于不锈钢阴极板平直，所以可采用高电流密度进行生产。同常规电解相比，它工艺流程简化、生产效率高、产品质量好，因此具有常规电解及周期反向电解不可比拟的优点，是先进的电解精炼工艺技术。

（2）湿法冶炼

湿法冶炼是指在常温、常压或高压下用溶剂使铜从矿石中浸出，然后从浸出液中除去各种杂质，再将铜从浸出液中用萃取-电积法提取出来。氧化矿大多用溶剂直接浸出；硫化矿通常先经焙烧，然后浸出。

现代湿法炼铜技术通常有浸出—萃取—电积、氨浸法、氯化浸出法、细菌浸出法等，主要处理的是氧化铜矿石、低品位硫化铜矿石、选厂尾矿、难选复合矿石和硫化铜精矿等。该技术在我国仅在紫金铜业、德兴铜矿有小规模应用。

1.2.2.2 铅冶炼工艺

本书介绍的铅冶炼是指以铅精矿和铅锌混合精矿为主要原料生产铅金属产品的工业生产活动，不含再生铅。

铅冶炼通常分为粗铅冶炼和精炼两个步骤。粗铅冶炼过程是指铅精矿经过氧化脱硫、还原熔炼、铅渣分离等工序，产出粗铅，粗铅含铅95%～98%，其生产工艺及主要产排污节点见图1-4。粗铅中含有铜、锌、镉、砷等多种杂质，再进一步精炼，去除杂质，形成精铅，精铅含铅99.99%以上。

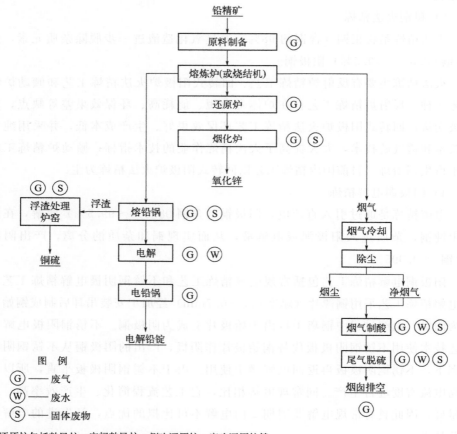

还原炉包括鼓风炉、密闭鼓风炉、侧吹还原炉、底吹还原炉等

图1-4 铅冶炼生产工艺及主要产排污节点图

（1）粗铅冶炼工艺

粗铅冶炼工艺分火法冶炼和湿法冶炼两种。目前世界上的粗铅冶炼几乎全部为火法，湿法很少有工业应用。2016 年我国建成投产的祥云飞龙硫酸铅渣湿法处理资源化循环利用示范项目是世界上首条采用全湿法工艺流程处理硫酸铅渣的生产线。

火法冶炼可分为传统炼铅法和直接炼铅法。传统炼铅法包括烧结-鼓风炉熔炼法和电炉熔炼法等，该工艺烟气含尘量高、排放量大、SO_2 浓度低无法制酸，污染严重，属于高能耗、高污染工艺。根据《限期淘汰产生严重污染环境的工业固体废物的落后生产工艺设备名录》（工信部公告 2021 年第 25 号），"采用烧结锅、烧结盘、简易高炉等落后方式炼铅工艺及设备""烧结-鼓风炉炼铅工艺"为国家产业政策已明令淘汰或立即淘汰的落后生产工艺设备。近年来，我国建设的铅冶炼项目大多以直接炼铅工艺为主。与传统炼铅法相比，直接炼铅法具有流程短，自动化水平高，设备紧凑、占地面积少，烟气 SO_2 浓度高，自热熔炼能耗低，铅、锌、硫回收率高，环保和劳动卫生水平条件好等优点。

直接炼铅法可简单分为闪速熔炼和熔池熔炼两种。

1）闪速熔炼

闪速熔炼的典型代表有基夫赛特法、奥托昆普法以及我国自主研发的 HUAS 闪速炼铅法。我国江西铜业铅锌金属有限公司和株洲冶炼集团股份有限公司采用基夫赛特法炼铅，河南灵宝市华宝产业集团采用 HUAS 闪速炼铅法炼铅，奥托昆普法在我国没有实际应用案例。

① 基夫赛特法。基夫赛特（Kivcet）法为前苏联开发的一步炼铅法工艺，其主要设备是基夫赛特炉，由熔炼竖炉、炉缸、电热区和烟道四部分组成。基夫赛特炉电热区的电能由碳电极提供，以维持熔体处于熔融状态，从电炉区拱顶的氮气密封加料口加入焦粒，还原熔体中的氧化锌和剩余的氧化铅。电炉区端墙下部设有虹吸放铅，侧下部设有渣口，定期排渣。为进一步回收渣中残余的铅、锌，通常采用烟化炉处理炉渣。电炉区含铅、锌的蒸气经过后燃烧室吸入空气氧化后再经余热锅炉、热交换器、布袋除尘器除尘后排空，热交换器产出的热空气用于炉料的干燥。

该法特点是：a.作业连续，氧化脱硫和还原在一座炉内连续完成；b.原料适应性强，含铅 20%～70%、硫 13.5%～28%、银 100～8000g/t 的原料均可适用；c.金属的回收率高，铅回收率>97%，金、银入粗铅率达 98% 以上，回收原料中锌 60% 以上；d.烟尘率低（4%～8%），烟气 SO_2 浓度高（20%～50%），可直接制酸，烟气量少，带走热量少，且余热利用好，从而减小冷却和净化设备；e.能耗低，炉子寿命长，炉寿可达 3 年，维修费用低。

其主要缺点是原料准备复杂，炉料粒度要求<1mm，需干燥至含水 1% 以下，且投资偏高。

② HUAS闪速炼铅法。HUAS闪速炼铅法（铅富氧闪速熔炼法）是我国借鉴现代铜闪速熔炼并充分吸纳基夫赛特炼铅工艺优点基础上研发的新型闪速炼铅炉。

铅富氧闪速熔炼法技术主体设备由一座闪速熔炼炉和一座矿热贫化电炉组成。闪速熔炼炉由带氧焰喷嘴的反应塔、设有热焦虑层的沉淀池和上升烟道三部分组成。反应塔和上升烟道架设在沉淀池上，反应塔在前，上升烟道在尾部。塔顶中央设有一个精矿喷嘴，粉状炉料和碎焦混合后通过下料管从咽喉口处给出，氧气在咽喉口成高速射流，将炉料引入并经喇叭口分散成雾状送入反应塔。中央喷嘴将反应空气、炉料混合分散并送入塔，风料呈悬浮状，进入高温区即发生冶金化学反应。反应后的铅与渣在沉淀池分离，大部分粗铅从沉淀池放铅口虹吸放出，至浇铸机浇筑成粗铅锭，送铅精炼车间电解精炼；少部分铅呈PbO进入炉渣，自流至矿热贫化电炉进行深度还原。贫化电炉的粗铅从放铅口虹吸放出浇铸成铅锭，送铅精炼车间电解精炼。冰铜定期由冰铜口虹吸放出。

铅富氧闪速熔炼法工艺物料适应性强，不仅适用于铅精矿的处理，还可以处理湿法炼锌渣、湿法炼铜渣和铅贵金属系统渣。该工艺烟气量小，热量损失小，烟气SO_2浓度高。炉体烟尘烟气逸散少、操作条件好、劳动安全、工业卫生条件好、烟尘排放少，降低冶炼过程的环境污染程度。

2）熔池熔炼

熔池熔炼分为富氧底吹熔炼、富氧顶吹熔炼和富氧侧吹熔炼。

① 富氧底吹熔炼法。富氧底吹熔炼的典型代表有QSL法、富氧底吹-鼓风炉熔炼法（水口山法即SKS法）、富氧底吹-液态高铅渣直接还原熔炼法。

Ⅰ.QSL法。该法关键设备为QSL炉，QSL炉为可90°转动的卧式长圆筒型炉，一炉内设有氧化区和还原区分别完成氧化和还原过程，有着能耗低、对环境友好、备料简单、烟气SO_2浓度高、生产成本低等优点。但该工艺同时有着对物料品位要求高、对操作控制要求高、渣含铅高、烟尘率高、粗铅含硫高、浮渣率高等缺点，国内曾由德国引进该工艺，但由于诸多原因均被迫停产。

Ⅱ.富氧底吹-鼓风炉熔炼法（水口山法即SKS法）。该法是我国具有自主知识产权的先进工艺，铅精矿、铅烟尘、熔剂及少量粉煤经计量、配料、制粒后，由炉子上方的加料口加入炉内，工业氧气从炉底的氧枪喷入熔池，氧气进入熔池后，首先和铅液接触反应，生成氧化铅，其中一部分氧化铅在激烈的搅动状态下和位于熔池上部的硫化铅进行交互反应生成一次粗铅、氧化铅和二氧化硫；所生成的一次粗铅和铅氧化渣沉淀分离后，粗铅虹吸或直接放出，铅氧化渣则由铸锭机铸块后送往鼓风炉还原熔炼，产出二次粗铅。氧化熔炼产生的SO_2烟气经余热锅炉和电除尘器后送硫酸车间制酸。水口山法在借鉴QSL法基础上，保留了QSL法的氧化段，取消了还原段，还原段采用鼓风炉熔炼完成，炉体结构相对简单。

Ⅲ.富氧底吹-液态高铅渣直接还原熔炼法。该法前面氧化炉熔炼部分与SKS法等熔炼工艺基本相同，还原炉采用富氧熔炼炉替代了鼓风炉，取消了铸渣机，用溜槽将氧化炉和还原炉进行连接。氧化炉产生的液态高铅渣经溜槽直接进入还原炉进行还原熔炼，有效利用高铅渣的显热，还原炉内加煤粒或焦炭，采用天然气或煤或煤气等进行还原熔炼。还原炉产出二次粗铅送后续的精炼系统，还原炉渣送后续的烟化炉处理，回收锌。

该法与水口山法相比具有很大的优势，如流程短、综合能耗低、自动化控制水平高等，因此在济源市万洋冶炼厂、河南豫光金铅等众多企业都有应用。目前采用该工艺的已建成和在建项目产能已超过我国原生铅总产能的 60%。

② 富氧顶吹熔炼法。富氧顶吹熔炼法的典型代表有卡尔多法、富氧顶吹-鼓风炉熔炼法（艾萨炉和奥斯麦特法）、富氧顶吹-液态高铅渣直接还原熔炼法等。

Ⅰ. 卡尔多法。该法的关键设备为卡尔多炉。卡尔多炉本体由内衬铬铅砖的圆筒形炉缸和喇叭形炉两部分构成，通过炉体的驱动电机可使炉子转动，使熔体在生产时处于转动之中，溶体传热传质效果优良，热利用率高，在一炉内完成加料、氧化、还原、出铅放渣 4 个步骤。但该工艺所产烟气中 SO_2 时断时续，SO_2 浓度低，制酸成本高，且有中间物料多、金属直收率低、炉衬寿命短、耐火材料消耗高等缺陷。国内曾从瑞典引进该工艺，但由于生产成本高被迫关停。

Ⅱ. 富氧顶吹-鼓风炉熔炼法。该法系富氧顶吹浸没式熔池熔炼过程，艾萨法与奥斯麦特法均为顶吹熔炼，核心设备分别为艾萨炉和奥斯麦特炉，其工作原理基本相同，只是在炉子结构上各有特点。铅精矿、铅烟尘、熔剂及少量粉煤经计量、配料、制粒后，由炉子上方的加料口加入炉内，富氧空气从炉顶的喷枪喷入熔池，氧气进入熔池后，首先和铅液接触反应，生成氧化铅，其中一部分氧化铅在激烈的搅动状态下和位于熔池上部的硫化铅进行交互反应生成一次粗铅、氧化铅和二氧化硫；所生成的一次粗铅和铅氧化渣沉淀分离后，粗铅虹吸或直接放出，铅氧化渣则由铸锭机铸块后，送往鼓风炉还原熔炼，产出二次粗铅。氧化熔炼产生的 SO_2 烟气经余热锅炉和电除尘器后送硫酸车间制酸。

Ⅲ. 富氧顶吹-液态高铅渣直接还原熔炼法。该法主要是将富氧顶吹熔炼炉与液态高铅渣侧吹还原炉结合形成的一种新的炼铅工艺。云南驰宏锌锗股份有限公司采用艾萨炉富氧顶吹熔炼＋还原炉液态高铅渣侧吹还原＋烟化炉烟化挥发工艺，液态高铅渣经还原炉直接还原，有效利用了液态高铅渣物理热，大幅降低了燃料消耗。

③ 富氧侧吹熔炼法。富氧侧吹熔炼法是富氧空气从炉子侧墙上位于静置熔体平面以下约 0.5m 处的风口以约 100kPa 的表压送入炉内，使熔体强烈鼓泡与激烈搅动，控制炉内温度及气氛灯完成熔炼过程。其核心设备是侧吹熔炼炉，炉子是由三层冷却水套围成的横断面呈矩形的炉子，自下而上分为炉缸、炉身（熔池区和再燃烧区）、炉顶三部分。炉缸用耐火材料砌筑于钢板焊接而成的钢槽内，呈倒拱形；炉身两侧装有熔池风口和再燃烧风口，炉一端为加料室，另一端为渣虹吸

井，有放渣口和虹吸放铅口；炉顶有上层（熔炼室）炉顶和中层（加料室）炉顶，炉顶均为钢水套内衬耐火泥，加料室炉顶有主加料口。上层炉顶设有备用加料口和直升烟道，直升烟道也由水套围成。

富氧侧吹熔炼工艺由2台炉子串联组成，经过配料的炉料计量后送入氧化炉内进行富氧侧吹氧化熔炼，产出一次粗铅、富铅渣、含高浓度 SO_2 烟气，其烟气送制酸；热态富铅渣经溜槽直接流入还原炉，加入还原剂进行富氧侧吹还原熔炼，产出二次粗铅和还原炉渣，还原炉渣进烟化炉吹炼进一步回收铅、锌。氧化炉和还原炉产出的粗铅送后续精炼系统。

富氧侧吹直接炼铅工艺是我国自主开发、具有自主知识产权的炼铅方法，应用于江西金德铅业等企业，实践表明，该方法具有投资省、原料适应性广、能耗低、环境友好、劳动强度低、作业连续等优点。富氧侧吹还原段可以直接替代目前 SKS 鼓风炉还原工艺，便于 SKS 鼓风炉还原段的技术改造，省去了高铅渣铸块工序，液态高铅渣直接入富氧侧吹还原炉还原，还原剂以煤代焦，降低生产成本。富氧侧吹直接炼铅工艺作为一种先进的炼铅方法具有广阔的应用前景。

（2）粗铅精炼工艺

粗铅精炼主要有火法和电解法。目前世界上很多铅冶炼厂采用火法精炼，只有我国、日本和加拿大等国家采用电解精炼。

火法精炼是利用杂质金属与主金属（铅）在高温熔体物理性质或化学性质方面的差异，形成与熔融主金属不同的新相（如精炼渣），并将杂质富集其中，从而达到精炼的目的。

电解精炼是以阴极铅铸成的薄极片作阴极，以经过简单火法精炼的粗铅作阳极，装入硅氟酸和硅氟酸铅水溶液组成的电解液内进行电解的过程。

我国的粗铅电解基本上均采用湿法电解工艺，仅在电解前熔铅锅部分根据粗铅成分有一小段火法除铜过程，除铜通常是采用熔析及硫化除铜法。

1.3 铜铅采选、冶炼行业重金属产生来源

1.3.1 铜铅采选行业重金属产生来源

1.3.1.1 废气

铜铅采选行业产生的废气主要为采矿废气和选矿废气。

（1）采矿废气

1）地下采矿废气

地下采矿废气主要包括凿岩粉尘、爆破粉尘、装运粉尘、溜井粉尘、井下破碎硐室粉尘，其他粉尘如工作面放顶、喷锚作业、挑顶刷帮、干式充填等地点产

生的粉尘。

其中，凿岩产生的粉尘是连续的，并会随着凿岩进度不断累积增加，井下巷道中的大部分粉尘是由凿岩工序产生的（约占 85%）。实测数据显示，干式凿岩粉尘质量浓度在数十至数百毫克/米³ 的范围内，湿式凿岩粉尘质量浓度虽然有所下降，但如果不进行通风排尘则工作面粉尘质量浓度仍严重超过国家标准。

爆破产生的粉尘在爆破的瞬间强度最大，可达到数千至数万毫克/米³，之后随着时间的延长逐渐下降，放炮后粉尘的质量浓度通常达到数十毫克/米³。虽然高粉尘浓度空气的维持时间较短，但若是不采取有效防尘措施，爆破数小时后，巷道内空气粉尘浓度仍然要比正常时高出 10～20 倍。

装运粉产生的粉尘特点是粒径较粗，易于沉降，但其中呼吸性粉尘的绝对含量较高，必须采取有效防尘措施。实测数据表明，若不采取防尘措施，人工装岩时空气粉尘浓度可达 700～800mg/m³，机械装岩时则可达千余毫克/米³。

溜井粉尘是铜铅井下开采主要的产尘区之一，特别是多中段开采时尤为突出。溜井产尘量在数毫克/米³ 至数十毫克/米³ 之间，特殊情况下可高达数百毫克/米³。溜井产尘的特点是在卸矿时，由于矿石加速下落，空气受到压缩，此受压空气带着大量粉尘流经下部中段出矿口向外泄出而污染矿井空气。当矿石经溜井下落时，在矿石的后方会产生负压。此时，在卸矿口将产生瞬间入风流，造成风流短路。当主溜井多中段作业时很可能造成风流反向。

井下破碎硐室是井下产尘最集中的地方，产尘量可达数百到数千毫克/米³，其中粒径<5μm 的粉尘约占 90%。

2）露天采矿废气

露天开采较地下开采来说，由于大揭露敞开式的开采方式以及露天开采工艺的特点，其废气产生的数量和范围更大，有研究表明，在特大型设备周围，空气粉尘浓度可达几千毫克/米³，使用汽车运输、钻孔、岩石切割机和大型挖掘机的露天矿中，整个大气的含尘量也达几十毫克/米³。露天开采废气主要包括穿孔粉尘、爆破粉尘和废气、采装粉尘、运输粉尘、排土场粉尘等。

其中，穿孔粉尘在总产尘量的第二位，如一台牙轮钻机当穿孔速度为 0.05m/s 时，仅 10～15μm 微细粉尘的产生量每秒就达 3kg 之多。

爆破粉尘的特点同地下采矿一样，尤其是炸药量达几吨以上的大爆破，将产生大量的一氧化碳、氮氧化物等有毒有害气体和粉尘。

采装粉尘在总产尘量中排第三位。电铲产尘量与矿石相对密度、湿度以及铲斗附近的风速有关，一般矿山的电铲产尘量为 400～2000mg/s。

运输粉尘占全矿采、装、运等生产设备总产尘量的首位，是露天开采区的主要尘源。运矿汽车在行驶过程中，其产尘量可达 620～3650mg/s。

国内有关实测资料表明：穿孔设备的产尘量占总产尘量的 6.30%，装载设备占 1.19%，运输设备占 91.33%，凿岩设备占 0.57%，推土设备占 0.61%。

（2）选矿废气

选矿过程中的大气污染源主要是粉尘，气态污染物主要是选别作业中浮选药剂挥发产生的含药剂气体。一般来说，破碎、筛分过程是选矿厂粉尘较集中的源，其他各种给料设备处也有粉尘产生，尾矿库如果不及时复垦，风干后也会产生大量粉尘。选别作业中浮选药剂挥发出来的含药剂气体和特殊矿自身产生的有毒有害气体是选矿过程中主要的气态污染物。

1.3.1.2 废水

铜铅采选行业产生的废水主要为采矿废水和选矿废水。

（1）采矿废水

采矿废水主要包括设备冷却水和凿岩降尘除尘废水等采矿工艺废水、矿坑涌水和排土场淋溶水等。

其中，矿坑涌水是在矿山开采过程中产生的废水，其水质因矿床种类、地质构造等因素的不同而差别较大。

我国铜铅矿山废水一般为酸性废水。矿山酸性废水是硫化矿在开采以及废石贮存等过程中经空气、降水和细菌的综合作用形成的。矿山酸性废水水量较大、pH 值较低、含高浓度的硫酸盐和可溶性的重金属离子和铁离子。

（2）选矿废水

选矿废水包括选矿厂排出的尾矿水、精矿浓密池溢流水、尾矿库渗滤液等，有时还有中矿浓密溢流水和选矿过程中脱药排水等。

选矿生产所产生的废水不同程度地含有重金属离子及选矿药剂，如黄药、松醇油、黑药、硫化物、氰化物、氨氮、酸或碱、Cu^{2+}、Pb^{2+}、Zn^{2+}、Cd^{2+} 等。

1.3.1.3 固体废物

铜铅锌矿采选产生的固体废物为废石和尾矿。

（1）废石

露天采矿过程中废石的产生环节为：一是在露天台阶建设时需要剥离大量表层覆盖物包括围岩，剥离出来的即为废石；二是在台阶形成后，采矿过程中需要将不含矿的围岩和夹石采剥出来与矿石分开运输。露天采矿废石的产生量可以用采剥比衡量，采剥比又称剥采比，是指开采每单位有用矿石所剥离的废石量，用 m^3/m^3（或 t/t）表示。通常大型露天矿的采剥比不超过 $5\sim6m^3/m^3$，中型矿不超过 $4\sim5m^3/m^3$，小型矿不超过 $3\sim4m^3/m^3$。坚硬岩石中露天开采要求的极限采剥比为 $5\sim6m^3/m^3$，在松软岩层中则为 $8\sim10m^3/m^3$。

地下采矿过程中废石的产生环节为：一是在地下巷道建设过程中主井、副井、巷道、溜井等开拓工程产生的井下建设废石；二是在井下采准和切割过程中，通过穿孔、爆破后将不含矿的围岩和夹石采剥出来产生的废石。地下采矿采切工程中矿、岩的分布情况决定了废石的产生量多少。采切比是每万吨或千吨采出矿石量所需掘进的井巷长度（m）或体积（m³）。通常的采切比为 20～50m/kt、60～150m³/kt，废石占其中的 50%～70%。

铜矿废石中的主要元素为 Cu、Fe、Au、Ag、S 等，其余重金属均为微量，国内不同铜矿废石化学成分见表 1-3。

表 1-3　国内不同铜矿废石化学成分

名称	Cu /%	S /%	Fe /%	Al₂O₃ /%	SiO₂ /%	Pb /%	Zn /%	Au /(g/t)	Ag /(g/t)	CaO /%	MgO /%	Mo /%	As /%
江西某铜矿	0.056	0.31	4.77	17.15	69.02	0.008	0.012	—	—	1.54	1.34	0.046	0.0041
安徽某铜矿	0.12	0.67	3.13	15.2	60.58	0.012	0.001	0.11	0.72	4.64	2.10	0.004	0.0006
内蒙古某铜矿	0.08	0.53	2.28	13.02	76.75	0.011	0.014	0.02	1.4	0.15	0.33	0.024	0.0087
湖北某铜矿	0.16	0.87	6.41	5.24	33.51	0.013	0.015	0.05	3.7	20.4	4.93	0.04	0.0034
山西某铜矿	0.18	0.22	—	14.74	62.28	—	0.18	0.03	0.04	1.79	3.71	—	—
云南某铜矿	0.23	—	2.2	3.52	72.48	0.008	0.023	0.03	6.32	7.35	0.48	0.001	—

注："—"表示未检测，下同。

铅矿废石中元素主要为 Pb、Zn、Fe 等，其余重金属均为微量。国内不同铅矿废石化学成分见表 1-4。

表 1-4　国内不同铅矿废石化学成分

名称	Cu /%	S /%	Fe /%	Al₂O₃ /%	SiO₂ /%	Pb /%	Zn /%	Au /(g/t)	Ag /(g/t)	CaO /%	MgO /%	As /%
西北某铅锌矿	0.019	2.12	4.93	5.41	38.19	0.21	0.9	0.1	6.35	35.82	1.39	0.03
广东某铅锌矿	0.023	5.87	11.07	2.49	12.36	0.87	1.1	—	12.32	11.26	—	0.043
湖南某铅锌矿	0.11	3.15	7.49	4.83	28.72	0.42	0.75	—	—	9.57	1.59	—
青海某铅锌矿	0.01	3.15	7.49	4.83	28.72	0.42	0.75	—	—	9.57	1.59	—
云南某铅锌矿	0.006	0.89	3.21	2.34	33.76	0.23	1.6	0.08	2.45	18.98	0.67	0.08

（2）尾矿

选矿中分选作业的产物中有用目标组分含量较低且当前技术经济条件下无法用于生产的部分称为尾矿。尾矿的产生量主要与选矿工艺的金属回收率和尾矿产率有关，一般来讲原矿中金属品位越接近成品精矿品位的，其尾矿产生量就越少。

因为品位越接近精矿品位，所需要选出的尾矿就越少，实际中可能因为个别矿物的浮选性能等方面的原因出现偏差。

国内不同铜尾矿化学成分见表1-5。

表1-5 国内不同铜尾矿化学成分   单位：%

尾矿来源	Cu	SiO$_2$	Fe	CaO	Al$_2$O$_3$	MgO	K$_2$O	Na$_2$O
甘肃白银	0.28	35.38	37.00	1.08	1.82	0.42	0	0
新疆哈密	—	44.25	1.94	13.56	5.36	19.92	1.2	1
浙江诸暨	—	29.05	16.01	20.61	4.81	3.18	0	0
山东昌乐	—	62.55	2.49	5.94	16.05	2.56	0	0
江苏无锡	—	48.02	8.93	16.77	7.94	3.52	0	0
湖北大冶	—	38.82	14.97	25.05	4.28	3.08	0	0
湖北阳新	—	40.14	9.07	25.54	7.37	2.06	0	0
其他	0.35~4.6	31~39	19~35	0.5~19	0.2~12	0~2	—	—

国内不同铅尾矿化学成分见表1-6。

表1-6 国内不同铅尾矿化学成分

名称	Pb/%	Zn/%	As/%	S/%	Cu/%	Fe/%	Al$_2$O$_3$/%	SiO$_2$/%	Au/(g/t)	Ag/(g/t)	CaO/%	MgO/%
湖南某矿1	0.37	0.62	0.5	15.78	0.081	20.07	2.58	12.62	—	23.12	7.69	15.69
湖南某矿2	0.02	0.001	0.0001	—	—	7.45	11.60	49.18	—	—	3.04	14.57
江西某矿1	0.17	0.15	—	1.05	0.012	5.70	11.76	63.42	—	—	0.80	0.67
江西某矿2	0.24	0.12	—	1.73	0.015	7.65	11.42	58.52	—	—	0.42	0.23
陕西某矿	0.65	0.23	—	—	—	1.23	2.39	74.50	—	—	1.96	8.99
广东某矿	0.7	0.65	—	10.8	0.02	12.1	4.2	21.2	0.05	18.2	0.8	10.4

1.3.2 铜铅冶炼行业重金属产生来源

1.3.2.1 废气

重有色金属矿多以硫化物状态存在，故在冶炼过程中（包括熔炼、吹炼和精炼）会产生含有二氧化硫的烟气，同时由于燃烧、高温熔融和化学反应等，还会产生含有金属（铅、锌、砷等）的氧化物和未完全燃烧的细颗粒物烟气；而在冶炼前处理炉料制备（如熔剂和燃料破碎、筛分、物料运输等）机械过程中会产生粉尘。

（1）铜冶炼废气

在火法铜冶炼过程中，废气产生于备料、熔炼、吹炼、火法精炼、电解、渣选矿以及制酸等工序，主要污染物是颗粒物、重金属、SO$_2$、NO$_x$和硫酸雾等，排放方式包括有组织与无组织两类，见表1-7。

表 1-7　铜冶炼中产生的大气污染物及来源

工序		污染源	主要污染物
火法炼铜	干燥	干燥窑烟气	颗粒物、重金属（铜、铅、砷、镉、汞）、SO_2
		精矿上料、精矿出料、转运	颗粒物、重金属（铜、铅、砷、镉、汞）
	配料	抓斗卸料、定量给料设备、皮带运输设备转运过程中扬尘	颗粒物、重金属（铜、铅、砷、镉、汞）
	熔炼	熔炼炉烟气	颗粒物、重金属（铜、铅、砷、镉、汞）、SO_2、NO_x
		加料口、锍放出口、渣放出口、喷枪孔、溜槽、包子房等处泄漏（环境集烟）	颗粒物、重金属（铜、铅、砷、镉、汞）、SO_2、NO_x
	吹炼	吹炼炉烟气	颗粒物、重金属（铜、铅、砷、镉、汞）、SO_2、NO_x
		加料口、粗铜放出口、渣放出口、喷枪孔、溜槽、包子房等处泄漏	颗粒物、重金属（铜、铅、砷、镉、汞）、SO_2、NO_x
	精炼	精炼炉烟气	颗粒物、重金属（铜、铅、砷、镉、汞）、SO_2、NO_x
	渣贫化	炉窑烟气	颗粒物、重金属（铜、铅、砷、镉、汞）、SO_2、NO_x
		加料口、锍放出口、渣放出口、电极孔、溜槽、包子房等处泄漏	颗粒物、重金属（铜、铅、砷、镉、汞）、SO_2、NO_x
	烟气制酸	制酸尾气	颗粒物、重金属（铜、铅、砷、镉、汞）、SO_2、NO_x、硫酸雾
	电解	电解槽及其他槽	酸雾
	电积	电积槽及其他槽	酸雾
	净液	真空蒸发器	酸雾（160℃）
		脱铜电积槽	酸雾、AsH_3 气体
湿法炼铜	备料	破碎机等	颗粒物
	浸出	搅拌浸出槽等	酸雾
	萃取	萃取槽等	酸雾、萃取剂、溶剂油
	电积	电积槽	酸雾
	道路扬尘、堆场扬尘（无组织排放）		颗粒物、重金属（铜、铅、砷、镉、汞）

由表 1-7 可知，铜火法冶炼过程中，除电解、电积、净化工序外，干燥、配料、熔炼、吹炼以及阳极炉精炼等工序都会不同程度地产生并排放含重金属的烟气、粉尘。其中配料工序和渣选工序产生的粉尘颗粒直径较大，易于沉降；熔炼、吹炼以及火法精炼工序产生的烟气温度高，含尘量大，颗粒物直径较小。一般来说，闪速炉、熔池熔炼炉以及 PS 转炉的烟气含尘量（标）分别为 50～100g/m³、

$5\sim15g/m^3$ 和 $3\sim15g/m^3$。

在湿法铜冶炼过程中，废气产生于备料、浸出、萃取、电积等工序，主要污染物是颗粒物、重金属、硫酸雾和挥发性有机溶剂等。其中重金属排放量较小。

（2）铅冶炼废气

铅冶炼过程中，精矿熔炼、铅渣还原、粗铅初步火法精炼、阴极铅精炼铸锭、硅氟酸制备、鼓风炉渣烟化处理、各类中间产物（如铜浮渣）的处理、烟尘综合回收等工序均有废气产生。废气主要包括粉尘、烟尘和烟气，烟粉尘主要污染物为铅、锌、砷、镉、汞等重金属及其氧化物，烟气主要污染物有 SO_2、NO_x 等，见表1-8。由表1-8可知，铅冶炼过程中，除电解精炼外，其他工序均产生含重金属烟气和粉尘。

表 1-8　铅冶炼中产生的大气污染物及来源

工序	污染源	主要污染物
原料制备	精矿装卸、输送、配料、造粒、干燥、给料等过程	颗粒物、重金属（铅、锌、砷、镉、汞）
熔炼	底吹、顶吹、侧吹、富氧底吹等熔炼炉烟气	颗粒物、重金属（铅、锌、砷）、SO_2、NO_x
	加料口、出铅口、出渣口、溜槽以及皮带机受料点等处泄漏烟气	
还原	鼓风炉、富氧直接还原炉等还原炉烟气	颗粒物、重金属（铅、锌、砷）、SO_2、NO_x
	加料口、出铅口、出渣口、溜槽以及皮带机受料点等处泄漏烟气	
烟化	烟化炉烟气	颗粒物、重金属（铅、锌、砷）、SO_2、NO_x
	加料口、出渣口以及皮带机受料点等处泄漏烟气	
初步火法精炼	熔铅锅、电铅锅	颗粒物、重金属（铅）
浮渣处理	浮渣处理炉窑烟气	颗粒物、重金属（铅、锌、砷、铜）、SO_2、NO_x
	浮渣处理炉窑烟气；加料口、放冰铜口、出渣口等处泄漏烟气	
烟气制酸	制酸尾气	颗粒物、重金属（铅、锌、砷、镉、汞）、SO_2、NO_x、硫酸雾
铅电解车间（无组织排放）		酸雾
道路扬尘、堆场扬尘（无组织排放）		颗粒物、重金属（铅、锌、砷、镉、汞）

1.3.2.2　废水

（1）铜冶炼废水

铜冶炼生产过程工业废水产生及来源见表1-9，主要包括工艺废水和设备冷却水两类工业废水；此外还有初期雨水。

表 1-9　铜冶炼工艺工业废水产生及来源

	废水种类	排水来源	主要污染物
火法炼铜	酸性废水	制酸系统污酸	酸、重金属离子
		制酸系统含酸污水	酸、重金属离子
		硫酸场地初期雨水、生产厂区其他场地初期雨水	酸、重金属离子
	冶金炉水套冷却水排污水	工业炉窑汽化水套或水冷水套	盐类
	余热锅炉排污水、化学水处理车间排污水	余热锅炉房、化学水处理站	盐类
	金属铸锭或产品熔铸冷却水排水	圆盘浇铸机、直线浇铸机等	固体颗粒物
	冲渣水和直接冷却水	水淬装置等	固体颗粒物
	湿式除尘循环水	精矿干燥烟气湿式除尘废水	悬浮物、盐类
	电解、净液车间排水	电解槽、极板清洗水	酸性废水、重金属离子
		真空蒸发冷凝水	酸
		车间地面冲洗水、压滤机滤布清洗水	重金属离子
湿法炼铜	酸性污水	生产厂区场地雨水	酸性废水、重金属
	含萃取剂酸性废水	萃取工序	酸、油污

工艺废水主要为制酸系统的废酸（污酸）和其他生产废水（汇集后进入工业废水处理站的废水）。其他生产废水包括烟气净化废水、冲渣水、冲洗废水。烟气洗涤水、湿法除尘、冲洗地面、清洗布袋和设备等的废水，以及湿法冶炼的"跑、冒、滴、漏"的废水属于污染严重的废水。这部分废水多呈酸性，除含硫酸外，还含有多种重金属离子和砷、氟等有害元素。如处理得当，不仅可使废水达标，处理后的废水可回用，还可以从废水中回收有价金属。由于铜精矿常伴生有砷、铅、镉等有害元素。烟气洗涤、湿法除尘的废水水质常随原矿成分不同而不同。在铜冶炼过程中，砷污染往往是比较严重的。

设备冷却水是冷却冶炼炉窑等设备循环水排污而产生的，基本未受污染，但排放量大，占全厂废水排放总量的 40% 以上。目前许多大型企业为提高工业用水回用率，减少外排废水量，对全厂用排水进行整体规划，这一类"干净"水基本被用于对水质要求不高的工序，不外排。目前各企业大部分设备冷却水均循环利用，仅有极少部分排放，这类排放废水污染程度较低，一般未经处理直接排放。

（2）铅冶炼废水

铅冶炼生产过程中的废水包括炉窑设备冷却水、烟气净化废水、冲渣废水、初期雨水以及冲洗废水等。其中含有重金属的废水主要有烟气净化废水、冲洗废水以及初期雨水等，涉重金属有铅、锌、砷、镉、铜、汞、铊等。铅冶炼生产过程中的废水来源及特征情况见表 1-10。

表 1-10　铅冶炼工艺工业废水来源及特征

废水种类	来源及特征	污染物
炉窑设备冷却水	冷却冶炼炉窑等设备产生，废水排放量大，约占总水量的 40%	基本不含污染物
烟气净化废水	对冶炼、制酸等烟气进行洗涤所产生的废水，废水排放量较大	含有酸、重金属离子（铅、锌、砷、镉、铜、汞、铊等）和非金属化合物
水淬渣水（冲渣水）	对火法冶炼中产生的熔融态炉渣进行水淬冷却时产生的废水	含有炉渣微粒及少量重金属离子等
冲洗废水	对设备、地板、滤料等进行冲洗所产生的废水，包括电解或其他湿法工艺操作中因泄漏而产生的废液	含重金属（铅、锌、砷、镉、铜、汞等）和酸
初期雨水	冶炼厂区前 15mm 雨水	含重金属（铅、锌、砷、镉、铜、汞等）

1.3.2.3　固体废物

（1）铜冶炼固体废物

铜冶炼多采用熔炼（或熔炼＋贫化）-吹炼-火法精炼-电解精炼工艺，最终得到精炼铜。铜火法冶炼典型工艺产生的固体废物及其来源见表 1-11，主要有渣选矿尾矿、铅滤饼、白烟尘、砷滤饼、石膏渣、中和渣、脱硫副产物和废催化剂。

表 1-11　铜冶炼中的主要固体废物及其来源

固体废物名称	固体废物来源	主要污染物	备注
渣选矿尾矿	渣选矿	重金属	一般固体废物
铅滤饼	制酸系统烟气净化工段	Cu、As、Pb 等重金属	危险废物
白烟尘	熔炼炉和吹炼炉电收尘	Cu、As、Pb 等重金属	危险废物
砷滤饼	污酸处理系统	Cu、As、Pb 等重金属	危险废物
石膏渣	污酸处理系统	硫酸钙、重金属	一般固体废物
中和渣	污水处理系统	As、Cu 等重金属、F	鉴别后判定
脱硫副产物	烟气脱硫系统	Ca、Mg、SO_4^{2-}、SO_3^{2-}	鉴别后判定
废催化剂	制酸系统转化工序	V_2O_5	危险废物

（2）铅冶炼固体废物

铅冶炼生产过程中产生的固体废物主要有水淬渣、浮渣处理炉窑炉渣、煤气发生炉渣、脱硫渣、含砷废渣等。冶炼过程中产生的烟尘、浮渣、阳极泥、氧化铅渣等均属于中间产品，需返回工艺流程或单独处理。生产过程中产生的主要固体废物及来源见表 1-12。

表 1-12　铅冶炼中的主要固体废物及来源

名称	来源	主要污染物	备注
水淬渣	还原炉渣烟化炉吹炼或回转窑挥发	重金属	一般固体废物
浮渣处理炉窑炉渣	铜浮渣处理产生炉渣	重金属	危险废物
酸泥	烟气净化工序产生	铅、砷、汞等重金属	危险废物
砷滤饼	制酸烟气污酸处理系统	As、Pb 等重金属	危险废物
污水处理站污泥	污水处理系统	重金属	危险废物
脱硫渣	制酸尾气、熔炼炉烟气等烟气脱硫产出渣	Ca、Mg、SO_4^{2-}、SO_3^{2-}	鉴别后判定
废催化剂	产生于制酸系统转化工序，是废催化剂	V_2O_5	危险废物

1.4　铜铅采选、冶炼行业重金属排放污染防治技术

1.4.1　铜铅采选行业重金属排放污染防治技术

1.4.1.1　废气治理技术

在铜铅锌采选行业中，常用湿式除尘来减少颗粒物和重金属的产生量。

（1）井下采矿湿式除尘措施

坑内掘进与回采作业均采取湿式凿岩；爆破堆喷雾洒水、定期巷壁清洗；井下破碎除尘、矿石、废石溜井口喷雾除尘等抑尘措施。

（2）选矿车间湿式除尘措施

选矿车间碎矿先进行洗矿，破碎及选矿均采用湿式作业，抑制颗粒物产生。

（3）原矿输送湿式除尘措施

原矿输送情况中，矿石运输对周围环境无影响，矿区内车辆多为工程车辆，矿区在一些地段安置喷水装置不定期对物资运输道路进行喷雾、洒水降尘、抑尘。

1.4.1.2　废水治理技术

铜铅锌采选行业含重金属废水的处理工艺包括混凝沉淀法、石灰中和法、高浓度泥浆法、硫化法、膜分离法、吸附法和生化法等。

① 混凝沉淀法适用于处理污染程度较低的采选废水，也可用于其他处理工艺的预处理。

② 石灰中和法和高密度泥浆法适用于处理采矿、选矿产生的酸性废水，对水质适用性较强；高密度泥浆法可用于常规石灰中和法的改造。

③ 硫化法、膜分离法适用于处理含重金属浓度较高的酸性废水，用于回收有价金属，一般与石灰中和法、HDS 法联合使用。

④ 吸附法适用于严格控制重金属外排地区的废水深度处理回用。

⑤ 生化法适用于可生化性较好的选矿废水处理。

1.4.1.3　固体废物处理技术

在铜铅锌采选行业中，废石通常用于井下充填，其余废石则放置于废石场处置。另外，有些废石可作为"原料"进行二次利用。而尾矿资源的治理方向主要在尾矿重选、有价组分提取、充填、建筑材料、土壤改良剂、微晶体制备等方面。

1.4.2　铜铅冶炼行业重金属污染防治技术

1.4.2.1　废气治理技术

根据《铜冶炼污染防治最佳可行技术指南（试行）》（2015 年），铜冶炼烟气除尘最佳可行技术见表 1-13。

表 1-13　铜冶炼烟气除尘最佳可行技术

烟气来源	可行技术及流程
铜精矿干燥窑烟气	干燥窑→袋式除尘器→风机→放空
	干燥窑→电除尘器→风机→放空
铜精矿载流干燥烟气	载流管→沉尘室→一级旋风除尘器→二级旋风除尘器→风机→电除尘器→放空
顶（底）吹熔炼炉熔炼烟气	余热锅炉→电除尘→风机→制酸
闪速炉熔炼烟气	余热锅炉→电除尘（必要时可设粗除尘）→风机→制酸
吹炼烟气	转炉→余热锅炉（喷雾冷却器）→电除尘器→风机→制酸
含砷熔炼烟气	余热锅炉→电除尘器→骤冷塔→袋式除尘器→风机→制酸
电炉贫化烟气	电炉→水套烟道→电除尘器→风机→制酸
精炼烟气	阳极炉→余热锅炉→烟气换热器→冷却烟道→袋式除尘器（或电除尘器）→风机→制酸（或脱硫）
卫生通风空气	各排风点→袋式除尘器→风机→放空（或脱硫）

根据《铅冶炼污染防治最佳可行技术指南（试行）》（HJ-BAT-7）（2012 年），铅冶炼烟气除尘最佳可行技术见表 1-14。

表 1-14　铅冶炼烟气除尘最佳可行技术

工序或设备	含尘量/(g/m³)	最佳可行工艺流程	外排烟粉尘浓度/(mg/m³)
原料制备	5～10	集气罩→袋式除尘器→排气筒	＜50
熔炼炉	100～200	熔炼炉烟气→余热锅炉→电除尘器→制酸工序	—
还原炉	8～30	还原炉烟气→余热锅炉→冷却烟道→袋式除尘器→脱硫→烟囱	＜50
烟化炉	50～100	烟化炉烟气→余热锅炉→冷却烟道→袋式除尘器→脱硫→烟囱	＜30
熔铅锅/电铅锅	1～2	集气罩→袋式除尘器→排气筒	＜8
浮渣处理炉窑	5～10	烟气→表面冷却器/冷却烟道→袋式除尘器→烟囱	＜20
环境集烟	1～5	收集烟气→袋式除尘器→烟囱	＜25

随着国家对生态文明建设的全面推进和重金属污染防控的进一步要求，我国的环保标准越来越严格。据统计，目前国内 31 个省份及直辖市 337 个地级市中，已经有 50% 以上的城市或城市部分区域要求执行《铜、镍、钴工业污染物排放标准》（GB 25467—2010）和《铅、锌工业污染物排放标准》（GB 25466—2010）及其修改单中的特别排放限值，未来要求执行特别排放限值的区域会进一步扩大，执行特别排放限值甚至超低排放成为一种趋势。因此，铜铅冶炼行业的废气治理技术不断发展，新的除尘技术逐渐涌现出来。目前行业内废气常用的除尘技术包括过滤除尘法和湿式除尘法，脱硫技术包括石灰-石膏法、有机溶液循环吸收法、金属氧化物吸收法、钠碱法、活性焦吸附法、氨法吸收法。

各种治理技术的去除效率见表 1-15。

表 1-15　大气污染物常用末端治理技术去除效率

序号	治理技术（设备）名称	污染物名称	去除率/%
1	湿式除尘法（喷淋塔）	颗粒物及重金属	95 以上
2	湿式除尘法（文丘里）	颗粒物及重金属	90～95
3	湿式除尘法（泡沫塔）	颗粒物及重金属	＞97.0
4	湿式除尘法（动力波）	颗粒物及重金属	＞99.5
5	袋式除尘器（常规针刺毡）	颗粒物及重金属	99.5～99.9
6	袋式除尘器（高精过滤滤料）	颗粒物及重金属	99.5～99.9
7	电除尘（干式电除尘）	颗粒物及重金属	99.2～99.85
8	电除尘（湿式电除尘）	颗粒物及重金属	90
9	湿法脱硫（石灰石膏法）	二氧化硫	＞90.0
9	湿法脱硫（石灰石膏法）	颗粒物及重金属	＞90.0
10	石灰/石灰石-石膏法	二氧化硫	＞95.0
10	石灰/石灰石-石膏法	颗粒物及重金属	＞60.0

序号	治理技术（设备）名称	污染物名称	去除率/%
11	有机溶液循环吸收法	二氧化硫	＞96
		颗粒物及重金属	＞80.0
12	金属氧化物吸收法	二氧化硫	＞90
		颗粒物及重金属	＞80.0
13	活性焦吸附法	二氧化硫	＞95
		颗粒物及重金属	＞60.0
14	氨法吸收法	二氧化硫	＞95
		颗粒物及重金属	＞80.0
15	钠碱法	二氧化硫	＞95
		颗粒物及重金属	＞80.0

1.4.2.2 含重金属废水治理技术

（1）污酸处理技术

1）硫化法＋石灰石/石灰中和法污酸处理技术

硫化法＋石灰石/石灰中和法污酸处理技术是向污酸中投加硫化剂，使污酸中的重金属离子与硫反应生成难溶的金属硫化物沉淀去除。硫化反应后向废水中投加石灰石或石灰，中和硫酸，生成硫酸钙沉淀（$CaSO_4 \cdot 2H_2O$）去除。出水与其他废水合并后进污水处理站做进一步处理。

常用的硫化剂有 Na_2S、$NaHS$、FeS。去除率：Cu 为 96%～98%、As 为 96%～98%。该技术主要去除镉、砷、锑、铜、锌、汞、银、镍等，可用于含砷、铜离子浓度较高的废水；具有渣量少、易脱水、沉渣金属品位高的特点，有利于有价金属的回收。

2）石灰＋铁盐法污酸处理技术

石灰＋铁盐法是向污酸中加入石灰乳进行中和反应，经固液分离、污泥脱水后产生石膏。进一步向废水中加入双氧水（过氧化氢）、液碱及铁盐，发生氧化沉砷反应，经固液分离、污泥脱水后产生砷渣。出水与其他废水合并后送污水处理站进一步处理。

该技术脱砷率＞98%，降低了含砷较高的渣的产量，有利于砷的集中综合回收。

（2）酸性废水治理技术

1）石灰中和法

石灰中和法是向重金属废水中投加石灰乳 $[Ca(OH)_2]$，使重金属离子与氢氧根反应，生成难溶的金属氢氧化物沉淀、分离。对于含有多种重金属离子的废水，可以采用一次中和沉淀，也可以采用分段中和沉淀的方法。一次中和沉淀是一次投加碱，提高 pH 值，使各种金属离子共同沉淀。分段中和沉淀是根据不同金属氢氧化物在不同 pH 值下沉淀的特性，分段投加碱，控制不同的 pH 值，使各种重金属分别沉淀，有利于分别回收不同金属。

该技术流程短、处理效果好、操作管理简单、处理成本低廉、便于回收有价金属。各种离子的去除率分别可达：Cu 98%～99%、As 98%～99%、F 80%～99%、其他重金属离子 98%～99%。

2）石灰-铁盐（铝盐）法

石灰-铁盐法是向废水中加石灰乳 $[Ca(OH)_2]$，并投加铁盐，如废水中含有氟，需投加铝盐。将 pH 值调整至 9～11，去除污水中的 As、Cu、Fe 等重金属离子及 F^-。铁盐通常采用硫酸亚铁、三氯化铁和铁盐，铝盐通常采用硫酸铝、氯化铝。

该技术除砷效果好，工艺流程简单，设备少，操作方便，可去除钒、锰、铁、钴、镍、铜、锌、镉、锡、汞、铅、铋等，可以使除汞之外的所有重金属离子共沉；但砷渣过滤困难。各种金属离子去除率分别为：Cu 98%～99%、As 98%～99%，F 去除率为 80%～99%、其他重金属离子 98%～99%。

（3）净化＋膜法废水深度处理技术

净化＋膜法废水深度处理技术是为提高水的重复利用率，对一般生产废水进行深度处理，使处理后水质达到工业循环水的标准，回用于循环水系统的补充水。除盐产生的浓盐水回用于冲渣等，不外排。

膜分离技术是利用高压泵在浓溶液侧施加高于自然渗透压的操作压力，逆转水分子自然渗透的方向，迫使浓溶液中的水分子部分通过半透膜成为稀溶液侧净化水的过程。其工艺过程包括盘式过滤或精密过滤、微滤或超滤、反渗透等。

反渗透系统产生的淡水回用于生产线，浓水可独立处理后排放，也可将浓水排入废水调节池进一步处理。该技术工艺流程短，减少占地面积。全过程均属物理法，不发生相变。

1.4.2.3　含重金属固体废物治理技术

铜铅行业固体废物的处理技术主要分为两类：一类是资源化再利用，即从废渣中提取有价金属或综合利用；另一类是根据渣的性质、种类、组成，经鉴别确定，分为一般固体废物和危险废物，分别进行处置或处理。具体处理措施见表 1-16 和表 1-17。

表 1-16　铜冶炼固体废物处理措施

固体废物种类	处置方式	类别
渣选矿尾矿	送渣场堆存或作为建材综合利用	一般固体废物

续表

固体废物种类	处置方式	类别
铅滤饼	返回系统或送有资质危废处理单位处理	危险废物
白烟尘	送有资质危废处理单位处理	危险废物
砷滤饼	危废渣场堆存或送有资质危废处理单位处理	危险废物
石膏渣	外售水泥厂和建材厂作原料或综合利用	一般固体废物
中和渣	渣场堆存或送综合回收	一般固体废物或危险废物
脱硫副产物	如是一般固体废物可作为建材综合利用；如为危险废物需送有资质危废处理单位处理	一般固体废物或危险废物
废催化剂	催化剂供应单位回收	危险废物

表 1-17　铅冶炼固体废物处理措施

固体废物种类	处置方式	类别
水淬渣	送渣场堆存或作为建材综合利用	一般固体废物
浮渣处理炉窑炉渣	返回系统或送有资质危废处理单位处理	危险废物
酸泥	送有资质危废处理单位处理	危险废物
砷滤饼	危废渣场堆存或送有资质危废处理单位处理	危险废物
污水处理站污泥	危废渣场堆存或部分返回系统或送有资质危废处理单位处理	危险废物
脱硫渣	如是一般固体废物可作为建材综合利用；如为危险废物需送有资质危废处理单位处理	一般固体废物或危险废物
废催化剂	催化剂供应单位回收	危险废物

1.5　铜铅采选、冶炼行业重金属排放特征

1.5.1　铜铅采选行业重金属排放特征

1.5.1.1　废气

铜铅采选行业的废气重点污染源为采场废气和选矿废气。不考虑排土场产生的无组织扬尘，采场废气主要产生于凿岩、装卸和道路运输等，露天采场以无组织形式排放，地下开采可视回风井排放为有组织排放，主要污染物为颗粒物、重金属和氮氧化物；不考虑尾矿库产生的无组织扬尘，选矿废气主要产生于破碎筛分工段，大部分通过湿式除尘后以有组织形式排放，也有少部分无组织逸散，主要污染物为颗粒物和重金属。

根据《排放源统计调查产排污核算方法和系数手册》（2021），铜矿石坑采产生的废气中颗粒物排放量为 0.0038kg/t 产品，选矿产生废气中颗粒物排放量为 0.0182～0.091kg/t 原料。露天采场产生的颗粒物无组织排放量根据吨产品穿孔设备的数量以及穿孔扬尘的占比统计计算而来。结合铜矿石中各重金属含量的百分比，可以得到铜采选行业各重金属的排放清单，见表 1-18。

表 1-18　铜采选行业废气重点污染源排放清单　　单位：kg/t 产品

废气污染源	Pb	As	Hg	Cd	总量
采矿废气	2.25×10^{-2}	9.69×10^{-3}	5.07×10^{-7}	3.55×10^{-4}	3.25×10^{-2}
选矿废气	0.81	0.35	1.82×10^{-5}	1.27×10^{-2}	1.17
无组织废气	0.34	0.15	7.60×10^{-6}	5.32×10^{-3}	0.49

根据《排放源统计调查产排污核算方法和系数手册》（2021），铅矿石坑采产生的废气中颗粒物排放量为 6.3kg/t 原矿，选矿产生废气中颗粒物排放量为 0.0225～1.575kg/t 原矿。露天采场产生的颗粒物无组织排放量根据吨原矿穿孔设备的数量以及穿孔扬尘的占比统计计算而来。结合铅锌矿石中各重金属含量的百分比，可以得到铅采选行业各重金属的排放清单，见表 1-19。

表 1-19　铅采选行业废气重点污染源排放清单　　单位：kg/t 原矿

废气污染源	Pb	As	Hg	Cd	总量
采矿废气	3.98×10^{-2}	1.02×10^{-3}	3.40×10^{-4}	7.14×10^{-4}	4.19×10^{-2}
选矿废气	5.45	0.14	4.66×10^{-2}	9.78×10^{-2}	5.73
无组织废气	0.67	1.71×10^{-2}	5.70×10^{-3}	1.20×10^{-2}	0.70

铜铅采选行业的废气重点污染源中重金属含量与矿石成分相关，一般来说，铜矿石和铅矿石中，铅的含量较高，砷、镉含量较低，汞的含量最低，因此排放的废气中铅的含量最大；其次为砷、镉、汞。

1.5.1.2　废水

铜铅采选行业的废水重点污染源为采场废水（分露采和坑采废水）和选矿废水。考虑到废水对场地土壤和地下水的影响方式主要是垂直入渗和地表漫流，即接纳废水的池子防渗措施失效，污染物下渗或溢流到外环境造成场地污染，因此在场地范围内不考虑废水的末端处理，可认为场地潜在污染源的最大输入量即废水产生量。根据《排放源统计调查产排污核算方法和系数手册》（2021），铜铅采选废水重点污染源的产生清单见表 1-20 和表 1-21。

表 1-20　铜采选行业废水重点污染源产生清单　　单位：g/t 产品

废水污染源	Pb	As	Hg	Cd	总量
采矿废水（露采）	7.30×10^{-3}	1.40×10^{-2}	9.07×10^{-5}	8.70×10^{-4}	2.23×10^{-2}
矿井涌水（坑采）	9.70×10^{-3}	1.80×10^{-2}	1.15×10^{-4}	1.37×10^{-3}	2.92×10^{-2}
选矿废水	8.60×10^{-2}	0.14	1.01×10^{-3}	3.30×10^{-2}	0.26

表 1-21　铅采选行业废水重点污染源产生清单　　单位：g/t 产品

废水污染源	Pb	As	Hg	Cd	总量
采矿废水（露采）	0.12	1.10×10^{-2}	2.00×10^{-3}	1.00×10^{-2}	0.14
矿井涌水（坑采）	0.12	2.10×10^{-2}	3.00×10^{-3}	1.20×10^{-2}	0.16
选矿废水	0.78	1.55	1.76	8.11	12.20

与废气不同，铜采选行业废水中 As 的含量最高，其次是 Pb、Cd 和 Hg；铅采选行业废水中 Pb 的含量最高，其次是镉、汞和砷。一般来说，选矿废水中 Pb、As、Hg 和 Cd 4 种重金属总量大于采矿废水，坑采废水的重金属总量稍高于露采废水。

1.5.1.3　固体废物

铜铅采选行业的固体废物重点污染源为废石和尾矿。

根据《排放源统计调查产排污核算方法和系数手册》（2021），铜矿露天开采产生的废石量为 1.69t/t 产品，地下开采产生的废石量为 0.15t/t 产品，铜矿石选别过程产生的尾矿量为 0.94t/t 原料。结合典型铜矿企业废石和尾矿中重金属的含量百分比，可以得到以下重金属排放清单，见表 1-22。

表 1-22　铜采选行业固废重点污染源排放清单

固体废物污染源	单位	Pb	As	Hg	Cd	总量
废石（露采）	g/t 产品	1.86×10^{-2}	6.22	9.30×10^{-2}	3.04	9.37
废石（坑采）	g/t 产品	16.50	0.55	8.25×10^{-3}	0.27	17.33
尾矿	g/t 原料	59.70	80.50	8.65×10^{-2}	0.28	1.41×10^{2}

根据《排放源统计调查产排污核算方法和系数手册》（2021），铅矿露天开采产生的废石量为 2.5t/t 产品，地下开采产生的废石量为 0.26t/t 产品，铅锌矿石选别过程产生的尾矿量为 0.828～0.834t/t 原料。结合典型铅矿企业废石和尾矿中重金属的含量百分比，可以得到重金属排放清单，见表 1-23。

表 1-23　铅采选行业固废重点污染源排放清单

固体废物污染源	单位	Pb	As	Hg	Cd	总量
废石（露采）	g/t 产品	6.25×10^{2}	2.25×10^{2}	1.25	62.50	9.14×10^{2}

续表

固体废物污染源	单位	Pb	As	Hg	Cd	总量
废石（坑采）	g/t 产品	65.00	23.40	0.13	6.50	95.00
尾矿	g/t 原料	9.97×10^2	1.50×10^2	8.14	16.60	1.17×10^3

可见，对于铜采选行业，废石中 Pb 的含量最高，而尾矿中 As 的含量最高，露采排放的废石中重金属总量大于坑采。对于铅采选行业，废石和尾矿中的 Pb 含量都是最高的，尾矿中的重金属总量高于露采或坑采。

1.5.2　铜铅冶炼行业重金属排放特征

1.5.2.1　废气

（1）铜冶炼

铜冶炼行业的废气重点污染源为制酸烟气、环集烟气、阳极炉烟气、备料废气等有组织排放源以及配料车间、熔炼车间等无组织排放源。对我国典型的熔池熔炼-连续吹炼-阳极炉精炼-电解精炼工艺企业数据进行统计，可将其废气排放概述如下。

1）有组织废气排放情况

通过数据统计可知，铜冶炼有组织废气污染源排放情况见表 1-24。

表 1-24　铜冶炼有组织废气污染源排放情况

污染源名称	污染物名称	污染物排放情况			排气筒高度和内径/m	烟气温度/℃	吨铜排气量（标）/(m³/a)	运行时数/h
		排放浓度/(mg/m³)	吨铜排放速率/(kg/h)	吨铜排放量/(g/a)				
备料废气	砷	0.37	6.57×10^{-8}	0.52	15（Φ0.6）	25	1396	247920
	铅	0.13	2.27×10^{-8}	0.18				
	镉	0.0072	1.26×10^{-9}	0.01				
	汞	0.0011	1.89×10^{-10}	0.0015				
环集烟气	砷	2.02	1.52×10^{-6}	12.05	120（Φ3.0）	30	5970	7920
	铅	3.36	2.53×10^{-6}	20.06				
	镉	0.06	4.67×10^{-8}	0.37				
	汞	0.0013	1.01×10^{-9}	0.008				
制酸烟气	砷	0.23	1.39×10^{-7}	1.10	120（Φ3.0）	30	4773	7920
	铅	0.03	1.89×10^{-8}	0.15				
	镉	0.00023	1.39×10^{-10}	0.0011				
	汞	0.0021	1.25×10^{-9}	0.0099				

续表

污染源名称	污染物名称	污染物排放情况			排气筒高度和内径/m	烟气温度/℃	吨铜排气量（标）/(m³/a)	运行时数/h
		排放浓度/(mg/m³)	吨铜排放速率/(kg/h)	吨铜排放量/(g/a)				
阳极炉烟气	砷	0.0029	1.74×10^{-8}	0.14	60（Φ1.5）	30	450	7920
	铅	0.00279	1.66×10^{-8}	0.13				
	镉	5.24×10^{-5}	3.16×10^{-10}	0.0025				
	汞	3.83×10^{-7}	2.31×10^{-12}	1.83×10^{-5}				

注：（）内数字为排气管内径，单位为 mm。

2）无组织废气排放情况

由于集尘罩收集不完全，因此会有少量粉尘以无组织形式外排至外环境，以集尘罩的集气效率为 98％计，按 2％的无组织排放量核算配料车间和熔炼车间无组织排放重金属的源强，则可得到如表 1-25 所列的废气污染源排放情况。

表 1-25　铜冶炼无组织废气污染源排放情况

排放源	吨铜排放量			
	砷/(g/a)	铅/(g/a)	镉/(g/a)	汞/(g/a)
配料车间	0.21	0.07	0.0041	0.0006
熔炼车间	4.92	8.19	0.15	0.0033

由表 1-25 可知，熔炼车间的无组织排放量最为突出。

（2）铅冶炼

铅冶炼行业的废气重点污染源为制酸烟气、环集烟气、还原炉＋烟化炉烟气、备料废气等有组织排放源以及精矿仓和配料车间、熔炼车间等无组织排放源。本节选取直接炼铅工艺的典型企业进行数据统计，得到其废气排放情况如下。

1）有组织废气排放情况

通过数据统计可知，铅冶炼有组织废气污染源排放情况见表 1-26。

表 1-26　铅冶炼有组织废气污染源排放情况

污染源名称	污染物名称	污染物排放情况			排气筒高度和内径/m	烟气温度/℃	排气量（标）/(m³/h)	运行时数/h
		排放浓度/(mg/m³)	吨铅排放速率/(kg/h)	吨铅排放量/(g/a)				
备料废气	铅	1.42	31.80	4.01	15（Φ0.5）	25	34649	7920
	砷	5.05×10^{-2}	1.12	0.14				
	镉	1.12×10^{-2}	0.29	3.60×10^{-2}				
	汞	2.81×10^{-5}	5.86×10^{-4}	7.40×10^{-5}				

续表

污染源名称	污染物名称	污染物排放情况			排气筒高度和内径/m	烟气温度/℃	排气量（标）/(m³/h)	运行时数/h
		排放浓度/(mg/m³)	吨铅排放速率/(kg/h)	吨铅排放量/(g/a)				
制酸烟气	铅	0.50	0.41	5.11	87 （Φ2.46）	50	129115	7920
	砷	9.84×10^{-2}	7.92	1.00				
	镉	3.95×10^{-2}	3.18	0.40				
	汞	3.00×10^{-3}	0.24	3.07×10^{-2}				
环集烟气	铅	1.36	1.20×10^{2}	15.20	100 （Φ2.48）	35	141390	7920
	砷	2.90×10^{-2}	2.56	0.32				
	镉	1.13×10^{-2}	1.01	0.13				
	汞	2.92×10^{-2}	2.59	0.33				
还原炉＋烟化炉烟气	铅	1.48	4.17	0.53	87 （Φ2.46）	60	35557	7920
	砷	9.84×10^{-2}	0.28	3.50×10^{-2}				
	镉	3.94×10^{-2}	0.11	1.40×10^{-2}				
	汞	3.94×10^{-5}	1.11×10^{-4}	1.40×10^{-5}				

注：（ ）内数字为排气管内径，单位为 mm。

对于铅冶炼企业，环集烟囱、制酸烟囱和还原炉＋烟化炉烟囱是厂区内废气重金属的主要排放口，其中环集烟囱和制酸烟囱的排放量最大，铅污染最为突出。

2）无组织废气排放情况

由于集尘罩收集不完全，因此会有少量粉尘以无组织形式外排至外环境，以集尘罩的集气效率为98%计，按2%的无组织排放量核算精矿仓及配料车间和熔炼车间无组织排放重金属的源强，则可得到表1-27所列的废气污染源排放情况。

表 1-27　铅冶炼无组织废气污染源排放情况

排放源	吨铅排放量			
	铅/(g/a)	砷/(g/a)	镉/(g/a)	汞/(g/a)
精矿仓及配料车间	16.40	0.58	0.15	3.02×10^{-4}
熔炼车间	62.20	1.32	0.52	1.33

铅冶炼的无组织排放同样集中在熔炼车间。其中铅含量最高，砷和汞的污染也不容忽视。

1.5.2.2　废水

铜铅冶炼废水主要为烟气净化产生的污酸，工艺排水、地面冲洗等产生的含重金属生产废水，设备冷却等含盐废水及初期雨水。其中污酸、含重金属生产废水和初期雨水经硫化法＋石灰铁盐或石灰中和法等工艺处理后可实现全部回用，不外排;含盐废水在有的企业经过膜处理后全部回用,有的企业直接外排,有的企业会部分回用,部分外排。由于目前铜铅冶炼行业基本可以实现重金属废水"零排放",因此此处仅统计重金属的产生量,经统计可知,铜铅冶炼行业主要废水污染源是污酸,其次是酸性废水。选择典型企业进行源强核算,可得如表1-28、表1-29所列的产生清单。

表1-28　铜冶炼业废水重点污染源产生清单　　　　　单位:g/tCu

废水污染源	铅	砷	镉	汞	总量
污酸	51.00	1.60×10^4	1.51×10^2	10.10	1.62×10^4
酸性废水	1.50×10^2	1.05×10^3	4.50×10^2	0.00	1.65×10^3
合计	2.01×10^2	1.71×10^4	6.01×10^2	10.10	1.79×10^4

表1-29　铅冶炼行业废水重点污染源产生清单　　　　　单位:g/tPb

废水污染源	铅	镉	砷	汞	总量
污酸	12.25	56	577.5	1.925	647.675
酸性废水	343.75	343.75	375	6.875	1069.375
合计	356	399.75	952.5	8.8	1717.05

可见,在铜铅冶炼企业,废水中砷的含量是最高的,其次是镉、铅、汞。

1.5.2.3　固体废物

铜冶炼行业的固体废物重点污染源中,熔炼渣、石膏渣、砷滤饼、白烟尘、铅滤饼的含量最大。铅冶炼行业的固体废物重点污染源是烟化炉水淬渣、酸泥、污酸污水处理渣。选择典型企业进行源强核算,可得如表1-30、表1-31所列的排放清单。

表1-30　铜冶炼行业固废重点污染源排放清单　　　　　单位:g/tCu

固体废物污染源	砷	铅	镉	汞	总量
熔炼渣	8.11×10^2	1.83×10^4	60.90	0.11	1.91×10^4
吹炼渣	2.46×10^2	5.53×10^3	18.40	0.25	5.79×10^3
白烟尘	1.94×10^3	2.13×10^3	15.50	6.67×10^{-3}	4.09×10^3
铅滤饼	20.30	3.63×10^3	6.87	1.33×10^{-3}	3.66×10^3
砷滤饼	7.37×10^3	5.08×10^2	52.50	0.32	7.93×10^3
石膏渣	4.91×10^2	4.49×10^2	0.00	0.00	9.40×10^2
中和渣	6.28×10^2	1.51×10^2	28.10	5.33×10^{-2}	8.08×10^2
合计	1.15×10^4	3.06×10^4	1.82×10^2	0.74	4.23×10^4

表 1-31　铅冶炼行业固体废物重点污染源排放清单　（单位：g/t Pb）

固体废物污染源	铅	汞	砷	镉	总量
水淬渣	9003.226	2.535771	495.5904	495.5904	9996.943
石膏渣	138.824	0	29.748	0	168.572
酸泥	224.316	22.7664	0.4464	0.4464	247.9752
铜渣	0	0.187245	1067.94	0	1068.127
合计	10713.27	25.48942	1734.982	497.2759	12971.02

从表中可以看出，砷在铜铅冶炼行业的固体废物中含量均为最大，主要原因是铜铅冶炼行业均会产生污水处理砷渣，而砷渣中砷的含量较高。

1.6　铜铅采选、冶炼行业优控重金属筛选与排序

1.6.1　筛选排序的原则与方法

1.6.1.1　筛选原则

① 优先选择生产过程中使用输入量大、排放量大的污染物；
② 优先选择场地受体环境质量标准中控制的污染物；
③ 优先选择对人体健康危害大的污染物；
④ 优先选择在土壤中超标严重的污染物。

1.6.1.2　筛选方法

（1）初筛

通过查阅场地受体环境质量标准、排放源控制标准、原料中的含量，筛选铅行业需要控制的污染物清单。

（2）复筛

通过多参数评分法对初筛名单中的元素进行排序，确定行业优控污染物。本节考虑场地人体健康风险，从污染物的暴露水平和毒性危害两方面选取关键指标，根据行业统计数据，对各指标进行归一化处理、分级、赋值、评分，最终加和得到污染物的综合分值，从而筛选出铅采选、冶炼行业的优控污染物。

1.6.2　筛选排序的过程与结果

1.6.2.1　初筛

通过收集铜精矿和铅精矿的全成分分析结果可知，铜精矿中可能含有重金属

Cu、Pb、As、Cd、Hg、Zn 等，部分铜精矿伴生有 Ni 和 Co。铅精矿中可能含有重金属 Pb、As、Cd、Hg、Zn 等，部分铅精矿伴生有 Cr 和 Tl。根据《重金属精矿产品中有害元素的限量规范》（GB 20424—2006），铜精矿中的 Pb、As、Cd、Hg 需满足一定的限量要求，铅精矿中 As 和 Hg 需满足一定的限量要求。铜采选/冶炼行业和铅采选/冶炼行业生产工艺中产生与排放的物质分别通过《铜、镍、钴工业污染物排放标准》（GB 25467—2010）和《铅锌工业污染物排放标准》（GB 25466—2010）进行控制。建设场地受体环境质量则是通过《土壤环境质量 建设用地土壤污染风险管控标准（试行）》（GB 36600—2018）和《地下水质量标准》（GB 14848—2017）实现管控。铜行业场地优控污染物的初筛名单选取上述标准规范中出现频率最多的元素即 Pb、As、Cd、Hg。铅行业场地优控污染物的初筛名单选取上述标准规范中出现频率最多的元素为 As 和 Hg，但考虑 Pb 和 Cd 的毒性，初筛元素与铜行业保持一致。具体见表 1-32 和表 1-33。

表 1-32 铜行业场地优控污染物初筛清单

污染因子	Cu	Pb	As	Cd	Hg	Zn	Cr	Ni	Co	有机物
《重金属精矿产品中有害元素的限量规范》（GB 20424—2006）		√	√	√	√					
《铜、镍、钴工业污染物排放标准》（GB 25467—2010）	√		√	√		√		√	√	
《土壤环境质量 建设用地土壤污染风险管控标准（试行）》（GB 36600—2018）	√	√	√	√	√		√	√		√
《地下水质量标准》（GB 14848—2017）	√	√	√	√	√	√	√			√

表 1-33 铅行业场地特征污染物初筛清单

污染因子	Pb	As	Cd	Hg	Cr	Ni	Zn	Tl	有机物
《重金属精矿产品中有害元素的限量规范》（GB 20424—2006）		√		√					
《铅锌工业污染物排放标准》（GB 25466—2010）	√	√	√	√		√	√		
《土壤环境质量 建设用地土壤污染风险管控标准（试行）》（GB 36600—2018）	√	√	√	√	√	√			√
《地下水质量标准》（GB 14848—2017）	√	√	√	√	√	√	√		√

1.6.2.2　复筛

（1）筛选参数

1）污染物暴露水平

对行业特征污染物的筛选，污染物暴露水平首先要考虑污染物排放到环境中的量，其次是场地土壤和地下水中检测出来的污染物浓度。

根据产排污节点的分析，其废水、废气和固体废物中的特征污染物主要来源于原料，因此原料中各重金属元素的占比在一定程度上决定了该行业重金属在各污染源中的大小排序。但由于不同元素在不同生产工序中的物质流向不同，末端的污染治理措施不同，最终原料中各重金属元素排放到环境的量也会有所不同。而实际场地的土壤和地下水中重金属通过不同途径暴露于人体的量又不仅与排放源有关，还涉及重金属的特性，如形态和迁移转化规律等。所以，污染物暴露水平可以用"原料中重金属的含量""吨产品排放量""最大污染指数"来表征。

2）污染物毒性危害

根据《污染场地风险评估技术导则》（HJ 25.3—2014），场地污染物可能会通过呼吸、口和皮肤接触三种方式造成人体健康风险。其中对于非致癌物质，发生健康危害的最低限值为非致癌参考剂量（RfD）；对于致癌物质，判断致癌概率大小水平的参数为致癌强度系数（CPF），因此本书用非致癌参考剂量（RfD）和致癌强度系数（CPF）来表征污染物毒性危害。

（2）筛选过程

1）原料中重金属的含量

本书选取了我国铜采选、铜冶炼、铅锌采选和铅冶炼行业的典型企业进行原料中重金属含量的调查。通过统计可见，铜采选/冶炼行业原料中各元素含量 Pb＞As＞Cd＞Hg，铅采选和铅冶炼行业原料中各元素含量 Pb＞As＞Cd＞Hg，具体见表 1-34～表 1-38。

表 1-34　铜采选行业原料（铜矿石）中重金属含量表

成分	Cu	Pb	As	Cd	Hg
含量/%	0.49	0.003	0.001	0.0002	未检出

表 1-35　铜冶炼行业原料（铜精矿）中重金属含量表　　　　单位：g/t

成分	Cu	Pb	As	Hg	Cd
含量	1.01～ 1.06	0.0134～ 0.064	0.00256～ 0.0198	4.43×10^{-7}～ 9.00×10^{-7}	1.79×10^{-5}～ 7.17×10^{-4}

表 1-36　铅采选行业原料（铅锌矿石）中重金属含量

成分	Zn	Pb	As	Cd	Hg
含量/%	6.16	1.17	0.03	0.021	0.01

表 1-37　铅冶炼行业原料（铅精矿）中重金属含量

成分	Pb	Zn	As	Hg	Cd
含量/%	53.24	6.0	0.25	—	0.07

表 1-38　铅冶炼行业原料（脆硫铅锑矿）中重金属含量表

成分	Pb	Zn	As	Hg	Cd
含量/%	30.58	7.85	0.12	0.0032	0.01

2）吨产品排放量

其为每吨产品中重金属的排放量。

根据《铜行业重金属产排污系数》《铅锌行业重金属产排污系数》，铜采选、冶炼行业典型工艺各重金属吨产品排放量 As＞Pb＞Cd＞Hg，铅采选和冶炼行业典型工艺各重金属吨产品排放量 Pb＞As＞Cd＞Hg。

3）最大污染指数

最大污染指数是指场地土壤中污染物最大浓度与《土壤环境质量　建设用地土壤污染风险管控标准（试行）》（GB 36600—2018）一类用地筛选值的比值或场地地下水中污染物最大浓度与《地下水质量标准》（GB 14848—2017）的比值。

通过现场调研和资料收集，对照《土壤环境质量　建设用地土壤污染风险管控标准（试行）》（GB 36600—2018）一类用地筛选值标准，我国北方铜冶炼厂 A 场地上 445 个 0～6m 土壤样品中 Pb、As、Hg 和 Cd 的最大污染指数分别为 5.27、60.5、0.25 和 0.76；场地内 12 口地下水监测井中均未检出这 4 种重金属。我国南方铜冶炼厂 B 废渣影响区的建设用地 23 个 0～60cm 土壤样品中 Pb、As、Cd 的最大污染指数分别为 5.9、32.9、4.41。我国某铜冶炼危废填埋场地下游地下水有 As 超标的情况。将俄罗斯 Karabash 百年铜冶炼厂和伊朗 Khatoon Abad 铜冶炼厂周边土壤的重金属监测结果与我国建设用地的一类用地筛选值比对后发现，各铜冶炼厂周边土壤中的铅、砷、汞、镉均有不同程度的超标，其中砷的最大污染指数明显高于其他重金属。且 Løbersli（1988）在挪威北部一家冶炼厂附近表层土壤中发现铅和镉的浓度分别比背景水平升高 20 倍和 8 倍。我国南方某铜矿下游 20 个表层土壤样品中 As、Pb、Cd 和 Hg 的最大污染指数分别为 196、5.51、1.19、0.04。我国废弃铜矿下游 52 个 0～20cm 土壤样品中 As、Pb、Cd 的最大污染指数分别为 4.65、0.14、0.05。因此，铜采选/冶炼场地土壤中最大污染指数 As＞Pb＞Cd＞Hg。

同样，通过现场调研和资料收集，对照《土壤环境质量　建设用地土壤污染风险管控标准（试行）》（GB 36600—2018）一类用地筛选值标准，我国南方某铅矿露天采场周边土壤砷超标 0.08～1.50 倍、铅超标 0.29～5.24 倍、镉超标 0.20～3.94 倍；排土场周边土壤砷超标 0.97～1.27 倍、铅超标 1.84～7.40 倍、镉超标 3.75～5.86 倍；尾矿库周边土壤铅超标 1.75～4.07 倍、镉超标 0.01～0.27 倍、砷和汞均未超标。我国某铅冶炼场地土壤中 As 和 Pb 的最大污染指数分别为 2.49 和 2.86，镉和汞未超标，但从富集系数来看，Pb＞Cd＞As＞Hg。总体来说，铅采选场地和铅冶炼厂场地土壤最大污染指数为 Pb＞Cd＞As＞Hg。

4）污染物毒性危害

参考《污染场地风险评估技术导则》（HJ 25.3—2014）附录 B 和相关文献中数据，可得重金属的非致癌参考剂量和致癌强度系数如表 1-39 所列。

表 1-39　重金属的非致癌参考剂量和致癌强度系数

重金属种类		Pb	Cd	Hg	As
RfD /[mg/(kg·d)]	经呼吸摄入	0.00352	0.00001	0.0003	0.000015
	经皮肤摄入	0.000522	0.000025	0.0003	0.000123
	经口摄入	0.0035	0.001	0.0003	0.0003
	总计	0.007542	0.001035	0.0009	0.000438
CPF /[kg/(mg·d)]	经呼吸摄入	0.042	1.8		4.3
	经皮肤摄入		0.38		0.03
	经口摄入		6.1		1.5
	总计	0.042	8.28		5.83

可见，重金属 Pb、Cd、Hg、As 均具有慢性非致癌健康风险，RfD 值越小，非致癌毒性危害越大，而 As 和 Cd 同时具有致癌风险，Pb 由于对儿童认知能力和神经系统的强烈毒性，人们认为不存在暴露量最低限值的安全水平，因此本次评价同时考虑经呼吸摄入的 CPF 值，CPF 值越大，致癌毒性危害越大。

综上，各重金属的毒性危害 Cd＞As＞Pb＞Hg。

（3）筛选结果

本次评价对各筛选参数按照排序大小，分别给予 0～5 的分值。具体见表 1-40 和表 1-41。

表 1-40　铜采选、冶炼行业筛选参数分级与赋值

重金属种类	权重	Pb	As	Hg	Cd
原料中重金属的含量	0.04	4	3	1	2
吨产品排放量	0.17	3	4	1	2
最大污染指数	0.39	3	4	1	2
毒性危害	0.40	2	3	1	4
综合分值	1	2.64	3.56	1	2.8

采用层次分析法对各参数进行赋值，综合加权后得到各重金属排序为 As＞Cd＞Pb＞Hg。

表 1-41　铅锌采选、铅冶炼筛选参数分级与赋值

重金属种类	权重	Pb	As	Hg	Cd
原料中重金属的含量	0.04	4	3	1	2
吨产品排放量	0.17	4	3	1	2
最大污染指数	0.39	4	2	1	3
毒性危害	0.40	2	3	1	4
综合分值	1	3.2	2.61	1	3.19

采用层次分析法对各参数进行赋值，综合加权后得到铅锌采选和铅冶炼行业场地中各重金属的排序为 Pb＞Cd＞As＞Hg。

第2章

废气污染发生规律研究

2.1 废气污染源对土壤污染的途径分析

冶炼工业用地周边的土壤重金属污染来源主要有工业含重金属废气/废水/固体废物的排放、周边车辆运输、农田灌溉等。谢小进等在《上海地区土壤重金属空间分布特征及其成因分析》中研究发现工业、农业及交通用地中土壤重金属存在明显的复合污染特征,其中工业用地土壤重金属主要受到工业点污染源的复合影响。

而对于工业点污染源影响来说,前期由于一些冶炼企业存在着含重金属废水排放、废渣不按要求堆存等因素,在冶炼厂周围造成的污染会受到"三废"排放的影响,如龙安华等在《贵溪冶炼厂周边农田土壤重金属污染特性及评价》中提到了农田土壤重金属污染可能来源于贵溪冶炼厂废水的排放及尾矿渣的堆放,与灌溉水源无关等结论。

但随着近期国家对冶炼企业的管控增加,禁止含重金属废水外排,并规范废渣堆场等措施的实施,废水、固体废物的污染途径被截断,工业企业造成的土壤重金属污染来源转为由废气排放为主的复合污染。曹雪莹等在《中南大型有色金属冶炼厂周边农田土壤重金属污染特征研究》中提出,冶炼厂周边表层土壤重金属元素及重金属污染程度与距冶炼厂远近呈显著负相关,说明其土壤重金属污染来源于冶炼厂的降尘污染。李玉梅等在《包头某铜厂周边土壤重金属分布特征及来源分析》研究发现,铜冶炼厂中废气排放是造成周边重金属富集以及土壤重金属污染的重要因素。杜平在《铅锌冶炼厂周边土壤中重金属污染的空间分布及其形态研究》中表明土壤的重金属污染与企业排放的烟气直接相关。

为此,本章主要探讨项目废气重金属沉降对土壤污染的影响。

2.2 废气污染源重金属沉降规律的研究

2.2.1 研究方法及原理

研究采用数值模拟方法对大气污染源重金属沉降规律进行研究。采用的数值模型基于 AERMOD 模型中的干和湿沉积模式，该模式是 ANL（argonne national laboratory）算法的进一步优化处理。该模式包括颗粒物和气态污染物的干沉降和湿沉降。

利用模型进行典型企业重金属沉降规律及影响因素分析；重点关注最大沉降量、最大沉降出现的距离等因素，对模型结果进行多元统计分析，得出最大沉降量概化模型，以得出概化的最大沉降量-最大沉降距离模型。

2.2.1.1　AERMOD 模型沉降模式介绍

由于本项目进行的是重金属的沉降量研究，为此以下仅介绍颗粒物干湿沉降模式。

（1）干沉降模式

1）干沉积基本算法

计算公式如下：

$$F_d = \chi_d \times V_d$$
$$Z_r = Z_0 + 1 \tag{2-1}$$

式中　F_d——干沉积通量，$\mu g/(m^2 \cdot s)$；

χ_d——参考高度 Z_r 下的浓度，$\mu g/m^3$；

V_d——沉积速度，m/s；

Z_r——沉积参考高度，m；

Z_0——应用场地的表面粗糙度长度（来自气象文件），m。

干沉积通量按小时计算，并求和得到用户指定时段的总通量。干沉积通量的默认输出单位是 g/m^2。

2）颗粒干沉积模式

颗粒污染物的干沉积速度采用阻力方案进行模拟，其中沉积速度根据主要粒径分布确定，如下所述。

① 方法 1：当粒径≥10μm 的污染物质量占总颗粒质量的 10% 以上时，使用本方法。为了使用本方法，必须了解污染物的粒度分布情况。

式（2-2）适用于用户指定的每个粒度类别，结果由模型求和。

$$V_{dp} = \frac{1}{R_a + R_p + R_a R_p V_g} + V_g \tag{2-2}$$

式中　V_{dp}——颗粒的沉积速度，m/s；

R_a——空气阻力，s/m；

R_p——准近地层阻力，s/m；

V_g——颗粒的重力沉降速度，m/s。

空气阻力 R_a 计算如下。

对于稳定和中性条件（$L>0$）：

$$R_a = \frac{1}{(ku^*)}\left[\ln\left(\frac{Z_r}{Z_o}\right)+\frac{5Z_r}{L}\right]\tag{2-3}$$

对于不稳定条件（$L<0$）：

$$R_a = \frac{1}{(ku^*)}\left[\ln\frac{\left(\sqrt{1-16\frac{Z_r}{L}}-1\right)\left(\sqrt{1-16\frac{Z_o}{L}}+1\right)}{\left(\sqrt{1-16\frac{Z_r}{L}}+1\right)\left(\sqrt{1-16\frac{Z_o}{L}}-1\right)}\right]\tag{2-4}$$

式中　k——冯卡曼常数，0.4；

　　　u^*——气象文件中的摩擦速度，m/s；

　　　L——气象文件中的莫宁-奥布霍夫长度标度，m。

对于本方法，准近地层阻力 R_p 计算如下：

$$R_p = \frac{1}{(Sc^{-2/3}+10^{-3/St})(1+0.24w^{*2}/u^{*2})u^*}\tag{2-5}$$

式中　Sc——施密特数（$Sc=\nu/D_B$），无量纲；

　　　ν——空气的运动黏度 [$\approx0.1505\times10^{-4}\,\text{m}^2/\text{s}$，并修正如式（2-6）所示]；

　　　D_B——污染物在空气中的布朗扩散系数，cm^2/s；

　　　St——斯托克斯数 [$St=(V_g/g)(u^{*2}/\nu)$]，无量纲；

　　　g——重力加速度，$9.80616\,\text{m/s}^2$；

　　　w^*——气象文件的对流速度标度，m/s。

根据小时环境空气温度和压力，对式（2-5）中使用的空气运动黏度进行修正，如下式所示：

$$\nu = 0.1505\times10^{-4}\left(\frac{T_a}{T_0}\right)^{1.772}\left(\frac{P}{P_0}\right)\left[1+0.0132(P-P_0)\right]\tag{2-6}$$

式中　T_a——气象文件中的环境空气温度，K；

　　　T_0——参考空气温度，273.16 K；

　　　P——气象文件中的环境空气压力，kPa；

　　　P_0——参考压力，101.3kPa。

污染物的布朗扩散系数 D_B（cm^2/s），根据下式计算：

$$D_B = 8.09\times10^{-10}\left[\frac{T_a S_{CF}}{d_p}\right]\tag{2-7}$$

$$S_{CF} = 1+\frac{2x_2(a_1+a_2\text{e}^{-(a_3 d_p/x_2)})}{10^{-4}d_p}\tag{2-8}$$

式中　　　　d_p——用户输入的颗粒直径，μm；

　　　　　　S_{CF}——滑移修正系数，无量纲；

x_2、a_1、a_2、a_3——常数，相对的值分别为 6.5×10^{-6}、1.257、0.4 和 0.55×10^{-4}。

重力沉降速度 V_g（m/s），计算公式如下：

$$V_g = \frac{(\rho - \rho_{AIR}) g d_p^2 c_2}{18\mu} S_{CF} \qquad (2-9)$$

式中　ρ——用户输入的颗粒密度，g/cm³；

　　ρ_{AIR}——空气密度，约 1.2×10^{-3} g/cm³；

　　μ——空气的绝对黏度，约 1.81×10^{-4} g/(cm·s)；

　　c_2——空气单位转换常数，1.0×10^{-8} cm²/μm²。

② 方法 2：当颗粒物粒径分布不明确且当小于质量的 10% 的颗粒物粒径 $\geqslant$ 10μm 时，使用方法 2。方法 2 的沉积速度是细颗粒物（粒径<2.5μm）沉积速度和粗颗粒物（粒径为 2.5~10μm）沉积速度的加权平均值：

$$V_{dp} = f_p V_{dpf} + (1 - f_p) V_{dpc} \qquad (2-10)$$

式中　V_{dp}——总颗粒沉积速度，m/s；

　　f_p——ANL 报告（Wesely 等，2001）附录 B 中输入的细颗粒物（粒径< 2.5μm）的百分数；

　　V_{dpf}——细颗粒物的沉积速度，m/s，根据式（2-2），当 $V_g = 0$ 时 $V_{dpf} = 1/(R_a + R_p)$；

　　V_{dpc}——粗颗粒物的沉积速度，m/s，根据式（2-2），当 $V_g = 0.002$m/s 时 $V_{dpf} = 1/(R_a + R_p + 0.002 R_a R_p)$ + 0.002。

对于方法 2，使用式（2-3）及式（2-4）计算空气动力阻力，并根据硫酸盐干沉降观测值，通过参数化方法计算准近地层阻力 R_p。

对于稳定和中性条件（$L > 0$），

$$R_p = \frac{500}{u^*} \qquad (2-11)$$

对于不稳定条件（$L < 0$），

$$R_p = \frac{500}{u^* \left(1 - \frac{300}{L}\right)} \qquad (2-12)$$

（2）颗粒物湿沉降

颗粒物湿沉降量 F_{wp} 根据颗粒相冲刷系数计算，如下式所示（湿沉降量按小时计算）：

$$F_{wp} = 10^{-3} \rho_p W_p r \qquad (2\text{-}13)$$

式中　F_{wp}——颗粒物湿沉降量，$\mu g/(m^2 \cdot h)$；

　　　ρ_p——空气中颗粒物的柱平均浓度，$\mu g/m^3$；

　　　W_p——颗粒冲刷系数，无量纲；

　　　r——降雨量，mm/h。

柱平均浓度 ρ_p 通过积分垂直项计算所有高度（z）上每种粒径类别 V_j 的高斯烟羽方程：

$$\int_0^{z_p} \left(\frac{V_j}{\sigma_z} \right) dz = \sqrt{2\pi} \qquad (2\text{-}14)$$

式中　V_j——粒径类别 j 的高斯垂直项；

　　　σ_z——垂直分散系数，m；

　　　z_p——羽流顶部的高度或混合高度（以较大者为准），m。

颗粒冲刷系数 W_p 计算如下：

$$W_p = \frac{3 z_p E}{2 D_m} \qquad (2\text{-}15)$$

式中　E——碰撞效率，无量纲；

　　　D_m——雨滴平均直径，m，$D_m = r^{0.232}/905.5$，r 单位为 mm/h。

假设冻结沉淀和液态沉淀的冲刷系数 W_p 和湿沉降通量 F_{wp} 是相同的。

碰撞效率 E 方程具体参考《AERMOD Deposition Algorithms - Science Document》。

（3）干湿去除

污染物在地表的干沉降过程中或在湿沉降过程中，无论是颗粒物还是气态都会有一定的去除发生。该作用也在 AERMOD 沉降模式中被考虑。

2.2.1.2　多元统计介绍

由于沉降影响因素较多，例如污染源的基本因素、气象因素、地形因素等，对沉降值及沉降量均有影响。为此，可采用多元线性回归分析得出重金属最大沉降量概化模型。

当多个自变量影响一个因变量的问题时可以通过多元回归分析来解决。多元回归分析应用的范围更加广泛。多元线性回归是多元回归统计分析中的最常用的一种方法。

（1）多元回归模型的数学形式

设因变量为 Y，影响因变量的 k 个自变量分别为 X_1，X_2，$\cdots$，X_k，假设每一个自变量对因变量 Y 的影响都是线性的，在其他自变量不变的情况下，Y 的均值

随着自变量 X_i 的变化均匀变化，如下式被称为总体回归模型，把 β_0，β_1，β_2，…，β_k 称为回归参数。

$$Y = \beta_0 + \beta_1 X_1 + \beta_2 X_2 + \cdots + \beta_k X_k + \varepsilon \tag{2-16}$$

回归分析的基本任务包括：利用样本数据对模型参数做出估计；对模型参数进行假设检验；应用回归模型对因变量（被解释变量）做出预测。

（2）模型的基本假定

为了保证多元回归分析的参数估计、统计检验以及置信区间估计的有效性，与一元线性回归分析类似，需要对总体回归模型及数据做一些基本假定。

假定 1：随机误差项 ε 的概率分布具有零均值，即 $E(\varepsilon) = 0$。

假定 2：随机误差项 ε 的概率分布对于不同的自变量表现值而言，具有同方差，即 ε 的方差不随着 X_{ij} 的变化而变化，$D(\varepsilon) = \sigma^2$。

假定 3：随机误差项 ε 不存在自相关，即 $\mathrm{cov}\,(\varepsilon_i, \varepsilon_j) = 0$。

假定 4：ε_i 与任一解释变量 X_i 不相关，可以表示为 $\mathrm{cov}(\varepsilon_i, X_i) = 0$。

假定 5：解释变量 X 之间不存在完全共线性。

以上假定 1～假定 4 与一元回归分析的假定是相同的。假定 5 是针对解释变量而言，在一元回归分析中，由于只有一个解释变量，因此这一点是不需要的。在模型和数据满足上述假定时，对式（2-16）两边取期望，可得到如下总体回归方程（population regression equation，PRE）或总体回归函数（population regression function，PRF）。

$$E(Y \mid X_1, X_2, \cdots, X_k) = \beta_0 + \beta_1 X_1 + \beta_2 X_2 + \cdots + \beta_k X_k \tag{2-17}$$

式中 $E(Y \mid X_1, X_2, \cdots, X_k)$ ——在给定自变量 X_i 的条件下观察值 Y 的条件均值。

在实际问题，总体参数 $\beta_0, \beta_1, \beta_2, \cdots, \beta_k$ 往往是未知的，需要根据样本观察值给出总体参数的相应的估计值 $\hat{\beta}_0, \hat{\beta}_1, \hat{\beta}_2, \cdots, \hat{\beta}_k$，此时，得到式（2-18），称为样本回归方程（sample regression equation，SRE）或样本回归函数（sample regression function，SRF）。$\hat{Y}$ 也就是 $E(Y \mid X_1, X_2, \cdots, X_k)$ 的点估计值。

$$\hat{Y} = \hat{\beta}_0 + \hat{\beta}_1 X_1 + \hat{\beta}_2 X_2 + \cdots + \hat{\beta}_k X_k \tag{2-18}$$

（3）多元线性回归方程的估计

对于多元回归方程，在模型和数据满足前文所述的基本假定的前提下，参数估计可以通过最小二乘估计来得到，同样假设

$$Q = \sum (Y_i - \hat{Y}_i)^2 = \min \tag{2-19}$$

即：

$$Q = \sum (Y_i - \hat{Y}_i) = \sum (Y_i - \hat{\beta}_0 - \hat{\beta}_1 X_1 - \hat{\beta}_2 X_2 - \cdots - \hat{\beta}_k X_k)^2 = \min \quad (2\text{-}20)$$

Q 分别对 $\hat{\beta}_0, \hat{\beta}_1, \hat{\beta}_2, \cdots, \hat{\beta}_k$ 求偏导数，令其等于 0，得到：

$$\begin{cases} \dfrac{\partial Q}{\partial \hat{\beta}_0} = \sum (Y_i - \hat{\beta}_0 - \hat{\beta}_1 X_1 - \hat{\beta}_2 X_2 - \cdots - \hat{\beta}_k X_k)(-1) = 0 \\[2mm] \dfrac{\partial Q}{\partial \hat{\beta}_1} = \sum (Y_i - \hat{\beta}_0 - \hat{\beta}_1 X_1 - \hat{\beta}_2 X_2 - \cdots - \hat{\beta}_k X_k)(-X_1) = 0 \\[2mm] \dfrac{\partial Q}{\partial \hat{\beta}_k} = \sum (Y_i - \hat{\beta}_0 - \hat{\beta}_1 X_1 - \hat{\beta}_2 X_2 - \cdots - \hat{\beta}_k X_k)(-X_k) = 0 \end{cases} \quad (2\text{-}21)$$

求解上式中的方程组，即可得到参数的估计值 $\hat{\beta}_0, \hat{\beta}_1, \hat{\beta}_2, \cdots, \hat{\beta}_k$。由于手工计算比较烦琐，而现在的统计软件都提供了回归分析工具，如 R 语言、Excel 中的回归分析工具。

2.2.2　典型企业重金属沉降影响因素分析

通过 AERMOD 沉降模型对典型企业进行污染模拟分析，得出基本影响因素情况。

2.2.2.1　典型企业最大沉降量影响因素分析

根据本行业污染源特点，可将污染源概况分为 3 种：

① 高架点源，主要为制酸烟囱、环境集烟烟囱，高度为 40～120m，气量通常在 $1.0 \times 10^5 \mathrm{m^3/h}$ 以上，排放温度较高，通常在 45℃ 以上；

② 低架点源，主要为配料车间、传送等烟囱，高度低于 30m，气量在 $1.0 \times 10^5 \mathrm{m^3/h}$ 以下，排放温度为常温；

③ 无组织源。

本研究在典型企业的背景下对其分开进行研究。

（1）典型企业 1

1）源强情况

与本研究释放重金属相关的污染点源有 3 个，其中 2 个高架源，1 个低架源，具体参数见表 2-1。另外，排放重金属的无组织源 2 个，具体参数见表 2-2。

表 2-1　典型企业 1 大气有组织源及非正常排放参数

序号	污染源名称	源点坐标 X	源点坐标 Y	排气筒底部海拔/m	排气筒高度/m	排气筒出口内径/m	烟气流速/(m/s)	烟气温度/℃	年排放小时数/h	排放工况	排放速率/(g/h)	
1	1-1 精矿库配料废气	−26	521	0	20	0.8	35.8	25	7920	低架源	Pb	0.972
											As	0.0648
											Hg	0.0006
											Cd	0.0084
2	2-3 环集烟囱	117	−105	0	120	2.6	14.3	42	7920	高架源	Pb	32.772
											As	12.972
											Hg	0.369
											Cd	0.574
3	1-8 制酸尾气	117	−105	0	120	2.6	9.3	42	7920	高架源	Pb	30.368
											As	12.772
											Hg	0.241
											Cd	0.375

表 2-2　典型企业 1 大气无组织源排放参数

序号	污染源名称	源点坐标 X	源点坐标 Y	面源海拔高度/m	面源长度/m	面源宽度/m	与正北向夹角/(°)	面源有效排放高度/m	年排放小时数/h	排放工况	排放速率/(kg/a)	
1	W1 精矿车间	107	452	0	387	52	30	16.5	7920	无组织源	Pb	9.6
											As	0.789
											Cd	0.0832
											Hg	0.0058
2	W2 冶炼车间	−134	−180	0	280	180	30	26	7920	无组织源	Pb	3.000
											As	0.0610
											Cd	0.3000
											Hg	0.2000

2) 气象因素

根据收集到的当地 2018 年地面常规监测温度数据，当地年平均温度的月变化情况见表 2-3。

表 2-3　2018 年平均温度月变化

月份	1 月	2 月	3 月	4 月	5 月	6 月	7 月	8 月	9 月	10 月	11 月	12 月	全年
温度 /℃	4.53	4.63	10.28	15.04	20.42	23.55	27.29	27.38	23.20	18.37	13.22	5.74	16.14
风速 /(m/s)	2.63	3.23	3.06	3.23	3.22	3.39	2.86	3.50	3.05	2.45	2.62	1.50	2.9

根据收集到的 2018 年地面常规监测风频、风向数据，各季及年平均风向玫瑰图见图 2-1。

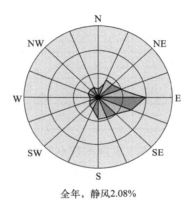

全年，静风2.08%

图 2-1　2018 年全年风向玫瑰图

3）当地地形因素

企业所在地为平坦地形，地表特征为农作地及水面，湿润地区。

4）最大重金属沉降情况

① 有组织源沉降模拟结果及分析。本研究在有组织废气预测过程中，按照实际排放情况（所有源强）进行颗粒物及重金属的沉降量预测。

正常情况下，有组织废气污染源的沉降最大沉降距离、影响程度如表 2-4 所列。

表 2-4　有组织废气污染源最大沉降距离、影响程度

序号	名称	源点坐标 X	源点坐标 Y	源类型	污染物	排放量 /(g/h)	最大沉积落地坐标 X	最大沉积落地坐标 Y	最大沉降量 /(mg/m²)	离源距离 /m	排放量 /沉降量
						源情况			沉积情况		
1	1-1 精矿库配料废气	−26	521	低架源	Pb	0.972	−150	700	0.052	217.8	18.7
					As	0.0648	−150	700	0.00347	217.8	18.7
					Hg	0.0006	−150	800	0.00003	305.3	20.0
					Cd	0.0084	−150	700	0.00046	217.8	18.3

续表

序号	源情况						沉积情况				排放量/沉降量
	名称	源点坐标 X	源点坐标 Y	源类型	污染物	排放量/(g/h)	最大沉积落地坐标 X	最大沉积落地坐标 Y	最大沉降量/(mg/m²)	离源距离/m	
2	2-3环集烟囱	117	−105	高架源	Pb	32.772	−400	550	0.056	834.5	585.2
					As	12.972	−400	550	0.0222	834.5	584.3
					Hg	0.369	50	650	0.00062	758.0	595.2
					Cd	0.574	−450	550	0.001	866.3	574.0
3	1-8制酸尾气	117	−105	高架源	Pb	30.368	−350	500	0.0636	764.3	477.5
					As	12.772	−400	500	0.0267	795.8	478.4
					Hg	0.241	50	600	0.0005	708.2	482.0
					Cd	0.375	−400	500	0.0008	795.8	468.8

从研究结果可知，有组织气体干沉降的特点如下：

Ⅰ. 低架源重金属 Pb、As、Cd 的最大沉降量网格点基本相同，Hg 要更远一些，这说明 Hg 比其他重金属因素在低空容易飘散。高架源重金属 Pb、As、Cd 的最大沉降量网格距离略有不同，Hg 要更近一些，这与低架源情况相反。

Ⅱ. 从排放量与沉降量比值来看，高架源的污染物虽然排放量最大，为其他源排放量的 30 倍至几百倍，但最大沉降量仅为低架源的 1.2 倍左右，其原因与排放源高度、气量、温度等均有关系。

Ⅲ. 当排放量差不多的情况下，点源高度越低，最大沉降量越大，且最大沉降量离源距离越近，重金属的厂内累积作用越明显。

② 无组织源沉降模拟结果及分析。本研究在无组织废气预测过程中，按照实际排放情况进行颗粒物及重金属的沉降量预测。

正常情况下，无组织废气污染源的沉降最大沉降距离、影响程度如表 2-5 所列。

表 2-5　无组织废气污染源最大沉降距离、影响程度

序号	源情况						干沉积情况				排放量/沉降量
	名称	源点坐标 X	源点坐标 Y	源类型	污染物	排放量/(g/h)	最大沉积落地网格点 X	最大沉积落地网格点 Y	As最大沉降量/(mg/m²)	离源距离/m	
1	W1精矿车间	107	452	无组织	Pb	1.2121	−100	500	0.274	212.5	4.4
					As	0.0996	−100	500	0.0226	212.5	4.4
					Cd	0.0105	−100	500	0.00243	212.5	4.3
					Hg	0.0007	50	550	0.00016	113.4	4.6

序号	源情况						干沉积情况					排放量/沉降量
	名称	源点坐标 X	源点坐标 Y	源类型	污染物	排放量/(g/h)	最大沉积落地网格点 X	最大沉积落地网格点 Y	As 最大沉降量/(mg/m²)	离源距离/m		
2	W2 冶炼车间	−134	−180	无组织	Pb	0.3788	−300	−100	0.042	184.3		9.0
					As	0.0077	−300	−100	0.00085	184.3		9.1
					Cd	0.0379	−300	−100	0.00429	184.3		8.8
					Hg	0.0253	−300	−100	0.00274	184.3		9.2

从研究结果可知，无组织气体干沉降的特点如下。

Ⅰ. W1 车间重金属 Pb、As、Cd 的最大沉降量网格点相同，Hg 要更远一些，这说明 Hg 比其他重金属因素更容易飘散，该扩散情况同低架点源结果。W2 车间由于长宽比不高，其 Hg 的扩散距离未显示出差别。

Ⅱ. W1 车间虽然排放高度比 W2 车间低，但扩散距离仍较远，这可能与 W1 车间长宽比较大，且车间长度超过 W2 车间有关。该距离铜精矿堆场的重金属 As 的沉积影响最大。除了排放量因素外，其面源高度较低，可能也是主要影响因素之一。

Ⅲ. 对比上面的有组织重金属的排放情况，无组织源沉降量影响较大，对重金属的厂内累积作用效果明显。

5）各污染源共同作用的重金属沉降影响

① 沉降量。表 2-6 给出了该企业正常生产排放时的 4 种重金属的沉降情况。由表可以看出，正常排放时重金属最大沉降量均出现在厂界内。

表 2-6　重金属最大沉降量值

序号	重金属	源点坐标 X	源点坐标 Y	距厂界的距离	所有点最大沉降量/(mg/m²)
1	Pb	0	600	厂界内	0.71
2	As	0	600	厂界内	0.11
3	Hg	−350	−100	厂界内	0.00341
4	Cd	−100	500	厂界内	0.00626

② 沉降情况分布图。从研究结果可知，对于企业整体影响来看，沉降的特点如下：a. 重金属 Pb、As、Cd、Hg 的沉降分布规律均符合风向玫瑰图的情况，且沉降距离较小；b. 从最大沉降量来看，更加接近无组织源的最大沉降点。

沉入土壤后的具体情况见后面相关内容的分析。

6）重金属 As 的排放情景假设

① 选取项目中的 1 个高架点源，变化 As 的排放量，分析整体沉降的影响情

况，结果见表2-7。可见，As的最大沉降量随着高架源的排放量增加而增加。与方案2实际排放相比，高架源的As排放量增加4倍时，总排放量增加98.28%，最大沉降量变化率增加96.36%。As的排放总量变化较大，4倍排放时可达77.31g/h（0.6123t/a，按照1年中330个工作日算，下同）。最大沉降距离变化较小，与排放量无线性关系。

表2-7　高架点源与重金属最大沉降关系

序号	源强情况			源点坐标 X	源点坐标 Y	距厂界的距离	所有点最大沉降量 /(mg/m²)	As排放总量变化率 /%	最大沉降量变化率 /%
	其他源强As排放量	高架源As排放量 /(g/h)	所有源总As排放量 /(g/h)						
方案1	不变	6.386	32.60	0	600	厂界内	0.0968	−16.39	−12.00
方案2	不变	12.772	38.99	0	600	厂界内	0.11	0.00	0.00
方案3	不变	25.544	51.76	0	600	厂界内	0.136	32.75	23.64
方案4	不变	38.316	64.53	0	600	厂界内	0.189	65.50	71.82
方案5	不变	51.088	77.31	50	600	厂界内	0.216	98.28	96.36

注：厂界中心点（−34，49）；变化率以方案2实际排放为基准。

② 选取项目中的1个低架点源，变化As的排放量，分析整体沉降的影响情况结果见表2-8。可见，As的最大沉降量随着低架源的排放量增加而增加。与方案2实际排放相比，低架源的As排放量增加4倍时，总排放量增加0.51%，但最大沉降量变化率增加10.91%。As的排放总量变化较小，4倍排放时仅为39.19g/h（0.3104t/a）。最大沉降距离变化较小，与排放量无线性关系。

表2-8　低架点源与重金属最大沉降关系

序号	源强情况			源点坐标 X	源点坐标 Y	距厂界的距离	所有点最大沉降量 /(mg/m²)	As排放总量变化率 /%	最大沉降量变化率 /%
	其他源强As排放量	低架源As排放量 /(g/h)	所有源总As排放量 /(g/h)						
方案1	不变	0.0336	38.96	0	600	厂界内	0.108	−0.08	−1.82
方案2	不变	0.0672	38.99	0	600	厂界内	0.11	0.00	0.00
方案3	不变	0.1344	39.06	0	600	厂界内	0.114	0.18	3.64
方案4	不变	0.2016	39.12	50	550	厂界内	0.118	0.33	7.27
方案5	不变	0.2688	39.19	50	550	厂界内	0.122	0.51	10.91

注：厂界中心点（−34，49）。

③ 选取项目中的1个无组织源，变化As的排放量，看看对整体沉降的影响情况，结果见表2-9。可见，As的最大沉降量随着无组织架源的排放量增加。与方案2实际排放相比，无组织源的As排放量增加4倍时总排放量增加0.77%，但最大

沉降量变化率增加 59.09%。As 的排放总量变化较小，4 倍排放时仅为 39.29g/h（0.3112t/a）。最大沉降距离变化较小，与排放量无线性关系。

表 2-9　无组织源与重金属最大沉降关系

序号	源强情况			源点坐标 X	源点坐标 Y	距厂界的距离	所有点最大沉降量 /(mg/m²)	As 排放总量变化率 /%	最大沉降量变化率 /%
	其他源强 As 排放量	无组织源 As 排放量 /(g/h)	所有源总 As 排放量 /(g/h)						
方案 1	不变	0.0498	38.94	0	600	厂界内	0.0996	-0.13	-9.45
方案 2	不变	0.0996	38.99	0	600	厂界内	0.11	0.00	0.00
方案 3	不变	0.1992	39.09	0	600	厂界内	0.131	0.26	19.09
方案 4	不变	0.2989	39.19	0	600	厂界内	0.152	0.51	38.18
方案 5	不变	0.3985	39.29	50	550	厂界内	0.173	0.77	59.09

注：厂界中心点（-34，49）。

④ 三种污染源与最大沉降量关系。根据上述表格得到分别调整高架源、低架源、无组织源后 As 的排放总量与最大沉降量关系曲线，结果如表 2-10 和图 2-2 所示。

表 2-10　源排放量与重金属最大沉降关系

序号	情景说明	最大沉降量 /(mg/m²)	源强情况		
			仅调整高架源后，As 排放总量/(t/a)	仅调整低架源后，As 排放总量/(t/a)	仅调整无组织源后，As 排放总量/(t/a)
情景 1	1/2 实际	0.055	0.1493	0.3018	0.3067
情景 2	实际情况	0.11	0.3049	0.3090	0.3087
情景 3	2 倍实际	0.22	0.6161	0.3233	0.3128

从图中公式计算可得：仅调整高架源时，As 的总排放量达到 77.79g/h（0.6161t/a）时，造成的 As 的最大沉降量增加 1 倍（0.22mg/m²）；仅调整低架源，As 的总排放量达到 40.82g/h（0.3233t/a）时，造成的 As 的最大沉降量增加 1 倍；仅调整无组织源，As 的总排放量到 39.49g/h（0.3128t/a）时，造成的 As 的最大沉降量增加 1 倍（0.22mg/m²）。为此，通过合理的分配重金属的排放方式，可以控制重金属的沉降影响。

（2）典型企业 2

1）源强情况

① 有组织源。与本研究释放重金属 As 相关的污染源共有点源 4 个。具体参数如表 2-11 所列。

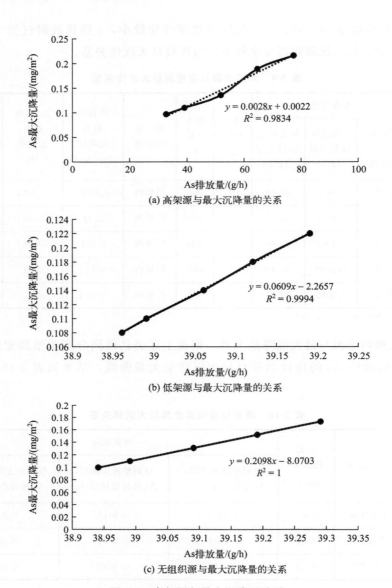

(a) 高架源与最大沉降量的关系

$y = 0.0028x + 0.0022$
$R^2 = 0.9834$

(b) 低架源与最大沉降量的关系

$y = 0.0609x - 2.2657$
$R^2 = 0.9994$

(c) 无组织源与最大沉降量的关系

$y = 0.2098x - 8.0703$
$R^2 = 1$

图 2-2　废气源与最大沉降量关系

表 2-11　典型企业 2 有组织废气排放情况一览表

序号	污染源名称	污染物名称	排放情况				治理措施	排放标准	排放参数	运行时间/h
			排放气量/(m³/h)	排放浓度/(mg/m³)	排放速率/(kg/h)	排放量/(t/a)		浓度/(mg/m³)		
1	转运废气	烟尘	29000	42	1.2180	9.6466	集气罩+布袋除尘器，除尘效率99.5%	80	$H=15m$, $\Phi=0.5m$, $T=25℃$	7920
		Pb		0.2	0.0058	0.0459		0.7		
		As		0.16	0.0046	0.0367		0.4		

续表

序号	污染源名称	污染物名称	排放情况				治理措施	排放标准	排放参数	运行时间/h
			排放气量/(m³/h)	排放浓度/(mg/m³)	排放速率/(kg/h)	排放量/(t/a)		浓度/(mg/m³)		
2	制酸尾气（电除尘后）	烟尘	107044	41.77	4.4712	35.4121	电除尘＋预转化＋两转两吸制酸	80	$H=120m$, $\Phi=2.0m$, $T=90℃$	7920
		SO₂		345	36.9302	292.4870		400		
		NOₓ		78	8.3494	66.1275		240		
		Pb		0.54	0.0578	0.4578		0.7		
		Hg		0.000218	0.00002334	0.00018482		0.012		
		As		0.32	0.0343	0.2713		0.4		
		Cd		0.0077	0.0008	0.0065				
		氟化物		0.45	0.0482	0.3815		3		
		硫酸雾		9.35	1.0009	7.9268		40		
3	阳极炉烟气	烟尘	7802	71.3	0.5563	4.4058	多管沉降＋布袋除尘＋水浴喷淋，除尘效率99.5%，脱硫效率80%	80	$H=40m$, $\Phi=1.0m$, $T=40℃$	7920
		SO₂		60	0.4681	3.7075		400		
		NOₓ		70	0.5461	4.3254		240		
		Pb		0.607	0.0047	0.0375		0.7		
		Hg		0.000258	0.00000201	0.00001594		0.012		
		Cd		0.002867	0.00002237	0.00017716				
		As		0.33	0.0026	0.0204		0.4		
4	渣选矿车间	粉尘	16564	75.46	0.0336	0.2823	布袋除尘器，除尘效率99.5%	80	$H=10m$, $\Phi=0.5m$, $T=常温$	2970
		Pb		0.2536	1.2499	3.7123		0.7		
		As		0.1932	0.0042	0.0125		0.4		

② 无组织排放。与本研究释放重金属 As 相关的污染源共有无组织源 3 个，如表 2-12 所列。

表 2-12　典型企业 2 无组织大气污染源排放情况

序号	污染源	污染因子	排放量/(t/a)
1	配料车间	粉尘	2.88
		Pb	0.015
		As	0.011

序号	污染源	污染因子	排放量/(t/a)
2	熔炼车间	粉尘	5.17
		SO_2	0.39
		NO_x	0.09
		Pb 尘	0.0164
		Hg 尘	8.12×10^{-6}
		As 尘	0.0055
3	铜精矿露天堆场	粉尘	24.6
		Pb 尘	0.123
		Hg 尘	2.36×10^{-9}
		As 尘	0.09348

2）气象因素

根据收集到的 2013 年地面常规监测温度数据，当地年平均温度的月变化情况见表 2-13。

表 2-13   2013 年平均温度月变化

月份	1 月	2 月	3 月	4 月	5 月	6 月	7 月	8 月	9 月	10 月	11 月	12 月	全年
温度/℃	−11.3	−8.4	0.1	4.6	17.8	20.1	22.7	22.6	14.9	7.9	−0.1	−7.5	7.0
风速/(m/s)	1.6	2.1	2.3	2.4	2.3	1.8	1.6	1.7	1.7	1.8	2.0	1.9	1.9

根据收集到的 2013 年地面常规监测风频、风向数据，各季及年平均风向玫瑰图见图 2-3。评价区域 2013 年统计资料显示，评价区域春季主导风向为 S-W，夏、秋、冬季及全年的主导风向均为 SSE-W。各季节及全年最大风向均为 SW。

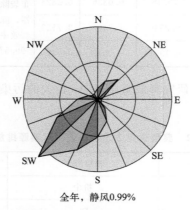

全年，静风0.99%

图 2-3   2013 全年风向玫瑰图

3）地形及地貌

企业所在地地形为北方地形复杂，地表特征为农作，半湿润地区。

4）有组织源干沉降模拟结果及分析

① 干沉降数值模拟结果。本研究在有组织废气预测过程中，按照实际排放情况进行颗粒物及重金属的沉降量预测。预测结果如下：正常情况下，有组织废气污染源的干沉降最大沉降距离、影响程度如表 2-14 所列。

表 2-14　有组织废气污染源的干沉降最大沉降距离、影响程度

序号	源情况								干沉积情况				
	名称	源点坐标 X	源点坐标 Y	高度 h/m	半径 /m	温度 /℃	气量 /(m³/h)	颗粒物排放量 /(kg/h)	As排放量 /(g/h)	最大沉积落地网格点		颗粒物最大沉降量 /(g/m²)	As最大沉降量 /(mg/m²)	离源距离 /m
1	制酸	0	0	120	2	90	107044	4.47	34.3	300	300	0.0822	0.634	424.26
2	阳极炉	−308	151	40	1	40	7802	0.556	2.6	−200	300	0.108	0.492	184.02
3	转运	−273	170	15	0.5	25	29000	1.218	4.6	−200	300	0.333	1.23	149.09
4	渣选	223	541	10	0.5	25	16564	1.25	3.2	300	600	1.04	2.57	97.01

② 干沉降结果分析。从研究结果可知，有组织气体干沉降的特点如下：

Ⅰ.颗粒物及重金属 As 的最大沉降量网格点相同，这说明最大沉降量的影响距离与排放源的基本要素有关，与污染物无关。

Ⅱ.高架源制酸烟囱的最大沉积影响距离最远，随着源高度的降低，影响距离逐渐降低，最大沉积点距离可能与烟囱排放高度呈反比。

Ⅲ.高架源的 As 排放量最大，为其他源排放量的 10 倍左右，但最大沉降量最小，其原因与排放源高度、气量、温度等均有关系。

Ⅳ.当排放量差不多的情况下，点源高度越低，最大沉降量越大，且最大沉降量离源距离越近，对重金属的厂内累积作用越明显。

5）无组织源干沉降模拟结果及分析

① 干沉降数值模拟结果。本研究在无组织废气预测过程中，按照实际排放情况进行颗粒物及重金属的沉降量预测。预测结果如下：正常情况下，无组织废气污染源的干沉降最大沉降距离、影响程度如表 2-15 所列。

表 2-15　无组织废气污染源的干沉降最大沉降距离、影响程度

序号	源情况									干沉积情况				
	名称	源点坐标 X	源点坐标 Y	高度 h/m	宽 /m	长 /m	面积 /m²	排放量 /(t/a)	排放量 /(kg/a)	最大沉积落地网格点		颗粒物最大沉降量 /(g/m²)	As最大沉降量 /(mg/m²)	离源距离 /m
1	冶炼车间	0	0	15	2	90	107044	5.17	5.5	−200	100	0.896	0.933	46.57

续表

序号	源情况							干沉积情况				
	名称	源点坐标 X	源点坐标 Y	高度 h/m	宽 /m	长 /m	面积 /m²	排放量 /(t/a)	排放量 /(kg/a)	最大沉积落地网格点	颗粒物最大沉降量 /(g/m²)	As最大沉降量 /(mg/m²)	离源距离 /m
2	配料车间	−245	88	5	24	240	5760	2.88	3.0	−200	200	0.935	3.47	70.38
3	铜精矿堆场	−227	135	5	15	180	2700	24.6	93.48	−100	200	18.8	58.4	105.69

② 干沉降结果分析

从研究结果可知,无组织气体干沉降的特点如下。

Ⅰ. 颗粒物及重金属 As 的最大沉降量网格点相同,这说明最大沉降量的影响距离与排放源的基本要素有关,与污染物无关。

Ⅱ. 铜精矿堆场的重金属 As 的沉积影响最大。除了排放量因素外,其面源高度较低,可能也是主要影响因素之一。

Ⅲ. 对比上面的有组织重金属 As 的排放情况,本项目无组织源沉降量影响较大,且最大沉降量离源距离近,对重金属的厂内累积作用效果明显。

2.2.2.2 典型企业二维沉降影响范围分析

(1) 单源二维沉降分布情况

这里以典型企业 2 为例进行二维沉降影响范围分析,本研究在有组织废气预测过程中,按照典型企业实际排放情况进行颗粒物及重金属的沉降量预测。预测结果如下:正常情况下,有组织废气污染源的干沉降最大沉降量范围、最大沉降距离及影响程度如图 2-4 和表 2-16 所示。

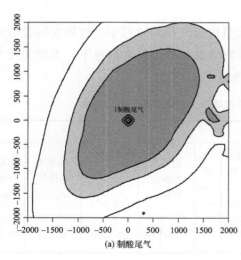

(a) 制酸尾气

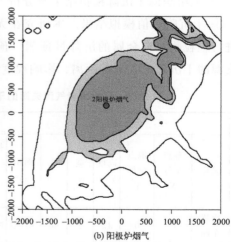

(b) 阳极炉烟气

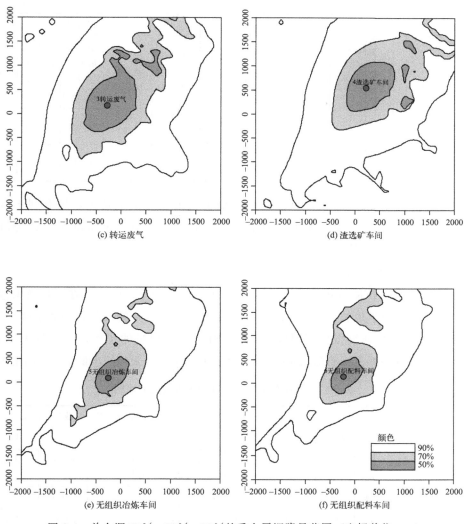

图 2-4　单个源 50％、70％、90％的重金属沉降量范围（坐标单位：m）

表 2-16　废气污染源的干沉降最大沉降距离及影响程度

序号	名称	源点坐标 X	源点坐标 Y	高度 h /m	半径 /m	温度	气量 /(m³/h)	颗粒物排放量 /(kg/h)	As排放量 /(g/h)	最大沉积落地网格点		颗粒物最大沉降量 /(g/m²)	As最大沉降量 /(mg/m²)	50％沉降量范围/m
1	制酸	0	0	120	2	90	107044	4.47	34.3	300	300	0.0822	0.634	1500
2	阳极炉	−308	151	40	1	40	7802	0.556	2.6	−200	300	0.108	0.492	1300
3	转运	−273	170	15	0.5	25	29000	1.218	4.6	−200	300	0.333	1.23	650
4	渣选	223	541	10	0.5	25	16564	1.25	3.2	300	600	1.04	2.57	600

续表

序号	名称	源点坐标 X	源点坐标 Y	高度 h/m	半径/m	温度	气量/(m³/h)	颗粒物排放量/(kg/h)	As排放量/(g/h)	最大沉积落地网格点	颗粒物最大沉降量/(g/m²)	As最大沉降量/(mg/m²)	50%沉降量范围/m
5	冶炼车间	−245	88	15	—	—	—	0.65	5.5	−200 100	0.896	0.933	500
6	备料车间	−227	135	10	—	—	—	0.36	11	−200 200	0.935	3.47	500

从上述图表中可以看出，点源越高，重金属扩散的范围越大，越有利于减少重金属沉降的单位输入量；无组织源由于比较低矮，其50%的沉降量可认为沉降在厂界范围内，对厂外影响有限。

（2）不同模拟范围内大气重金属沉降量研究

本研究通过 AERMOD 实例模拟，设计了 4 个不同地区的厂区在 3 种模拟范围（边长 4km×4km、边长 6km×6km、边长 30km×30km）的大气重金属沉降情况。

通过北方厂区研究得出不同范围内的沉降量占排放量的比例，结果见表 2-17。可见，对于不同模拟范围的总沉降量与排放源的比例来说，无组织＞低架源＞高架源。

表 2-17　不同范围内的沉降量占排放量的比例

企业	源名称	源类型	源强高度/m	排放源强/(t/a)	在一定范围内的沉降量及相对于排放量的占比					
					4km×4km		6km×6km		30km×30km	
					沉降量/(t/a)	占比/%	沉降量/(t/a)	占比/%	沉降量/(t/a)	占比/%
1	制酸	高架源	120	0.2713	0.00215	0.79	0.00327	1.21	0.01460	5.38
	阳极炉	高架源	40	0.0206	0.00043	2.10	0.00054	2.64	0.00150	7.28
	渣选矿	低架源	10	0.0253	0.00064	2.51	0.00096	3.77	0.00217	8.56
	精矿堆场	无组织	5	0.0935	0.06700	45.23	—	—	—	—
2	环境集烟	高架源	90	0.1027	0.00020	0.20	0.00339	3.30	0.00224	2.18
	制酸尾气	高架源	120	0.1012	0.00019	0.18	0.00030	0.29	0.00191	1.89
3	制酸尾气	高架源	87	0.5100	0.00130	0.25	0.00224	0.44	0.01320	2.59
	环境集烟	高架源	100	0.1679	0.00034	0.20	0.00061	0.36	0.00391	2.33
4	制酸尾气	高架源	100	0.0238	0.00018	0.76	0.00027	1.12	0.00157	6.62
	环境集烟	高架源	120	0.0887	0.00027	0.30	0.00049	0.55	0.00289	3.26

另外，4 个厂区研究结果如下：在边长 4km×4km 范围内，有组织大气重金属总沉降量占排放源的 0.2%～2.51%；在边长 6km×6km 范围内，有组织大气重金属总沉降量占排放源的 0.29%～3.77%；在边长 30km×30km 范围内，有组织大

气重金属总沉降量占排放源的 1.89%～8.56%。这说明大部分重金属随着有组织废气排放扩散至更远的地区。

2.2.2.3　重金属沉降与颗粒物粒径分级研究

颗粒物无组织排放往往产生于备料车间、冶炼车间等环集烟气未完全收集或炉体未完全密封的情况下。例如，环集烟气的集气效率为 98% 的情况下将产生 2% 的无组织排放。理论上来说，环集烟气的废气与溢散出的无组织废气的组成及粒径分布是一致的。为此，我们用有组织烟气进口的颗粒物粒径分级情况来分析无组织排放的粒径分级情况。

（1）铅冶炼厂颗粒物的粒径分级

对铅冶炼厂除尘器进口的除尘灰进行粒度分析，结果如表 2-18 所列。

表 2-18　铅冶炼有组织源进口粉尘粒度分布

粒径/μm	0～1	1～2.5	2.5～10	＞10
底吹炉烟尘/%	26.12	28.69	43.03	2.16
鼓风炉烟尘/%	34.11	26.8	37.04	2.05
沸腾炉烟尘/%	17.75	13.45	32.84	35.96
多膛炉烟尘/%	14.81	8.45	52.19	24.55

（2）铜冶炼厂颗粒物的粒径分级

对铜冶炼厂除尘器进口的除尘灰进行粒度分析，结果如表 2-19 所列。

表 2-19　铜冶炼有组织源进口粉尘粒度分布

粒径/μm	0～1	1～2.5	2.5～10	＞10
熔炼工序/%	7.13	4.79	50.31	37.27
转炉烟尘/%	11.59	31.87	42.79	13.75
鼓风炉工艺/%	0.58		1.81	97.61
熔炼备料/%	3.22	5.95	23.03	67.2

由上述铅冶炼和铜冶炼颗粒物粒径分布可知，不同有色金属冶炼厂，不同工艺，在有组织进口测得的颗粒物粒径分级有着较大的区别，如＞10μm 的粒径百分比在 2.16%～97.61% 范围内不等。如果这些产生的颗粒物未得到有效收集，将会产生无组织排放，该粒径分布即视为无组织排放的粒径分级数据。

为了对以上结论进行验证，本次研究选取一铜冶炼厂进行了无组织源的颗粒物采样，并进行了粒径分布检测。采样地点为该企业转炉车间内炉口附近的降尘。该采样可以较好地反映溢散出的颗粒物排放情况。

该降尘的综合粒径分级检测结果如图 2-5 所示。从图中可以看出，该类无组织降尘中，粒径分级＞10μm 的颗粒物占比达 87.8%。

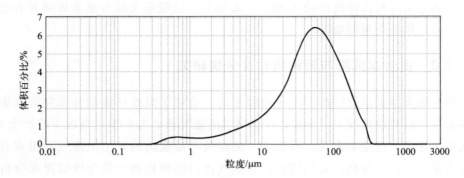

图 2-5 无组织源的颗粒物粒径分级

结合无组织排放颗粒物的粒径分级的结果，本研究通过 AERMOD 实例模拟，设计了 3 个不同粒径分布的总颗粒物厂区在边长 1km×1km 、2km×2km 、4km×4km 模拟范围内的大气重金属沉降情况，结果如表 2-20 所列。

表 2-20 基于 AERMOD 的粒径分布研究

源名称	源粒径分级及质量占比	源强高度/m	排放源强/(t/a)	在一定范围内的沉降量及相对于排放量的占比					
				1km×1km		2km×2km		4km×4km	
				沉降量/(t/a)	占比/%	沉降量/(t/a)	占比/%	沉降量/(t/a)	占比/%
冶炼车间无组织	<10μm，50% >10μm，50%	7.5	5.17	2.08	36.44	2.29	40.14	2.51	44.00
	<10μm，40% >10μm，60%	7.5	5.17	2.33	45.07	2.67	51.64	2.81	54.35
	<10μm，20% >10μm，80%	7.5	5.17	3.89	68.04	4.06	71.18	4.27	74.75

通过以上厂区无组织源研究得出，当排放源粉尘中粒径>10μm 的颗粒物占比 50%，在 4km×4km 网格内，沉降量占排放量的比例达 44%；当排放源粉尘中粒径>10μm 的颗粒物占比 60%，在 4km×4km 网格内，沉降量占排放量的比例达 54.35%；当排放源粉尘中粒径>10μm 的颗粒物占比 80%，在 4km×4km 网格内，沉降量占排放量的比例达 74.75%。这说明排放源强的颗粒物粒径分级对沉降范围影响较大。

另外，当排放源粉尘中粒径>10μm 的颗粒物占比 50%，在 1km×1km 范围内的沉降量占 4km×4km 范围内沉降量的 83%；当排放源粉尘中粒径>10μm 的颗粒物占比 60%，在 1km×1km 范围内的沉降量占 4km×4km 范围内沉降量的 82.87%；当排放源粉尘中粒径>10μm 的颗粒物占比 80%，在 1km×1km 范围内的沉降量占 4km×4km 范围内沉降量的 91.1%。这说明无组织源颗粒物粒径越大，沉降影响范围越集中。

为此，可以研究不同源的重金属排放情况来确定重金属沉降模型分析。

2.2.3　重金属沉降概化模型

通过对典型企业重金属沉降影响进行分析，选出主要影响因素，对重金属最大沉降量及出现距离进行概化，得出重金属最大沉降概化模型及源清单。

2.2.3.1　影响因素设定

通过 AERMOD 沉降模型对典型企业进行污染模拟分析，得出基本影响因素情况，主要包括污染源因素、气象因素、地形因素等内容。选取的典型进行以上 3 种影响因素的分析，分析结果如下。

（1）污染源因素

大气污染源因素对于重金属的沉降有着较大的影响。大气污染源一般分为点源和面源。不同学者开展了一系列的冶炼企业周边土壤重金属分布研究工作，这些研究大部分集中在工业点源废物排放上，而对面源排放研究相对较少。曹伟等在《土壤重金属空间变异特征》研究中同时考虑了点源、面源影响因素，其研究得出：点源周围元素富集程度较强，富集元素种类取决于点源排放废物类型，元素含量随距离的增加呈明显下降趋势；与点源相比，面源排放下元素富集程度较弱，元素含量随距离的增加变化规律不明显，但影响范围大。以上研究均未对污染源的因素做细分。

本研究根据铜冶炼行业污染源特点，将污染源概化为高架点源、低架点源、无组织源 3 种，并对每一种源的基本因素做细分研究。

1）高架点源

主要为制酸烟囱、环集烟气烟囱，高度在 $80\sim120m$ 之间，气量通常在 $1.0\times10^5\,m^3/h$ 以上，排放温度通常在 $40℃$ 以上。高架源的基本参数选取烟囱高度、烟气量、排放浓度、排放量、半径、烟气温度为影响因素。

各因素设定情况如下。

① 点源因素选取。根据铜冶炼行业高架点源的特点，以及原材料的重金属含量百分比，确定了高架源的基本参数情况，选取烟囱高度、烟气量、排放浓度、温度为影响因素。如表 2-21 所列。

表 2-21　高架点源的影响因素及因子水平

因子水平	影响因子			
	烟囱高度/m	烟气量/(m³/h)	排放浓度/(mg/m³)	温度/℃
1	120	100000	0.05	100
2	110	200000	0.1	85
3	100	400000	0.2	70

因子水平	影响因子			
	烟囱高度/m	烟气量/(m³/h)	排放浓度/(mg/m³)	温度/℃
4	90	600000	0.3	55
5	80	800000	0.4	40

② 其他因素。污染源因素除上述 4 种影响因素外，还与烟囱出口半径、排放量相关，为此补充了烟囱直径、排放量两项输入因素。其中烟囱出口半径设定如下：烟囱出口半径是根据大气污染控制工程相关内容确定的，关于排气筒出口烟速的一般规定可见于《大气污染治理工程技术导则》（HJ 2000—2010）之 5.3 污染气体的排放之 5.3.5 排气筒的出口直径应根据出口流速确定，流速宜取 15m/s 左右。当采用钢管烟囱且高度较高时或烟气量较大时，可适当提高出口流速至 20~25m/s。烟气出口流速的确定还应符合有关工程设计、防火设计、环保设计等规范和标准的要求。例如《水泥工业除尘工程技术规范》（HJ 434—2008）规定："排气筒的出口直径宜根据气体出口流速确定，气体出口流速可取 10~16m/s"。

当然，烟气出口流速还涉及"经济流速"的工程设计理念和烟囱高度合理性的问题。从大气污染物排放和扩散角度来讲，在保证满足排气筒设计要求的前提下适当加大出口烟速，有利于烟气及污染物的动力抬升和降低落地浓度。但是，出口烟速过高则易导致送风、排烟系统压力过大，经济上不适宜，且烟气在烟囱出口处会出现急剧夹卷效应；而出口烟速过低易造成烟气在烟囱出口处出现下洗，从而排烟不畅，不利于烟气排放和迅速扩散，既影响相关排烟设备正常运行和经济技术设计最优化，同时也会出现漫烟等扩散造成局部重污染。两者形成平衡才是合理。

根据本行业高架源的实测特点，烟气出口流速基本在 10m/s 左右，为此本研究此处按照约 10m/s 设置。

③ 模拟结果。研究发现，高架点源的最大沉降量主要受到烟囱高度、排放浓度、温度和排放量的影响。最大沉降距离主要受烟囱高度、气量和排气温度影响，烟囱高度较低、气量较低、温度较低的情况下，沉降距离较大。

高架点源的最大沉降距离在风速 1.92m/s 情况下大概率在 390~460m 之间。

2）低架点源

主要为配料车间、皮带转运等，烟囱高度低于 30m，气量在 $1.0 \times 10^5 m^3/h$ 以下，排放温度为常温。低架源的基本参数选取烟囱高度、烟气量、排放浓度、出口半径、排放量为影响因素。

① 点源因素选取。根据铜冶炼行业低架点源的特点，及原材料的重金属含量百分比，确定了低架源的基本参数情况，选取烟囱高度、烟气量、排放浓度为影响因素。如表 2-22 所列。

表 2-22 低架点源的影响因素及因子水平

因子水平	影响因子		
	烟囱高度/m	烟气量/(m³/h)	排放浓度/(mg/m³)
1	40	5000	0.1
2	30	10000	0.2
3	20	20000	0.3
4	15	40000	0.4

② 其他因素。污染源因素除上述 4 种影响因素外，还与烟囱出口半径、排放量相关，为此补充了烟囱出口半径、排放量两项输入因素。其中烟囱出口半径设定同高架点源。

③ 模拟结果。研究发现，低架点源的最大沉降量主要受到烟囱高度、排放浓度和排放量的影响。最大沉降距离与各因素的相关性很低，无法进行回归分析。通过各因素直观对比分析，低架点源的最大沉降距离在风速 1.92m/s 情况下大概率在 75~150m 之间。

3）无组织源

无组织源基本参数选取了无组织源高度、面积、总排放量、面源长宽比、单位面积排放量为影响因素。

① 无组织源因素选取。根据铜冶炼行业无组织源的特点及原材料的重金属含量百分比，确定了无组织源的基本参数情况，选取无组织排放高度、面积、单位面积排放量为影响因素。如表 2-23 所列。

表 2-23 无组织源的影响因素及因子水平

因子水平	影响因子		
	无组织源高度/m	面积/m²	单位面积排放量/[t/(m²·a)]
1	5	3000	0.001
2	5	8000	0.002
3	5	15000	0.004

② 其他因素。污染源因素除上述 3 个影响因素外，还补充了排放量输入因素。

③ 模拟结果。研究发现，无组织源的最大沉降量主要受到无组织源高度、排放量影响。最大沉降距离与各因素的相关性很低，无法进行回归分析。通过各因素直观对比分析，无组织源的最大沉降距离在风速 1.92m/s 情况下大概率在 30~79m 之间。

（2）气象因素

气象因素是影响污染物扩散的重要因素，一般气象因素包括风向、风速、环境温度、气压、总低云、相对湿度、降雨量等因素影响。为了弄清其对沉降距离及沉降量的影响情况，本研究对气象因素进行了概化，并以典型企业的高、低架点源及无组织源为例，进行沉降值的模拟分析，结果如表 2-24 所列。

表 2-24　高架点源的气象因素及因子水平

因子水平	影响因子			
	风速/(m/s)	环境温度/℃	气压/Pa	总低云（10 分制）
1	0.475（0.25 倍）	7.0（1 倍）	83644（0.9 倍）	2.11（0.5 倍）
2	0.95（0.5 倍）	10.5（1.5 倍）	88291（0.95 倍）	3.16（0.75 倍）
3	1.9（1 倍）	14.0（2 倍）	92938（1 倍）	4.21（1 倍）
4	2.85（1.5 倍）	17.5（2.5 倍）	97585（1.05 倍）	5.27（1.25 倍）
5	3.8（2 倍）	21.0（3 倍）	102231（1.1 倍）	6.32（1.5 倍）

注：这里所有的 1 倍数据是以内蒙古某厂实际气象数据为准。

1）风速影响

① 高架源的风速修正。对于高架点源模型，对污染源因素得出的最大沉积量进行风速因素的修正。根据表 2-24 中数据，获得风速修正参数的公式如下：

$$CJL_{q-ws} = CJL_q \times R_{ws} \tag{2-22}$$

$$R_{ws} = 2.2233 \times WS^{(-1.308)}$$

式中　CJL_{q-ws}——考虑源及风速后的最大沉降量，mg/m²；

　　　CJL_q——考虑源的最大沉降量，mg/m²；

　　　R_{ws}——风速修正参数；

　　　WS——风速，m/s，见图 2-6。

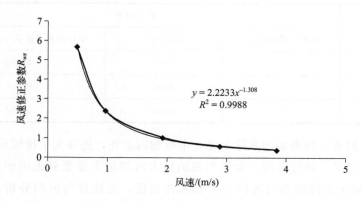

图 2-6　高架源风速修正参数的确定

② 低架源的风速修正。对于低架点源模型，对污染源因素得出的最大沉积量进行风速因素的修正。根据表 2-24 中数据获得风速修正参数的公式如下：

$$CJL_{q-ws} = CJL_q \times R_{ws}$$

$$R_{ws} = 2.833 \times WS^{(-1.595)}$$

(2-23)

式中　CJL_{q-ws}——考虑源及风速后的最大沉降量，mg/m²；

CJL_q——考虑源的最大沉降量，mg/m²；

R_{ws}——风速修正系数；

WS——风速，m/s，见图 2-7。

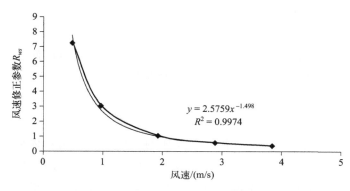

图 2-7　低架源风速修正参数的确定

③ 无组织源的风速修正。对于无组织源模型，对污染源因素得出的最大沉积量进行风速因素的修正。根据表 2-24 中数据，获得风速修正参数的公式如下：

$$CJL_{q-ws} = CJL_q \times R_{ws}$$

(2-24)

$$R_{ws} = 2.5862 \times WS^{-1.498}$$

式中　CJL_{q-ws}——考虑源及风速后的最大沉降量，mg/m²；

CJL_q——考虑源的最大沉降量，mg/m²；

R_{ws}——风速修正系数；

WS——风速，m/s，见图 2-8。

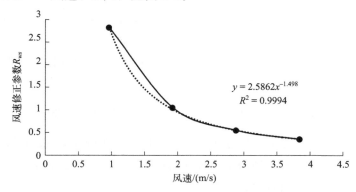

图 2-8　无组织源风速修正参数的确定

2）温度影响

研究表明，年平均温度与最大沉降量成正比，最高温 21℃与最低温 7℃的最大沉降量变化率不大，高架源变化率为 13.5%，低架源为 25.3%，无组织源为 7.5%，最大沉降距离未发生变化。

3）海平面气压

研究表明，海平面企业与最大沉降量成反比，最高气压与最低气压的最大沉降量变化率不大，高架源变化率为 13.4%，低架源为 10.6%，无组织源为 9.9%，最大沉降距离未发生变化。

4）总云、低云

研究表明，总云低云与最大沉降量成反比，最高总云与最低总云的最大沉降量变化率不大，高架源变化率为 17.6%，低架源为 15.8%，无组织源为 14.5%，最大沉降距离未发生变化。

5）风向频率

风向频率与其他数据不同，代表着风速的方向，而不是具体数值，因此不能同其他气象数据一样倍数计算。为此，本研究拟通过选取不同气象站的风向频率来研究内蒙古某厂地形下高架源对沉降结果的影响，并进行修正，结果如表 2-25 和图 2-9、图 2-10 所示。可见，年平均风速修正后主导风向频率减少，最大沉降量也相应减少。

表 2-25 主要风向对高架点源的影响

实验	案例	年平均风速 /(m/s)	主导风向下的平均风速/(m/s)	主导风向（30°）风频率 /%	最大沉降量网格点		最大沉降量 /(mg/m²)	风速修正后沉降量 /(mg/m²)	离源距离 /m
					X	Y			
例1	气象1	1.92	1.95	48.05	300	250	0.497	0.481837	390.51
例2	气象2	2.89	2.79	32.86	−650	50	0.204	0.261132	650.00
例3	气象3	3.38	3.93	41.93	300	450	0.164	0.206523	460.98
例4	气象4	1.51	1.58	30.56	−150	300	0.601	0.690523	353.55

注：高架点源坐标（0，0）。

对 CJL_{q-ws} 进行风向频率因素的修正。根据表 2-25 中数据，获得的风向频率参数的公式如下：

$$CJL_{q-ws-wd} = CJL_{q-ws} - (-0.0051WD + 0.2386) \tag{2-25}$$

式中　$CJL_{q-ws-wd}$——考虑源风速风频因素后的最大沉降量，mg/m²；

　　　CJL_{q-ws}——考虑源因素及风速后的最大沉降量，mg/m²；

　　　WD——风频修正系数。

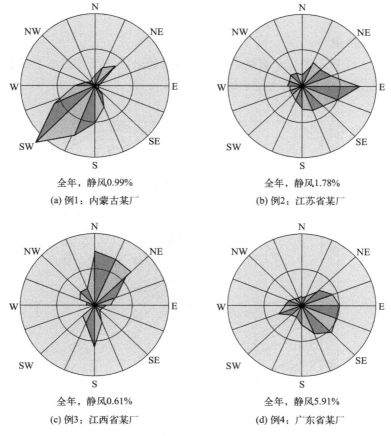

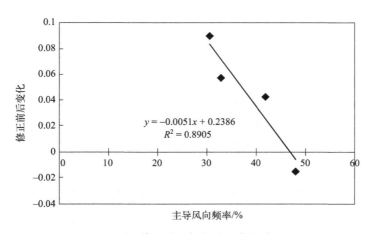

图 2-9　各案例所在地的风向玫瑰图

图 2-10　修正前后与主导风向的关系

（3）地形条件

在不同地形条件下，设置平坦地形和真实地形，进行模拟研究，其中平坦地形的高度按照真实地形的平均值设定。此处选用的是 3 个典型企业的地形条件，如图 2-11 所示。

1）最大沉降量

① 在图 2-11 所示的 3 个案例中，平坦地形的最大沉降量要小于真实地形的沉降量，扩散的最大沉降距离也比平坦地形远。

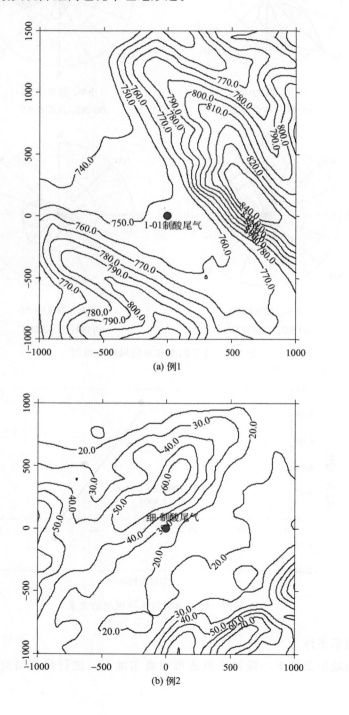

(a) 例1

(b) 例2

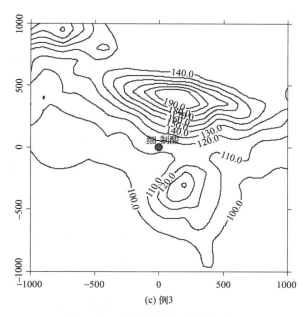

图 2-11　案例使用的地形高程图

② 无论平坦地形的地形高程如何，其最大沉降量在 $0.446 \sim 0.523 \mathrm{mg/m^2}$ 之间，经因素分析这可能是与不同地形的经纬度不同，在气象数据处理时产生的差异造成的，但总的来看平坦地形沉降量值变化较小。

③ 真实地形情况时，风向为西南风向，点源下风向为东北方向。通过图 2-11 可知，前 3 个例子中，例 3 中点源东北方向地形高程变化最大，沉降量增加最多，例 2 点源东北方向最为平坦，沉降量增加最小；例 4 为平地，平坦地形与真实地形变化数值一致。

④ 结论：平坦地形的最大沉降量变化不大，可近似认为一致。真实地形的最大沉降量与主导风向的下风向地形高程复杂程度有关。

经过模拟分析，沉降量变化程度和地形复杂程度为指数相关。其变化程度如表 2-26 所列。

表 2-26　地形复杂程度引起的沉降量变化

地形复杂程度/m	5	10	15	20	25	30	35	40	45	50	55	60
沉降量增加率/%	0.0308	0.0428	0.0597	0.0831	0.1157	0.1610	0.2242	0.3122	0.4347	0.6052	0.8427	1.1733

注：其中地形变化程度为主导风向下风向的一定范围内的高程与点源高程的相对差值的平均数。

由于本研究的重金属沉降主要考虑厂界内及厂界周边 1km 内，为此真实地形近似为平坦地形。最大沉降量变化可控制在 6% 范围内。

2）最大沉降距离

① 平坦地形出现最大沉降距离均远于真实地形。

② 下风向真实地形越复杂，最大沉降距离减少越多。真实地形的最大沉降量与主导风向的下风向地形高程复杂程度有关。从环保角度考虑可认为沉降距离≤平坦地形距离。

3）地面特征参数

地面特征参数〔包括正午反照率、波文率（BOWEN）、粗糙度〕由地表类型和地表湿度决定。根据 AERMOD 模型分类，工厂四周近距离基本以低矮植物为主，或者是水泥地面马路，为此选择农作物及城市为地表类型。地表湿度模型分为干燥、半湿润、湿润 3 类，其参数如表 2-27 所列。为此，本书在该参数处拟对模型进行修正，因为只存在如表 2-27 所列 6 种分类情况，为此当概化得出其中一种情况的最大沉降量，其余情况的沉降量可按照表中的比例计算得出。重金属最大沉降为越干燥沉降量越大，同等湿度条件下农作地沉降量大于城市。

表 2-27　地表特征参数确定

序号	地表类型	地表湿度	正午反照率	BOWEN 率	粗糙度
1	农作地	干燥	0.28	1.625	0.0725
2	城市	干燥	0.2075	3	1
3	农作地	半湿润	0.28	0.75	0.0725
4	城市	半湿润	0.2075	1.625	1
5	农作地	湿润	0.28	0.35	0.0725
6	城市	湿润	0.2075	0.75	1

以内蒙古某厂为例，对地表特征参数影响进行分析，如表 2-28 所列。

表 2-28　地表特征参数影响分析

序号	地表类型	地表湿度	最大沉降量 /(mg/m²)	离源距离/m	最大沉降量 比值系数	离源距离 比值系数
1	农作地	干燥	0.634	390.51	1.00	1.00
2	城市	干燥	0.426	390.51	0.62	1.18
3	农作地	半湿润	0.393	460.98	0.45	1.36
4	城市	半湿润	0.366	390.51	0.67	1.00
5	农作地	湿润	0.287	531.51	0.58	1.00
6	城市	湿润	0.281	390.51	0.44	1.00

2.2.3.2　概化模型的建立及验证

（1）概化模型的建立

采用 AERMOD 模型对有色行业重金属沉降进行数值模拟研究，将各种影响因素进行分级实验，同时采用统计方法设计数值模拟实验方案进行回归分析，得到通过验证的多元回归模型。

1）高架点源

高架源大气沉降量 = [1.32 + (-0.008 × 烟囱高度) + 2.19 × 排放浓度 + (-0.007 × 温度) + 0.009 × 排放量] × 2.22 × 风速$^{-1.31}$ - (-0.005 × 风频 + 0.24)。

2）低架源

低架源大气沉降量 = [1.76 + (-0.05 × 烟囱高度) + (1.51 × 排放浓度) + (0.15 × 排放量)] × 2.83 × 风速$^{-1.595}$ - (-0.005 × 风频 + 0.24)。

3）无组织源

无组织大气沉降量 = [11.18 + (-1.22 × 烟囱高度) + (0.58228 × 排放量)] × 2.59 × 风速$^{-1.498}$ - (-005 × 风频 + 0.24)。

（2）概化模型的验证

1）某地概化模型对比研究

选择我国北方地区一个典型企业，进行高架源、低架源及无组织源的全面对比分析。

经模拟对比发现，对于高架源来说，概化模型的模拟结果与 AERMOD 模拟结果误差在 10% 以内模拟效果较好；对于低架源，概化模型的模拟结果与 AERMOD 模拟结果误差在 20% 左右，这主要是由于概化模型因素水平设计不足，总模拟方案数量较低造成的；对于无组织源，概化模型的模拟结果与 AERMOD 模拟结果误差在 10% 以内，模拟效果尚可。

总的来说，概化模型在简单参数输入的情况下误差是在可以接受的范围内的。

2）多地概化模型对比研究

选择我国东南沿海地区、南方地区及华南地区的三个典型企业，进行高架源大气重金属沉降对比分析。

经模拟对比发现，对于高架源来说南方地区及华南地区的概化模型的模拟结果与 AERMOD 模拟结果误差在 10% 以内，模拟效果较好。

沿海地区模拟效果较差，误差在 2 倍左右，这可能是由于沿海地区气候较为特殊，有海陆风等其他地区没有的气象条件造成的。这里概化模型的模拟沉降值大于 AERMOD 模拟值，说明海陆风等气象因素是有利于减少大气重金属沉降的。

总的来说，本大气重金属概化模型适用于中国南北方地区，但沿海地区模拟结果偏大。如表 2-29、表 2-30 所列。

表 2-29　北方某厂 AERMOD 和概化方法对比

序号	源名称	源类型	$CJL_{q-ws-wd}$/(mg/m^2)			最大沉降量的距离/m	
			AERMOD	概化方法	误差	AERMOD	概化方法
1	转运	低架源	1.61	1.992	0.237	108	217

续表

序号	源名称	源类型	$CJL_{q-ws-wd}$/(mg/m²)			最大沉降量的距离/m	
			AERMOD	概化方法	误差	AERMOD	概化方法
2	制酸	高架源	0.634	0.694	0.095	424	600
3	阳极炉	高架源	0.54	0.502	−0.070	147	390
4	渣选	低架源	2.61	2.146	−0.178	97	217
5	铜精矿堆场	无组织	58.4	55.991	−0.041	106	78.4

表 2-30 沿海地区 AERMOD 和概化方法对比

企业	源名称	源类型	$CJL_{q-ws-wd}$/(mg/m²)			最大沉降量的距离/m	
			AERMOD	概化方法	误差	AERMOD	概化方法
江苏某厂	环境集烟	高架源	0.0328	0.10	2.04	665.9	600
	制酸尾气	高架源	0.0266	0.059	1.22	602.3	390
江西某厂	制酸尾气	高架源	0.060	0.056	−0.067	494	460
	环境集烟	高架源	0.015	0.018	0.047	610	600
广东某厂	制酸尾气	高架源	0.0711	0.0728	0.024	315	390
	环境集烟	高架源	0.038	0.0258	−0.32	2298	600

2.3 行业废气重金属沉降排放清单

2.3.1 行业废气污染物的最大沉降距离和沉降量

2.3.1.1 概化模型源情况

根据行业特点，概化的行业污染源如表 2-31、表 2-32 所列。

表 2-31 铜冶炼有组织废气污染源排放情况

序号	污染源名称	污染物名称	污染物排放情况			排放标准/(mg/m³)	达标情况	排气筒高度(内径)/m	烟气温度/℃	吨铜排气量(标)/(m³/a)	运行时数/h
			排放浓度/(mg/m³)	吨铜排放速率/(kg/h)	吨铜排放量/(g/a)						
1	备料废气	砷	0.37	6.57×10^{-8}	0.52	0.4	达标	15(0.6)	25	1396	7920
		铅	0.13	2.27×10^{-8}	0.18	0.7	达标				
		镉	0.0072	1.26×10^{-9}	0.01	—	—				
		铜	7.10	1.25×10^{-6}	9.91						
		汞	0.0011	1.89×10^{-10}	0.0015	0.012	达标				

续表

序号	污染源名称	污染物名称	污染物排放情况			排放标准/(mg/m³)	达标情况	排气筒高度(内径)/m	烟气温度/℃	吨铜排气量(标)/(m³/a)	运行时数/h
			排放浓度/(mg/m³)	吨铜排放速率/(kg/h)	吨铜排放量/(g/a)						
2	环集烟气	砷	2.02	1.52×10^{-6}	12.05	0.4	超标	120(3.0)	30	5970	7920
		铅	3.36	2.53×10^{-6}	20.06	0.7	超标				
		镉	0.06	4.67×10^{-8}	0.37	—	—				
		铜	0.62	4.67×10^{-7}	3.7	—	—				
		汞	0.0013	1.01×10^{-9}	0.008	0.012	达标				
3	制酸尾气	砷	0.23	1.39×10^{-7}	1.10	0.4	达标	120(3.0)	30	4773	7920
		铅	0.03	1.89×10^{-8}	0.15	0.7	达标				
		镉	0.00023	1.39×10^{-10}	0.0011	—	—				
		铜	0.0084	5.05×10^{-9}	0.04	—	—				
		汞	0.0021	1.25×10^{-9}	0.0099	0.012	达标				
4	阳极炉烟气	砷	0.0029	1.74×10^{-8}	0.14	0.4	达标	60(1.5)	30	450	7920
		铅	0.00279	1.66×10^{-8}	0.13	0.7	达标				
		镉	5.24×10^{-5}	3.16×10^{-10}	0.0025	—	—				
		铜	0.014	8.29×10^{-8}	0.66	—	—				
		汞	3.83×10^{-7}	2.31×10^{-12}	1.83×10^{-5}	0.012	达标				

表 2-32　铜冶炼无组织废气污染源排放情况

项目	车间高度	吨铜排放量				
		砷/(g/a)	铅/(g/a)	镉/(g/a)	铜/(g/a)	汞/(g/a)
配料车间	20m	0.21	0.07	0.0041	4.04	0.0006
熔炼车间	30m	4.92	8.19	0.15	1.51	0.0033

2.3.1.2　行业概化模型模拟结果

由于各地气象因素及地形等不同，表 2-33 给出了计算结果范围。产能按照 3.0×10^{5} t 计算的。

表 2-33　铜冶炼无组织废气污染源排放计算结果范围

序号	源名称	源类型	产能/10^4t	CJL_q/(mg/m²)	CJL_{q-ws}/(mg/m²)					最大沉降距离/m
					1m/s	1.5m/s	2m/s	2.5m/s	3m/s	
1	备料	低架源	30	4.429	12.547	6.572	4.153	2.909	2.175	217

序号	源名称	源类型	产能/10^4t	CJL_q/(mg/m^2)	CJL_{q-ws}/(mg/m^2)					最大沉降距离/m
					1m/s	1.5m/s	2m/s	2.5m/s	3m/s	
2	环集	高架源	30	8.538	18.982	11.169	7.666	5.726	4.511	600
3	制酸	高架源	30	1.037	2.305	1.356	0.931	0.695	0.548	600
4	阳极炉	高架源	30	0.686	1.524	0.897	0.616	0.460	0.362	390
5	配料车间	无组织	30	35.641	92.175	49.167	31.479	22.274	16.791	78.4
6	熔炼车间	无组织	30	852.29	2204.19	1175.73	752.75	532.65	401.52	78.4

2.3.2 行业概化模型重金属沉降清单

（1）通过 AERMOD 模型进行行业概化污染源沉降清单

如果想用 AEROMD 进行行业概化污染源沉降清单的计算，必须依托具体的地形、气象条件，例如依托内蒙古某厂，计算得到 4km×4km 范围内源清单如表 2-34 所列。但这明显具有局限性，且气象资料获取成本较高。

表 2-34　正常工况下重点区域重金属输入量（4km×4km 范围内）

污染源	烟囱	输入量/[g/(t铜·a)]			
		Pb	As	Hg	Cd
高架源	制酸烟囱	$1.46×10^{-3}$	$1.07×10^{-2}$	$9.66×10^{-5}$	$1.07×10^{-5}$
	阳极炉	$2.38×10^{-3}$	$2.49×10^{-3}$	$3.31×10^{-7}$	$4.53×10^{-5}$
	环集烟气	0.19	0.11	$7.53×10^{-5}$	$3.48×10^{-3}$
低架源	备料	$3.61×10^{-3}$	$1.04×10^{-2}$	$3.01×10^{-3}$	$2.00×10^{-4}$
无组织 <10μm，50% >10μm，50%	配料车间	$2.37×10^{-2}$	0.65	$1.85×10^{-3}$	$1.27×10^{-2}$
	冶炼车间	2.15	0.17	$1.12×10^{-2}$	0.51
无组织 <10μm，20% >10μm，80%	配料车间	$4.94×10^{-2}$	1.18	$3.37×10^{-3}$	$2.31×10^{-2}$
	冶炼车间	5.53	29.20	$1.96×10^{-2}$	0.89

注：基于内蒙古某厂的地形、气象条件。

（2）基于概化模型的行业概化污染源沉降清单

基于本次提出的概化模型，可以方便地给出沉降量清单，计算条件简单实用，便于迅速决策管理和制定。表 2-35～表 2-38 是基于概化模型的行业污染源沉降清单。该模型适用范围较广，适用于多种重金属排放源。

表 2-35　铜冶炼概化污染源最大沉降量排放清单汇总表

序号	源名称	源类型	最大沉降量 /[mg/(m²·t铜·a)]				参数					
			Pb	As	Cd	Hg	排放源源高度 h/m	烟气温度 /℃	风速 /(m/s)	风频（16个风向中，临近的3个风向风频之和最大值）/%	排气量 /(m³/h)	假设概化铜规模 /10⁴t
1	备料	低架源	6.75×10^{-6}	1.38×10^{-5}	3.20×10^{-6}	3.02×10^{-6}	15	25	2	40	52879	30
2	制酸	高架源	7.44×10^{-7}	2.99×10^{-6}	4.03×10^{-7}	4.24×10^{-7}	120	30	2	40	180796	30
3	环集	高架源	4.21×10^{-5}	2.54×10^{-5}	1.16×10^{-6}	4.17×10^{-7}	120	30	2	40	226136	30
4	阳极炉	高架源	1.87×10^{-6}	1.88×10^{-6}	1.78×10^{-6}	1.78×10^{-6}	60	30	2	40	17045	30
	无组织		Pb	As	Cd	Hg	排放源高度 h/m	—	—	—	—	假设概化铜规模 /10⁴t
5	配料车间	无组织	4.35×10^{-5}	1.10×10^{-3}	7.98×10^{-6}	6.24×10^{-6}	7.5	—	—	—	—	30
6	熔炼车间	无组织	4.22×10^{-3}	2.53×10^{-2}	8.31×10^{-5}	7.62×10^{-6}	7.5	—	—	—	—	30

表 2-36　铅冶炼概化污染源最大沉降量排放清单汇总表

序号	源名称	源类型	最大沉降量 /[mg/(m²·t铜·a)]				参数					
			Pb	As	Cd	Hg	排放源高度 h/m	烟气温度 /℃	风速 /(m/s)	风频（16个风向中，临近的3个风向风频之和最大值）/%	排气量 /(m³/h)	假设概化铜规模 /10⁴t
1	备料	低架源	9.94×10^{-5}	1.22×10^{-5}	9.69×10^{-6}	8.98×10^{-6}	15	25	2	40	35649	10
2	制酸	高架源	1.70×10^{-5}	5.07×10^{-6}	3.33×10^{-6}	2.24×10^{-6}	87	50	2	40	129115	10
3	环集	高架源	4.40×10^{-5}	3.14×10^{-6}	2.6×10^{-6}	3.15×10^{-6}	100	35	2	40	141390	10
4	烟化炉	高架源	3.47×10^{-5}	3.7×10^{-6}	2.37×10^{-6}	1.49×10^{-6}	87	60	2	40	35570	10
	无组织		Pb	As	Cd	Hg	排放高度 h/m	—	—	—	—	假设概化铜规模 /10⁴t
5	配料车间	无组织	8.43×10^{-3}	3.16×10^{-4}	9.34×10^{-5}	1.79×10^{-5}	7.5	—	—	—	—	10

续表

序号	源名称	源类型	最大沉降量 /[mg/(m²·t铜·a)]				参数					
			Pb	As	Cd	Hg	排放源高度 h/m	烟气温度/℃	风速/(m/s)	风频（16个风向中，临近的3个风向风频之和最大值）/%	排气量/(m³/h)	假设概化铜规模/10⁴t
6	熔炼车间	无组织	3.20×10^{-2}	6.96×10^{-4}	2.84×10^{-4}	7.04×10^{-4}	7.5	—	—	—	—	10

表 2-37　铜采选概化污染源最大沉降量排放清单汇总表

序号	源名称	源类型	最大沉降量 /[mg/(m²·t铜·a)]				参数					
			Pb	As	Cd	Hg	排放源高度 h/m	烟气温度/℃	风速/(m/s)	风频（16个风向中，临近的3个风向风频之和最大值）/%	排气量/(m³/h)	假设概化铜规模/10⁴t
1	采矿	低架源	9.50×10^{-6}	9.20×10^{-6}	8.98×10^{-6}	8.97×10^{-6}	15	25	2	40	30000	10
2	选矿	低架源	2.79×10^{-5}	1.71×10^{-5}	9.27×10^{-6}	8.98×10^{-6}	15	25	2	40	30000	10
	无组织		Pb	As	Cd	Hg	排放高度 h/m	—		—	—	假设概化铜规模/10⁴t
3	采选无组织	无组织	7.41×10^{-5}	2.18×10^{-4}	1.19×10^{-4}	4.75×10^{-5}	7.5	—		—	—	10

表 2-38　铅采选概化污染源最大沉降量排放清单汇总表

序号	源名称	源类型	最大沉降量 /[mg/(m²·t铜·a)]				参数					
			Pb	As	Cd	Hg	排放源高度 h/m	烟气温度/℃	风速/(m/s)	风频（16个风向中，临近的3个风向风频之和最大值）/%	排气量/(m³/h)	假设概化铜规模/10⁴t
1	采矿	低架源	9.91×10^{-6}	9.00×10^{-6}	8.98×10^{-6}	8.99×10^{-6}	15	25	2	40	30000	10
2	选矿	低架源	1.37×10^{-4}	1.22×10^{-5}	1.01×10^{-5}	1.13×10^{-65}	15	25	2	40	30000	10
	无组织		Pb	As	Cd	Hg	排放高度 h/m	—		—	—	假设概化铜规模/10⁴t
3	采选无组织	无组织	3.88×10^{-4}	5.36×10^{-5}	4.77×10^{-5}	5.09×10^{-5}	7.5	—		—	—	10

废水污染发生规律研究

3.1 废水污染源分类与影响途径

3.1.1 废水污染源分类

3.1.1.1 采选业

铜、铅采选业生产废水主要为采矿废水、选矿废水；其中采矿废水主要为矿井（坑）水、废石场（排土场）淋溶水，选矿废水主要为尾矿水、精矿废水等。

（1）采矿废水

地采矿井水主要为地下水，其形成与矿床类型、结构、地质、水文、开采方式等因素有关，部分硫化矿可生成酸性废水。地下采矿矿井涌水通常利用井下水仓收集，优先回用于采矿，多余部分提升至地面收集处理系统，处理后回用于采选生产或达标排放。露天矿坑水主要为地下涌水和雨水，矿山通常在矿区低洼处设置收集处理系统，矿坑水经收集、处理后回用于采选生产或达标排放。

废石场（排土场）淋溶水主要由降雨淋溶废石场、排土场产生，矿山通常在废石场（排土场）周边设置截洪沟，实现清污分流，同时在初期坝下游设置淋溶水收集处理系统，处理后回用于采选生产或达标排放。

（2）选矿废水

选矿废水主要为尾矿废水和精矿废水。浮选尾矿浆通常送尾矿浓密池沉淀澄清，溢流水返回选矿生产，尾矿浆经管道输送至尾矿库，经尾矿库沉淀、降解后返回选矿生产或达标排放。精矿浆经精矿浓密池或压滤机等脱水后产生的精矿废水通常返回选矿生产。

3.1.1.2 冶炼业

铜、铅冶炼业生产废水主要为污酸、酸性废水和初期雨水。

（1）污酸

污酸产生于冶炼烟气净化系统，废酸浓度为 5%～15%，主要污染物包括砷、铅、镉、汞等污染物；企业通常单独设置污酸收集处理系统，经污酸收集池收集后送污酸处理站，采用硫化、石灰中和、铁盐除砷等方法处理后进入酸性废水处理站进一步处理。

（2）酸性废水

酸性废水主要包括生产区地面冲洗水、酸雾净化废水、烟气脱硫废水及"跑、冒、滴、漏"废液等，主要污染物为铅、砷、镉、汞等重金属；经生产废水管网收集至酸性废水处理站，采用石灰中和法、高密度泥浆法（HDS）、硫化法、电化学法、膜处理等工艺处理，出水回用或达标排放。

（3）初期雨水

初期雨水指降雨后产生的携带污染物质并超过排放标准的雨水。《有色金属工业环境保护工程设计规范》（GB 50988—2014）规定：铜铅等重有色冶炼金属初期雨水可按 15mm 计算，主要污染物为铅、砷、镉、汞等。冶炼企业通常建设有初期雨水池，收集的初期雨水单独处理或进入酸性废水处理站处理。

3.1.2 废水污染土壤的途径

废水污染土壤主要发生在废水收集、贮存及处理阶段，含重金属废水收集、处理过程中泄漏导致区域土壤重金属污染。

矿山通常建设废水调节池（库），用于收集矿井（坑）水、废石场（排土场）淋溶水等，产生酸性废水的矿山还需配套建设废水处理设施，确保采矿废水达标排放。冶炼企业通常建设污酸收集池、酸性废水调节池，对污酸、酸性废水分别进行收集，同时配套建设污酸处理站、酸性废水处理站。

正常情况下，采选企业废水调节池（库）和冶炼企业污酸收集池、酸性废水收集池、初期雨水收集池等均为防腐防渗结构，重金属污染物下渗量极少，对区域土壤污染较小，但由于重金属污染累积效应仍会对区域土壤产生一定污染。部分采选、冶炼企业建设时间较早，废水收集池、调节池等设施防渗等级较低，则重金属污染物下渗量较大，对区域土壤污染较重。

非正常情况下，采选、冶炼废水收集、输送过程可能存在"跑、冒、滴、漏"，含重金属废水泄漏可能造成管路沿线土壤污染；事故情况下，采选、冶炼废水收集池、调节池等设施防渗结构，且由于收集池、调节池等通常为地下、半地下结构，可能出现破损且难以发现，导致含重金属废水长时间下渗，铅、砷、镉等重金属污染物进入场地土壤，造成场地土壤重金属污染。

3.2　废水污染源对场地的影响研究

3.2.1　废水污染场地影响因素分析

3.2.1.1　污染源防护方式

铜铅采选、冶炼企业主要污染源为废水贮存设施，包括矿井（坑）水、废石场（排土场）淋溶水收集池等，冶炼污酸、酸性废水、初期雨水等。根据土壤、地下水污染防治要求，采选、冶炼废水由于含有重金属污染物且收集池（调节池）通常为地下、半地下结构，泄漏后难以及时发现和处理。废水收集池（调节池）通常要求进行重点防渗，防渗技术要求为"等效黏土防渗层 $M_b \geqslant 6.0m$、$k \leqslant 1 \times 10^{-7}cm/s$ 或参照 GB 18598 执行"。正常情况下，废水污染物下渗量较小，对土壤污染影响较小。部分铜铅锌矿山、冶炼企业建设时间较早，废水收集池（调节池）防渗设施可能未达到重点防渗技术要求，废水污染物下渗量相对较大，对场地土壤污染影响也较大。

事故情况下，废水收集池（调节池）防渗设施可能出现破裂、损坏，废水污染物直接泄漏至场地土壤，对土壤污染影响较大。

3.2.1.2　污染源源强

企业废水产生量大，则废水输送、贮存量大，则输送管网损失多，收集池容积、面积、深度大，相同情况下废水污染物下渗量大，对场地土壤污染影响大；企业废水产生量小，则废水输送、贮存量相对小，输送管网损失少，收集池容积、面积、深度小，相同情况下废水污染物下渗量小，对场地土壤污染影响相对大。

废水下渗量相同情况下，废水重金属污染物浓度高，则对土壤污染影响越大，如污酸收集池泄漏污染影响明显较酸性废水泄漏影响严重；废水重金属污染物浓度低，则对土壤累积污染影响相对小。

3.2.1.3　企业生产规模及年限

企业生产规模大，则污酸、含重金属酸性废水产生量大，废水收集池容积相对较大，废水与场地土壤接触面积也相应增大，废水及其污染物下渗或泄漏量越多；生产规模小，则废水产生量偏小，各类废水收集池容积相对较小，废水与场地土壤接触面积也相应偏小，废水及其污染物下渗或泄漏量越少。

相同规模和污染防治设施条件下，生产年限越长，废水污染物下渗量或泄漏量越多，重金属累积污染越重；且建成投产时间越早，相应环境管理要求及执行标准越宽松，土壤重金属累积污染越严重。

3.2.1.4 环境管理水平

环境管理水平高，如企业制定并实施严格的巡检巡查、地下水监测制度，设置地下水防渗漏检测设施等，则一旦重点防渗区域发生重金属污染物泄漏下渗，可及时发现并处理、修复，破损面积小、泄漏时间短，废水重金属污染物泄漏下渗量较小，对场地土壤污染影响相应较小；环境管理水平低，如企业未制定相应的巡检巡查、监测制度，未设置地下水防渗漏检测设施等，则一旦重点防渗区域发生破损，破损面积大、废水重金属污染物持续泄漏、下渗，对场地土壤污染影响相应偏大。

3.2.2 计算模型与方法

铜铅采选、冶炼场地废水污染物泄漏量可按下式计算：

$$Q_{\text{Me}} = Q_{\text{正常}} + Q_{\text{事故}} \qquad (3\text{-}1)$$

式中　Q_{Me}——某重金属污染物泄漏量，g/a；

　　　$Q_{\text{正常}}$——正常工况下废水泄漏量，g/a；

　　　$Q_{\text{事故}}$——事故工况下废水泄漏量，g/a。

3.2.2.1 正常工况

正常工况下，采选、冶炼废水收集池（调节池）为重点防渗区；根据《水电工程土工膜防渗技术规范》（NB/T 35027—2014）土工膜渗透量计算方法，废水下渗量可按下式计算：

$$Q_{\text{正常}} = k_{\text{正常}} \, A \upsilon_{\text{Me}} \qquad (3\text{-}2)$$

$$k_{\text{正常}} = \lambda_{\text{池}} \frac{H_{\text{w}}}{T_{\text{g}}} \times 86400 \qquad (3\text{-}3)$$

式中　$Q_{\text{正常}}$——正常工况下废水下渗量，m³/a；

　　　$k_{\text{正常}}$——正常工况下废水渗透速率系数，m³/(m²·d)；

　　　$\lambda_{\text{池}}$——收集池（调节池）防渗系数，m/s；

　　　H_{w}——收集池（调节池）水面高度，m；

　　　T_{g}——收集池（调节池）防渗膜厚度，m；

　　　A——收集池（调节池）面积，m²；

　　　υ_{Me}——某重金属污染物浓度，mg/L；

　　　86400——计算时间（1d折算），s。

3.2.2.2　事故工况

事故工况主要包括废水输送管网漏损和废水收集池（调节池）泄漏两种情形。

（1）废水输送管网漏损

铜铅采选、冶炼废水输送过程中存在漏损，会污染输送管网沿线土壤。废水输送管网漏损量可按下式计算：

$$Q_{非正常} = Q\eta_{漏损}\,\upsilon_{Me} \tag{3-4}$$

式中　$Q_{非正常}$——废水输送管网漏损量，m^3/a；

　　　　Q——采选、冶炼企业废水产生量，m^3/a；

　　　　$\eta_{漏损}$——漏损率，%；

　　　　υ_{Me}——某重金属污染物浓度，mg/L。

（2）废水收集池泄漏

废水收集池（调节池）防渗层破裂、损坏，废水直接进入土壤，造成土壤重金属污染。参照《水电工程土工膜防渗技术规范》（NB/T 35027—2014），其废水泄漏量计算公式如下：

$$Q_{事故} = k_{事故}\,A\upsilon_{Me} \tag{3-5}$$

$$k_{事故} = k_{正常}(1 - i_{损}) + \lambda_{土}\frac{H_w}{T_g} \times 86400 \times i_{损} \tag{3-6}$$

式中　$Q_{事故}$——事故工况下废水泄漏量，g/a；

　　　　$k_{事故}$——事故工况下废水渗漏速率系数，$m^3/(m^2 \cdot d)$；

　　　　$k_{正常}$——正常工况下废水渗漏速率系数，$m^3/(m^2 \cdot d)$；

　　　　$\lambda_{土}$——土壤渗透系数，m/s；

　　　　H_w——收集池（调节池）水面高度，m；

　　　　T_g——收集池（调节池）防渗层厚度，m；

　　　　$i_{损}$——收集池（调节池）破损率，%；

　　　　A——收集池（调节池）面积，m^2；

　　　　υ_{Me}——某重金属污染物浓度，mg/L。

3.2.3　污染影响参数确定

3.2.3.1　污染源参数

（1）废水水量

根据《铅、锌工业污染物排放标准》（GB 25466—2010）、《排污许可证申请与

核发技术规范 有色金属工业——铅锌冶炼》（HJ 863.1—2017）和《铜、镍、钴工业污染物排放标准》（GB 25467—2010）、《排污许可证申请与核发技术规范 有色金属工业——铜冶炼》（HJ 863.3-2017），铜铅采选、冶炼单位产品废水排放量参考值见表3-1。

表3-1 铜铅采选、冶炼单位产品废水排放量参考值

行业		铜	铅
采矿废水/（m³/t原矿）	露采	1.5	2.206
	坑采	12.6	11.779
选矿废水/（m³/t原矿）		1.0	2.5
冶炼废水/（m³/t产品）	污酸	2.0	2.0
	酸性废水	10	8

（2）废水水质

根据《铅冶炼废水治理工程技术规范》（HJ 2057—2018）、《铜冶炼废水治理工程技术规范》（HJ 2059—2018）、《铜镍钴采选废水治理工程技术规范》（HJ 2058—2018）及其编制说明，结合资料收集、调研情况，铜铅采选、冶炼废水水质情况见表3-2～表3-6。

表3-2 铜铅采矿废水典型水质参考值

序号	污染参数	浓度/（mg/L）	
		铜采矿	铅采矿
1	pH值	2.0～6.0	2.0～6.0
2	SS	80～200	80～200
3	Cu	0.5～1000	0.5～5.0
4	S	1.0～10	0.5～5
5	Zn	1.5～200	2.0～500
6	Pb	0.5～2.0	0.5～20
7	Cd	0.5～2.0	0.5～20
8	As	0.5～2.0	0.5～1.5
9	Ni	0.05～1.0	—
10	Hg	0.01～0.2	0.01～0.2

表3-3 铜铅选矿废水典型水质参考值

序号	污染参数	浓度/（mg/L）	
		铜选矿	铅选矿
1	pH值	6.0～12.0	6.0～12.0
2	SS	80～200	100～200

序号	污染参数	浓度/(mg/L)	
		铜选矿	铅选矿
3	COD	100～400	100～500
4	S	1.0～20	1.0～20
5	Cu	0.5～2.0	0.5～1.0
6	Zn	0.5～5.0	0.5～10
7	Pb	0.1～0.5	0.1～2.0
8	Cd	0.01～0.1	0.01～1.5
9	As	0.1～0.5	0.05～0.25
10	Hg	0.01～0.2	0.01～0.2

表 3-4　铜铅冶炼污酸典型水质参考值

序号	污染参数	浓度/(mg/L)	
		铜冶炼	铅冶炼
1	Cu	50～500	—
2	As	1000～15000	100～3200
3	Zn	20～300	—
4	Pb	1～50	20～50
5	Cd	1～150	20～300
6	Ni	10～150	—
7	Co	1～10	—
8	Hg	0.1～10	1～20
9	F	30～1000	10～100
10	H_2SO_4	1%～10%	1%～10%

表 3-5　铜铅冶炼酸性废水典型水质参考值

序号	污染参数	浓度/(mg/L)	
		铜冶炼	铅冶炼
1	pH 值	2～5	2～5
2	SS	100～2000	100～2000
3	Cd	10～80	5～50
4	As	10～200	10～50
5	Pb	10～20	5～50
6	Zn	20～300	10～100
7	Hg	0.01～1.0	0.1～1.0

续表

序号	污染参数	浓度/(mg/L)	
		铜冶炼	铅冶炼
8	F	10～200	10～50
9	Cu	10～70	—
10	Ni	1～5	—
11	Co	1～5	—

表 3-6　铜铅冶炼初期雨水水质参考值

序号	污染参数	浓度/(mg/L)	
		铜冶炼	铅冶炼
1	SS	30～1000	50～500
2	Pb	0.5～5	1～10
3	As	0.5～3	0.5～2
4	Hg	0.05～1	0.05～0.5
5	Cd	0.1～2	0.2～2.5
6	Zn	1.5～10	2～20
7	Cd	0.5～20	0.5～5

（3）废水收集池（调节池）参数

根据废水产生量大小，对选矿、冶炼企业，废水收集池（不含尾矿库）水深按照 2.5m 考虑，对采矿企业，废水调节池水深按照 5m 考虑。

（4）废水输送漏损比

矿山、冶炼废水收集、输送过程中管道、设备等通常存在"跑、冒、滴、漏"等损失，漏损废水中重金属污染物可能造成废水输送管网沿线土壤污染。为降低废水管网输送漏损率，通常要求企业建立日常巡查、巡检制度，及时发现泄漏并处置；同时为便于及时发现和处理含重金属废水泄漏污染，原则上要求废水采取地上明管输送，可有效降低废水管网输送漏损对场地土壤污染影响。

根据《通用安装工程消耗量定额　第十册　给排水、采暖、燃气工程》（TY 02-31—2015），室外钢管、塑料管排水损耗率分别为 1.5%、2%。铜铅行业废水通常采用室外钢管和塑料管，排水损耗率取 2.0%。

3.2.3.2　污染源防护参数

（1）防渗水平

铜铅采选、冶炼废水主要污染物为重金属，且收集池（调节池）为地下或半地下结构，发生污染难以及时发现和处理。根据土壤及地下水污染防治要求，废水收集池（调节池）均为重点防渗区，防渗系数 $\leqslant 1 \times 10^{-10}$ cm/s，HDPE 膜厚度通常为 2mm。

事故工况下，收集池（调节池）防渗膜破裂、损坏，则废水渗漏进入土壤；土壤类型按照黄土及黏土考虑，渗透系数取 1×10^{-5} cm/s。

（2）防渗层破损率

废水收集池（调节池）通常采用土工膜防渗，以高密度聚乙烯膜（HDPE）为主，规格尺寸通常为幅宽 6m×长度 50m。根据工程经验，防渗层破损位置大多发生在土工膜焊接位置。

根据《水电工程土工膜防渗技术规范》（NB/T 35027—2014）、《聚乙烯（PE）土工膜防渗工程技术规范》（SL/T 231—98）、《土工膜施工方法细则》等，焊接时宜采用缝宽 2×10mm 双焊缝搭焊。假定土工膜幅宽搭接处焊缝全部破损，则破损面积为 $0.06m^2$、破损率为 0.02%。

3.3　行业废水污染源对场地的污染排放量

3.3.1　正常工况

根据式（3-3），正常工况下采矿废水调节池废水渗漏速率系数为：$0.000216m^3/(m^2 \cdot d)[0.07884m^3/(m^2 \cdot a)]$；选矿、冶炼废水调节池废水渗漏速率系数为 $0.000108m^3/(m^2 \cdot d)[0.03942m^3/(m^2 \cdot a)]$。则正常工况下采选、冶炼废水污染物渗漏量最大值见表 3-7。

表 3-7　正常工况下铜铅采选、冶炼废水污染物渗漏量最大值

重点区域			污染物排放量最大值/[g/(m² · a)]			
			Pb	As	Hg	Cd
铜	采矿	调节池	0.16	0.16	1.58×10^{-2}	0.16
	选矿	调节池	1.97×10^{-2}	1.97×10^{-2}	7.88×10^{-3}	3.94×10^{-3}
	冶炼	污酸收集池	1.97	5.91×10^{2}	0.39	5.91
		酸性废水调节池	0.79	3.15	1.97×10^{-2}	3.15
		初期雨水收集池	0.20	0.12	3.94×10^{-2}	7.88×10^{-2}
铅	采矿	调节池	1.58	0.12	1.58×10^{-2}	1.58
	选矿	调节池	7.88×10^{-2}	9.86×10^{-3}	7.88×10^{-2}	5.91×10^{-2}
	冶炼	污酸收集池	1.97	1.26×10^{2}	0.79	11.80
		酸性废水调节池	1.97	1.97	3.94×10^{-2}	1.97
		初期雨水收集池	0.39	7.88×10^{-2}	1.97×10^{-2}	9.86×10^{-2}

3.3.2 事故工况

3.3.2.1 废水输送管网漏损

根据式（3-4），非正常工况下，铜铅采选、冶炼废水输送管网漏损量见表 3-8，废水输送管网污染物漏损量见表 3-9。

表 3-8 废水输送管网漏损量

行业		铜	铅
采矿废水/(m³/t 原矿)	露采	0.03	0.0442
	坑采	0.252	0.2356
选矿废水/(m³/t 原矿)		0.02	0.05
冶炼废水/(m³/t 产品)	污酸	0.04	0.04
	酸性废水	0.2	0.16

表 3-9 废水输送管网污染物漏损量

行业		废水类别	污染物排放量/(g/t 原矿或产品)			
			Pb	As	Hg	Cd
铜	采矿-露采	采矿废水	6.00×10^{-2}	6.00×10^{-2}	6.00×10^{-3}	6.00×10^{-2}
	采矿-坑采	采矿废水	0.50	0.50	5.04×10^{-2}	0.50
	选矿	选矿废水	1.00×10^{-2}	1.00×10^{-2}	4.00×10^{-3}	2.00×10^{-3}
	冶炼	污酸	2.00	6.00×10^{2}	0.40	6.00
		酸性废水	4.00	16.00	0.10	16.00
铅锌	采矿-露采	采矿废水	0.88	6.63×10^{-2}	8.84×10^{-3}	0.88
	采矿-坑采	采矿废水	4.71	0.35	4.71×10^{-2}	4.71
	选矿	选矿废水	0.10	1.25×10^{-2}	1.00×10^{-2}	7.50×10^{-2}
	冶炼	污酸	2.00	1.28×10^{2}	0.80	12.00
		酸性废水	8.00	8.00	0.16	8.00

3.3.2.2 废水收集池泄漏

根据式（3-6），事故工况下采矿废水调节池废水渗漏速率系数为：0.004536m³/(m²·d) [1.65564m³/(m²·a)]；选矿、冶炼废水调节池废水渗漏速率系数为0.002376m³/(m²·d) [0.86724m³/(m²·a)]。

则事故工况下采选、冶炼废水污染物渗漏量最大值见表 3-10。

表 3-10　事故工况下铜铅采选、冶炼废水污染物渗漏量最大值

重点区域			污染物排放量最大值/[g/(m² · a)]			
			Pb	As	Hg	Cd
铜	采矿	调节池	3.31	3.31	0.33	3.31
	选矿	调节池	0.43	43.40	0.17	$8.67×10^{-2}$
	冶炼	污酸收集池	43.40	$1.30×10^4$	8.67	$1.30×10^2$
		酸性废水调节池	17.30	69.40	0.43	69.40
		初期雨水收集池	4.34	2.60	0.87	1.73
铅	采矿	调节池	33.10	2.48	0.33	33.10
	选矿	调节池	1.73	0.22	0.17	1.30
	冶炼	污酸收集池	43.40	$2.78×10^3$	17.30	$2.60×10^2$
		酸性废水调节池	43.40	43.40	0.87	43.40
		初期雨水收集池	8.67	1.73	0.43	2.17

3.4　典型企业废水污染源对场地的污染排放量

3.4.1　典型冶炼企业场地废水污染物排放量

北方某铜冶炼企业始建于 2006 年，2008 年建成投产，2019 年 12 月停产，运行总年限 12 年；企业以铜精矿为原料，采用富氧双侧吹熔炼-连续吹连-回转式阳极炉精炼-传统始极片电解精炼工艺生产阴极铜，冶炼烟气采用预转化＋两转两吸工艺制酸，相关参数见表 3-11。其中，生产规模阴极铜 $12.5×10^4$ t/a、硫酸 $54.7×10^4$ t/a。企业生产废水主要包括污酸、酸性废水、清净下水和初期雨水等，其中污酸收集池容积 800m³，尺寸 10m×20m×4m；酸性废水调节池容积 200m³，尺寸 10m×8m×2.5m；初期雨水池容积 3150m³，尺寸 35m×20m×4.5m。

表 3-11　典型铜冶炼企业场地废水重金属泄漏量计算参数

序号	参数名称	参数值	单位
1	生产规模	12.5	10^4 t/a
2	生产年限	12	年
3	污酸收集池面积	200	m²
4	酸性废水调节池面积	80	m²
5	初期雨水池面积	700	m²

3.4.1.1 正常工况

根据表 3-7，正常工况下，铜冶炼废水污染物泄漏量见表 3-12，则废水污染物年泄漏量见表 3-13，生产年限内废水污染物总泄漏量见表 3-14。

表 3-12 正常工况下铜冶炼废水污染物泄漏量

重点区域		污染物排放量/[g/(m² · a)]			
		Pb	As	Hg	Cd
铜冶炼	污酸收集池	1.97	5.91×10^2	0.39	5.91
	酸性废水调节池	0.79	3.15	1.97×10^{-2}	3.15
	初期雨水收集池	0.20	0.12	3.94×10^{-2}	7.88×10^{-2}

表 3-13 正常工况下铜冶炼废水污染物年泄漏量

重点区域		污染物排放量/(g/a)			
		Pb	As	Hg	Cd
铜冶炼	污酸收集池	3.94×10^2	1.18×10^5	78.80	1.18×10^3
	酸性废水调节池	63.00	2.52×10^2	1.58	2.52×10^2
	初期雨水收集池	1.38×10^2	82.60	27.60	55.20
	合计	5.95×10^2	1.19×10^5	1.08×10^2	1.49×10^3

表 3-14 正常工况下铜冶炼废水污染物总泄漏量

重点区域		污染物排放量/g			
		Pb	As	Hg	Cd
铜冶炼	污酸收集池	4.73×10^3	1.42×10^6	9.46×10^2	1.42×10^4
	酸性废水调节池	7.56×10^2	3.02×10^3	18.90	3.02×10^3
	初期雨水收集池	1.65×10^3	9.91×10^2	3.31×10^2	6.62×10^2
	合计	7.14×10^3	1.42×10^6	1.30×10^3	1.79×10^4

3.4.1.2 事故工况

（1）废水输送管网漏损

根据表 3-9，铜冶炼废水管网漏损废水污染物漏损量见表 3-15，废水污染物年漏损量见表 3-16，生产年限内废水污染物总漏损量见表 3-17。

表 3-15 铜冶炼废水管网污染物漏损量

行业	废水类别	污染物排放量/(g/t 铜)			
		Pb	As	Hg	Cd
铜冶炼	污酸	2.00	6.00×10^2	0.40	6.00
	酸性废水	4.00	16.00	0.10	16.00

表 3-16　铜冶炼废水管网污染物年漏损量

行业	废水类别	污染物排放量/(g/a)			
		Pb	As	Hg	Cd
铜冶炼	污酸	2.50×10^5	7.50×10^7	5.00×10^4	7.50×10^5
	酸性废水	5.00×10^5	2.00×10^6	1.25×10^4	2.00×10^6
	合计	7.50×10^5	7.70×10^7	6.25×10^4	2.75×10^6

表 3-17　铜冶炼废水管网污染物总漏损量

行业	废水类别	污染物排放量/g			
		Pb	As	Hg	Cd
铜冶炼	污酸	3.00×10^6	9.00×10^8	6.00×10^5	9.00×10^6
	酸性废水	6.00×10^6	2.40×10^7	1.50×10^5	2.40×10^7
	合计	9.00×10^6	9.24×10^8	7.50×10^5	3.30×10^7

（2）废水收集池泄漏

根据表 3-10，事故工况下，铜冶炼废水收集池污染物泄漏量见表 3-18，废水污染物年泄漏量见表 3-19，生产年限内废水污染物总漏损量见表 3-20。

表 3-18　铜冶炼废水收集池污染物泄漏量

重点区域		污染物排放量/[g/(m²·a)]			
		Pb	As	Hg	Cd
铜冶炼	污酸收集池	43.40	1.30×10^4	8.67	1.30×10^2
	酸性废水调节池	17.30	69.40	0.43	69.40
	初期雨水收集池	4.34	2.60	0.87	1.73

表 3-19　铜冶炼废水收集池污染物年泄漏量

重点区域		污染物排放量/(g/a)			
		Pb	As	Hg	Cd
铜冶炼	污酸收集池	8.68×10^3	2.60×10^6	1.73×10^3	2.60×10^4
	酸性废水调节池	1.38×10^3	5.55×10^3	34.70	5.55×10^3
	初期雨水收集池	3.04×10^3	1.82×10^3	6.07×10^2	1.21×10^3
	合计	1.31×10^4	2.61×10^6	2.38×10^3	3.28×10^4

表 3-20　铜冶炼废水收集池污染物总泄漏量

重点区域		污染物排放量/g			
		Pb	As	Hg	Cd
铜冶炼	污酸收集池	1.04×10^5	3.12×10^7	2.08×10^4	3.12×10^5
	酸性废水调节池	1.66×10^4	6.66×10^4	4.17×10^2	6.66×10^4
	初期雨水收集池	3.65×10^4	2.18×10^4	7.28×10^3	1.45×10^4
	合计	1.57×10^5	3.13×10^7	2.85×10^4	3.93×10^5

3.4.1.3 总泄漏量

根据式（3-1），典型铜冶炼企业场地废水污染物年泄漏量见表 3-21，生产年限内废水污染物总泄漏量见表 3-22。

表 3-21 典型铜冶炼企业场地废水污染物年泄漏量

重点区域		污染物排放量/（g/a）			
		Pb	As	Hg	Cd
铜冶炼	污酸收集池	2.59×10^5	7.77×10^7	5.18×10^4	7.77×10^5
	酸性废水调节池	5.01×10^5	2.01×10^6	1.25×10^4	2.01×10^6
	初期雨水收集池	3.18×10^3	1.90×10^3	6.34×10^2	1.27×10^3
	合计	7.64×10^5	7.97×10^7	6.50×10^4	2.78×10^6

表 3-22 典型铜冶炼企业场地废水污染物总泄漏量

重点区域		污染物排放量/g			
		Pb	As	Hg	Cd
铜冶炼	污酸收集池	3.11×10^6	9.33×10^8	6.22×10^5	9.33×10^6
	酸性废水调节池	6.02×10^6	2.41×10^7	1.50×10^5	2.41×10^7
	初期雨水收集池	3.81×10^4	2.28×10^4	7.61×10^3	1.52×10^4
	合计	9.16×10^6	9.57×10^8	7.80×10^5	3.34×10^7

3.4.2 典型采选企业场地废水污染物排放量

西南某典型铅锌采选企业成立于 2003 年，相关参数见表 3-23。其中，铅锌矿采选规模 $2.2 \times 10^6 t/a$；矿山为露天开采，采用缓帮采矿与陡帮组合台阶采剥相结合的采剥方法，作业面采用多排孔微差爆破，合格矿石汽车运输至选矿加工，贫矿及废石送贫矿堆场及排土场堆存。矿山贫矿堆场及排土场相邻，依据地形分别在南大沟、北大沟及歪山梁子沟设拦挡坝，下设淋溶水收集池，淋溶水收集后经管道输送至选厂回用。南大沟、北大沟、歪山梁子沟淋溶水收集池容积分别为 $1080m^3$、$352m^3$、$1500m^3$，占地面积分别为 $300m^2$、$120m^2$、$450m^2$。企业共有 3 个选厂，包括 5 个选矿车间，选矿规模分别为 1000t/d、500t/d、1600t/d、3000t/d、600t/d，总规模 6700t/d；选矿采用三段一闭路或两段开路破碎、二段二闭路磨矿分级、优先浮选铅再选锌工艺流程，铅精矿采用沉淀池澄清脱水，锌精矿采用浓缩池、陶瓷过滤机脱水；浮选尾矿经地上浓密池浓密后上清液返回选矿回用，浓密底流管道输送至尾矿库堆存，尾矿废水经尾矿综合处理厂处理后返回选厂回用。各选矿车间均设有事故池，用于收集车间"跑、冒、滴、漏"及事故排放废水,池容分别为 $450m^3$、$150m^3$、$360m^3$、$750m^3$、$220m^3$,占地面积分别为 $120m^2$、$50m^2$、$100m^2$、$200m^2$、$60m^2$,事故水收集后返回磨矿回用。

表 3-23　典型铅锌采选企业场地废水重金属泄漏量计算参数

序号	参数名称	参数值	单位	备注
1	生产规模	220	$10^4t/a$	
2	生产年限	19	年	
3	矿山排土场淋溶水收集池总面积	870	m^2	露天矿山共设 3 座排土场
4	选厂废水事故池总面积	530	m^2	共 5 个选矿车间

3.4.2.1　正常工况

根据表 3-7,正常工况下,典型铅锌采选企业废水污染物泄漏量见表 3-24,则废水污染物年泄漏量见表 3-25,生产年限内废水污染物总泄漏量见表 3-26。

表 3-24　典型铅锌采选企业废水污染物泄漏量

重点区域			污染物排放量/[g/(m²·a)]			
			Pb	As	Hg	Cd
铅锌	采矿	排土场淋溶水收集池	1.58	0.12	1.58×10^{-2}	1.58
	选矿	选厂废水事故池	7.88×10^{-2}	9.86×10^{-3}	7.88×10^{-3}	5.91×10^{-2}

表 3-25　典型铅锌采选企业废水污染物年泄漏量

重点区域			污染物排放量/(g/a)			
			Pb	As	Hg	Cd
铅锌	采矿	排土场淋溶水收集池	1.37×10^3	1.03×10^2	13.70	1.37×10^3
	选矿	选厂废水事故池	41.80	5.23	4.18	31.30
	合计		1.42×10^3	1.08×10^2	17.90	1.41×10^3

表 3-26　典型铅锌采选企业废水污染物总泄漏量

重点区域			污染物排放量/g			
			Pb	As	Hg	Cd
铅锌	采矿	排土场淋溶水收集池	2.61×10^4	1.95×10^3	2.61×10^2	2.61×10^4
	选矿	选厂废水事故池	7.94×10^2	99.30	79.40	5.95×10^2
	合计		2.69×10^4	2.05×10^3	3.41×10^2	2.67×10^4

3.4.2.2　事故工况

(1) 废水输送管网漏损

根据表 3-9,典型铅锌采选企业废水管网漏损废水污染物漏损量见表 3-27,废水污染物年漏损量见表 3-28，生产年限内废水污染物总漏损量见表 3-29。

表 3-27　典型铅锌采选企业废水管网污染物漏损量

行业		废水类别	污染物排放量/(g/t 原矿)			
			Pb	As	Hg	Cd
铅锌	采矿-露采	采矿废水	0.88	6.63×10^{-2}	8.84×10^{-3}	0.88
	选矿	选矿废水	0.10	1.25×10^{-2}	1.00×10^{-2}	7.50×10^{-2}

表 3-28　典型铅锌采选企业废水管网污染物年漏损量

行业		废水类别	污染物排放量/(g/a)			
			Pb	As	Hg	Cd
铅锌	采矿-露采	采矿废水	1.94×10^{6}	1.46×10^{5}	1.94×10^{4}	1.94×10^{6}
	选矿	选矿废水	2.20×10^{5}	2.75×10^{4}	2.20×10^{4}	1.65×10^{5}
	合计		2.16×10^{6}	1.73×10^{5}	4.14×10^{4}	2.11×10^{6}

表 3-29　典型铅锌采选企业废水管网污染物总漏损量

行业		废水类别	污染物排放量/g			
			Pb	As	Hg	Cd
铅锌	采矿-露采	采矿废水	3.70×10^{7}	2.77×10^{6}	3.70×10^{5}	3.70×10^{7}
	选矿	选矿废水	4.18×10^{6}	5.23×10^{5}	4.18×10^{5}	3.14×10^{6}
	合计		4.11×10^{7}	3.29×10^{6}	7.88×10^{5}	4.01×10^{7}

（2）废水收集池泄漏

根据表 3-10，事故工况下，典型铅锌采选企业废水收集池污染物泄漏量见表 3-30，废水污染物年泄漏量见表 3-31，生产年限内废水污染物总漏损量见表 3-32。

表 3-30　典型铅锌采选企业废水收集池污染物泄漏量

重点区域		污染物排放量/[g/(m² · a)]			
		Pb	As	Hg	Cd
铅锌	采矿 排土场淋溶水收集池	33.10	2.48	0.33	33.10
	选矿 选厂废水事故池	1.73	0.22	0.17	1.30

表 3-31　典型铅锌采选企业废水收集池污染物年泄漏量

重点区域		污染物排放量/(g/a)			
		Pb	As	Hg	Cd
铅锌	采矿-露采 排土场淋溶水收集池	2.88×10^{4}	2.16×10^{3}	2.88×10^{2}	2.88×10^{4}
	选矿 选厂废水事故池	9.17×10^{2}	1.15×10^{2}	91.70	6.89×10^{2}
	合计	2.97×10^{4}	2.27×10^{3}	3.80×10^{2}	2.95×10^{4}

表 3-32　典型铅锌采选企业废水收集池污染物总泄漏量

重点区域			污染物排放量/g			
			Pb	As	Hg	Cd
铅锌	采矿	排土场淋溶水收集池	5.47×10^5	4.10×10^4	5.47×10^3	5.47×10^5
	选矿	选厂废水事故池	1.74×10^4	2.19×10^3	1.74×10^3	1.31×10^4
	合计		5.65×10^5	4.32×10^4	7.21×10^3	5.60×10^5

3.4.2.3　总泄漏量

根据式（3-1），典型铅锌采选企业场地废水污染物年泄漏量见表 3-33，生产年限内废水污染物总泄漏量见表 3-34。

表 3-33　典型铅锌采选企业场地废水污染物年泄漏量

重点区域			污染物排放量/(g/a)			
			Pb	As	Hg	Cd
铅锌	采矿	排土场淋溶水收集池	1.97×10^6	1.48×10^5	1.97×10^4	1.97×10^6
	选矿	选厂废水事故池	2.21×10^5	2.76×10^4	2.21×10^4	1.66×10^5
	合计		2.20×10^6	1.76×10^5	4.18×10^4	2.14×10^6

表 3-34　典型铅锌采选企业场地废水污染物总泄漏量

重点区域			污染物排放量/g			
			Pb	As	Hg	Cd
铅锌	采矿	排土场淋溶水收集池	3.75×10^7	2.81×10^6	3.75×10^5	3.75×10^7
	选矿	选厂废水事故池	4.20×10^6	5.25×10^5	4.20×10^5	3.15×10^6
	合计		4.17×10^7	3.34×10^6	7.95×10^5	4.07×10^7

第4章

固体废物污染发生规律研究

4.1 固体废物堆存场分类与影响途径

4.1.1 固体废物堆存场的分类

4.1.1.1 冶炼行业固体废物堆存场

冶炼行业固体废物堆存场分为两种，即临时贮存场和永久填埋场。其中临时贮存场为各个中间产物或者外售处理固体废物临时贮存，根据贮存固体废物的性质可分为危险废物临时堆场和一般工业固体废物临时堆场。永久填埋场主要是针对中和渣等需要永久填埋的固体废物进行贮存的场所。

（1）临时贮存场

临时贮存场一般设置在厂区内，分一般固体废物贮存场和危险固体废物贮存场。

危险废物暂存库设计按照《危险废物贮存污染控制标准》（GB 18597）的相关要求进行。堆存库地面、墙裙铺设 2mm 厚度 HDPE 膜，保证渗透系数≤10^{-10}cm/s；全封闭结构，防止雨水进入堆场从而造成含重金属废渣流失；建造废水收集装置，将暂存库内可能产生的各种废水送污水处理站统一处理。并同时按照《环境保护图形标志　固体废物贮存（处置）场》（GB 15562.2）中规定的标志牌进行标牌设置。

一般工业固体废物堆场按《一般工业固体废物贮存、处置场污染控制标准》（GB 18599）第Ⅱ类一般工业固体废物堆场设计要求建造，底部设 HDPE 膜等防渗，保证其渗透系数≤10^{-7}cm/s；临时堆场顶部加盖雨篷，四周设 300mm 高的围墙；设有多空排水管导排渣中夹带的水分，多空排水管排水引入污水处理站处理；渣场周围应设置导流渠，防止雨水径流进入渣场内。

（2）永久填埋场

针对需要永久填埋的固体废物，例如污水处理站产生的中和渣，没有进行回收的需要进行永久填埋处理。

中和渣填埋场根据《危险废物填埋污染控制标准》（GB 18598）及其修改单进行建设，建设内容主要包括选址、库底建设、库区防渗、坝体建设、渗滤液导排收集处理系统、雨水收集及截洪系统，以及地下水监测设施。

4.1.1.2　采选行业固体废物堆存场

采选行业固体废物堆存场主要为废石场和尾矿库。

铜采选及铅锌采选废石场一般均按照《一般工业固体废物贮存、处置场污染控制标准》（GB 18599）第Ⅰ类一般工业固体废物堆场设计要求建造，尾矿库按照《一般工业固体废物贮存、处置场污染控制标准》（GB 18599—2001）第Ⅱ类一般工业固体废物堆场设计要求建造。

废石场通常建设有废石坝和浆砌石挡土墙、边坡截水沟等措施，尾矿库一般建设有尾矿坝、截洪沟、渗滤液收集池等设施。废石场尾矿库闭库后需要复垦绿化。

4.1.2　固体废物贮存影响土壤的途径

固体废物对环境的影响主要发生在固体废物堆存、运输和装卸阶段。

固体废物在运输过程中的物料遗撒造成固体废物的泄漏，装卸、运输引起的扬尘会进入周围土壤、水体及大气环境。

固体废物堆存场在堆存过程中风蚀造成的扬尘，会进入渣场周围的大气、水及大气环境中。

正常情况下固体废物堆存场有防雨棚、围墙、导流沟、防渗地面等设施防渗，防止废渣不流失、废水不外排，渗滤液对地下水的渗漏量有限。意外情况下如果废渣流失、废水外排，防渗膜破裂造成渗滤液下渗会对土壤地下水造成明显的影响。

综上所述，固体废物堆存场对土壤的影响途径主要为废气的无组织扬尘、物料运输撒落以及渗滤液外排。

4.2　固体废物存储对场地的影响研究

4.2.1　计算模型与分析方法

4.2.1.1　固体废物扬尘源计算公式

（1）原始公式

本研究选择《扬尘源颗粒物排放清单编制技术指南（试行）》《排放源统计调查产排污核算方法和系数手册》中的附表 2《工业源固体物料堆场颗粒物核算系数手册》中的公式进行分析，确定固体废物转运、堆存过程中的大气无组织排放源。

固体废物转运装卸扬尘的产生主要与装卸物料的量、扬尘倾向（扬尘倾向包括与自然风速和固体废物性质有关的参数）有关；风侵蚀扬尘主要与固体废物的堆场面积、固体废物种类及风速有关。

《扬尘源颗粒物排放清单编制技术指南（试行）》扬尘源排放量的计算式如下：

$$W_y = \sum_{i=1}^{m} E_h G_{yi} \times 10^{-3} + E_w A_y \times 10^{-3} \tag{4-1}$$

式中　W_y——堆场扬尘源中颗粒物总排放量，t/a；

E_h——堆场装卸运输过程的扬尘颗粒物排放系数，kg/t；

m——每年料堆物料装卸总次数；

G_{yi}——第 i 次装卸过程的物料装卸量，t；

E_w——料堆受到风蚀作用的颗粒物排放系数，kg/m^2；

A_y——料堆表面积，m^2。

① 装卸、运输物流过程扬尘排放系数 E_h 的估算：

$$E_h = k_i \times 0.0016 \times \frac{(u/2.2)^{1.3}}{(M/2)^{1.4}} \times (1-\eta) \tag{4-2}$$

式中　k_i——物料的粒度乘数，此次研究主要考虑 TSP，$k_i = 0.74$，粒度乘数见表 4-1；

u——地面平均风速，m/s；

M——物料含水率，%；

η——污染控制技术对扬尘的去除效率，%，控制效率见表 4-2。

表 4-1　装卸过程中产生的颗粒物粒度乘数

粒径	TSP	PM$_{10}$	PM$_{2.5}$
粒度乘数（无量纲）	0.74	0.35	0.053

表 4-2　堆场操作扬尘控制措施的控制效率　　　　　　　单位：%

控制措施	TSP 控制效率	PM$_{10}$ 控制效率	PM$_{2.5}$ 控制效率
输送点位连续洒水操作	74	62	52
建筑堆场的三边用孔隙率 50% 的围挡遮围	90	75	63

② 堆场表面遭受风扰后引起颗粒物排放系数可以用下式计算：

$$E_w = k_i \times \sum_{i=1}^{n} P_i \times (1-\eta) \times 10^{-3} \tag{4-3}$$

$$P_i = \begin{cases} 58 \times (u^* - u_t^*)^2 + 25 \times (u^* - u_t^*), u^* > u_t^* \\ 0, u^* \leqslant u_t^* \end{cases} \tag{4-4}$$

$$u^* = \frac{0.4 \times u_{(z)}}{\ln\left(\dfrac{z}{z_0}\right)}, z > z_0 \tag{4-5}$$

式中　E_w——堆场风蚀扬尘的排放系数，kg/m^2；

　　　k_i——物料的粒度乘数；粒度乘数见表 4-3；

　　　n——物料每年受扰动次数；

　　　P_i——第 i 次扰动中观测的最大风速的风蚀潜势，g/m^2；

　　　η——污染控制技术对扬尘的去除效率，%，控制效率见表 4-4；

　　　u^*——摩擦风速，m/s；

　　　$u_{(z)}$——地面风速，m/s；

　　　z——地面风速检测高度，m；

　　　z_0——地面粗糙度，m，城市取值 0.6m，郊区取值 0.2m；

　　　0.4——冯卡门常数，无量纲；

　　　u_t^*——阈值摩擦风速，即起尘的临界摩擦风速，m/s，摩擦风速见表 4-5。

表 4-3　风蚀过程中产生的颗粒物粒度乘数

粒径	TSP	PM_{10}	$PM_{2.5}$
粒度乘数（无量纲）	1	0.5	0.2

表 4-4　堆场风蚀扬尘控制措施的控制效率　　　　　单位：%

料堆性质	控制措施	TSP 控制效率	PM_{10} 控制效率	$PM_{2.5}$ 控制效率
矿料堆	定期洒水	52	48	40
	化学覆盖剂	88	86	71
煤堆	定期洒水	61	59	49
	化学覆盖剂	86	85	71
建筑堆料	编织布覆盖	78	76	64

表 4-5　阈值摩擦风速参考值

堆场材料	阈值摩擦风速/(m/s)
煤堆	1.02
铁渣、矿渣（路基材料）[①]	1.33
未覆盖煤堆[①]	1.12
煤堆刮板或铲土机轨道[①②]	0.62
煤粉尘堆	0.54
铁矿石	6.3
煤矸石	4.8

① 露天煤矿；

② 轻度覆盖。

（2）公式优化及参数选择

此次研究以上面的公式为基本的公式，结合具体的固体废物种类对以上公式进行简化,从而取得简化后的固体废物扬尘计算公式,为以后的污染源计算奠定基础。

1)中和渣

①公式的简化。根据《扬尘源颗粒物排放清单编制技术指南(试行)》中提供的堆场扬尘源排放量的计算方法,由于在铜冶炼过程中渣的产生量与企业的产量以及生产规模有关,一旦企业建成则渣的年产生量、渣的运输车辆以及生产作业时间是固定的。所以将渣场扬尘的排放量公式简化为下面的公式:

$$W_y = E_h G_y \times 10^{-3} + E_w A_y \times 10^{-3} \tag{4-6}$$

式中 W_y——堆场扬尘源中颗粒物总排放量,t/a;

E_h——堆场装卸运输过程的扬尘颗粒物排放系数,kg/t;

G_y——每年装卸过程的物料装卸量,即每年中和渣的产生量,t/a;

E_w——料堆受到风蚀作用的颗粒物排放系数,即风蚀系数,kg/m²;

A_y——料堆表面积,m²。

② 参数的选择。

I.
$$E_h = k_i \times 0.0016 \times \frac{(u/2.2)^{1.3}}{(M/2)^{1.4}} \times (1-\eta) \tag{4-7}$$

式中 k_i——物料的粒度乘数,由于中和渣场的渣主要为硫酸盐类,这里主要考虑TSP,所以粒度乘数 k_i 考虑取 0.74;

M——物料含水率,中和渣经过压滤,含水率为 30%～40%,物料含水率 M 取 35%;

η——污染控制技术对扬尘的去除效率,在铜冶炼行业中和渣为经皮带输送或者渣场直接运送,如果输送点位采取连续洒水操作等措施 η 取 74%,否则取 0。

则式(4-7)可以简化为:

$$E_h = 0.0136 \times \left(\frac{u}{2.2}\right)^{1.3} \times (1-\eta) \tag{4-8}$$

II.
$$E_w = k_i \times \sum_{i=1}^{n} P_i \times (1-\eta_2) \times 10^{-3} \tag{4-9}$$

η_2——污染控制技术对扬尘的去除效率,堆场风蚀扬尘控制措施中中和渣场一般采取编织布覆盖的控制措施或者没有采取覆盖措施,则 η_2 取 78%或者 0。

n——扰动次数;

E_w——风蚀扬尘概化系数。

III.
$$P_i = \begin{cases} 58 \times (u^* - u_t^*)^2 + 25 \times (u^* - u_t^*), & u^* > u_t^* \\ 0, & u^* \leqslant u_t^* \end{cases} \tag{4-10}$$

式中　u_t^*——阈值摩擦风速；

　　　P_i——风蚀潜势；

式（4-9）、式（4-10）中阈值摩擦风速 u_t^*、风蚀潜势 P_i、扰动次数 n 及风蚀扬尘概化系数 E_w 参考《排放源统计调查产排污核算方法和系数手册》中的附表 2《工业源固体物料堆场颗粒物核算系数手册》附录 3 风蚀概化系数，见表 4-6。

表 4-6　风蚀概化系数

堆存物料类型	k_i	摩擦风速 (u^*)	阈值摩擦风速 (u_t^*)	P_i	n	E_r
01 煤炭（非褐煤）			1.02	85.32		31.1418
02 褐煤			1.03	83.995		30.6582
03 煤矸石			1.51	32.155		11.7366
04 碎焦炭			1.32	49.92		18.2208
05 石油焦			$>u^*$	0		0
06 铁矿石			$>u^*$	0		0
07 烧结矿			$>u^*$	0		0
08 球团矿			$>u^*$	0		0
09 块矿			$>u^*$	0		0
10 混合矿石			$>u^*$	0		0
11 尾矿	1	2.10	1.56	28.08	365	10.2492
12 石灰岩			1.62	23.52		8.5848
13 陈年石灰石			1.74	15.48		5.6502
14 各种石灰石产品			1.84	9.88		3.6062
15 芯球			$>u^*$	0		0
16 表土			0.82	0		41.5808
17 炉渣			0.74	126.48		46.1652
18 烟道灰			0.32	202.92		74.0658
19 油泥			$>u^*$	0		0
20 污泥			$>u^*$	0		0
21 含油碱渣			$>u^*$	0		0

中和渣主要成分为硫酸钙、氢氧化钙等，参考各种石灰石产品，阈值摩擦风速 1.84m/s，风蚀潜势为 9.88g/m²，堆料每年受扰动的次数取 365 次，则风蚀扬尘概化系数 E_w 为 3.6062kg/kg。

则式（4-9）简化为：

$$E_w = 3.6062 \times (1 - \eta_2) \times 10^{-3} \qquad (4-11)$$

则渣场扬尘计算公式（4-6）简化为：

$$W_y = 0.0136 \times \left(\frac{u}{2.2}\right)^{1.3} \times (1 - \eta_1) \times G_y \times 10^{-3} + 3.6062 \times (1 - \eta_2)$$
$$\times 10^{-3} \times A_y \times 10^{-3} \tag{4-12}$$

式中 W_y——堆场扬尘源中颗粒物总排放量，t/a；

u——地面平均风速，m/s；

G_y——装卸过程的物料装卸量，t/a；

η_1——堆场装卸的控制措施效率，输送点位连续洒水操作等措施取 74%，否则取 0；

η_2——堆场表层的控制措施效率，有表面控制措施取 78%，没有控制措施则取 0；

A_y——料堆表面积，m^2。

2）废石

① 公式的简化。根据《扬尘源颗粒物排放清单编制技术指南（试行）》中提供的堆场扬尘源排放量的计算方法，由于在采选过程中废石的产生量与生产规模有关，一旦企业建成生产则废石的年产生量、运输车辆以及生产作业时间是固定的。将渣场扬尘的排放量公式简化为下面的公式：

$$W_y = (E_h G_y + E_w A_y) \times 10^{-3} \tag{4-13}$$

式中 W_y——堆场扬尘源中颗粒物总排放量，t/a；

E_h——堆场装卸运输过程的扬尘颗粒物排放系数，kg/t；

G_y——每年装卸过程的物料装卸量，即每年废石的产生量，t/a；

E_w——料堆受到风蚀作用的颗粒物排放系数，即风蚀扬尘概化系数，$\mathrm{kg/m}^2$；

A_y——料堆表面积，m^2。

② 参数的选择。

I. $$E_h = k_i \times 0.0016 \times \frac{(u/2.2)^{1.3}}{(M/2)^{1.4}} \times (1 - \eta) \tag{4-14}$$

式中 k_i——物料的粒度乘数，由于废石主要为硅酸盐类，这里主要考虑 TSP，所以粒度乘数 k_i 考虑取 0.74；

M——物料含水率，根据行业废石现场情况，废石物料含水率 M 取 2.1%；

η——装卸污染控制技术对扬尘的去除效率，在采选行业废石为经皮带输送或者汽车运送，如果输送点位采取连续洒水操作等措施 η_1 取 74%，否则取 0。

则式（4-14）可简化为：

$$E_h = 0.6977 \times \left(\frac{u}{2.2}\right)^{1.3} \times (1 - \eta_1) \tag{4-15}$$

Ⅱ.
$$E_w = k_i \times \sum_{i=1}^{n} P_i \times (1 - \eta) \times 10^{-3} \tag{4-16}$$

式中　η——污染控制技术对扬尘的去除效率，堆场风蚀扬尘控制措施中废石场一般没有采取抑尘措施，则取 0。

　　P_i——风蚀潜势；

　　n——扰动次数；

　　E_w——风蚀概化系数。

Ⅲ.
$$P_i = \begin{cases} 58 \times (u^* - u_t^*)^2 + 25 \times (u^* - u_t^*), & u^* > u_t^* \\ 0, & u^* \leqslant u_t^* \end{cases} \tag{4-17}$$

式中　u_t^*——阈值摩擦风速。

式（4-16）、式（4-17）中阈值摩擦风速 u_t^*、风蚀潜势 P_i、扰动次数 n 及风蚀概化系数 E_w 参考《排放源统计调查产排污核算方法和系数手册》中的附表 2《工业源固体物料堆场颗粒物核算系数手册》附录 3 风蚀概化系数，见表 4-6。

废石参考混合矿石、铁矿石等，摩擦风速小于阈值摩擦风速，风蚀潜势为 0g/m²，则风蚀概化系数为 0kg/kg。

则式（4-16）简化为：

$$E_w = 0 \tag{4-18}$$

废石场扬尘计算公式简化为：

$$W_y = 0.698 \times \left(\frac{u}{2.2}\right)^{1.3} \times (1 - \eta_1) \times G_y \times 10^{-3} \tag{4-19}$$

式中　W_y——堆场扬尘源中颗粒物总排放量，t/a；

　　u——地面平均风速，m/s；

　　G_y——装卸过程的物料装卸量，t/a；

　　η_1——堆场装卸的控制措施效率，输送点位连续洒水操作等措施取 74%，否则取 0。

3）尾矿

① 公式的简化。根据《扬尘源颗粒物排放清单编制技术指南（试行）》中提供的堆场扬尘源排放量的计算方法，由于在采选过程中尾矿的产生量与生产规模有关，一旦企业建成生产，则尾矿的年产生量以及生产作业时间是固定的。所以将渣场扬尘的排放量公式简化为下面的公式：

$$W_y = E_h G_y \times 10^{-3} + E_w A_y \times 10^{-3} \tag{4-20}$$

式中　W_y——堆场扬尘源中颗粒物总排放量，t/a；

　　E_h——堆场装卸运输过程的扬尘颗粒物排放系数，kg/t；

G_y——每年装卸过程的物料装卸量，即每年废石的产生量，t/a；

E_w——料堆受到风蚀作用的颗粒物排放系数，即风蚀系数，kg/m²；

A_y——料堆表面积，m²。

② 参数的选择。

$$\text{I.} \qquad E_h = k_i \times 0.0016 \times \frac{(u/2.2)^{1.3}}{(M/2)^{1.4}} \times (1-\eta) \qquad (4\text{-}21)$$

式中　k_i——物料的粒度乘数，由于废石主要为硅酸盐类，这里主要考虑 TSP，所以粒度乘数 k_i 考虑取 0.75；

M——物料含水率，尾矿出厂含水率一般为 30% 左右，物料含水率 M 取 30%；

η——污染控制技术对扬尘的去除效率，在采选行业尾矿运输一般为管道输送，周围没有采取防尘控制措施。所以污染控制技术去除效率取 75%。

尾矿运输为管道运输，且尾矿出厂含水率一般为 30% 左右，所以尾矿装卸运输过程的扬尘颗粒物可以不考虑，为 0。

则式（4-21）简化为：

$$E_h = 0 \qquad (4\text{-}22)$$

$$\text{II.} \qquad E_w = k_i \times \sum_{i=1}^{n} P_i \times (1-\eta) \times 10^{-3} \qquad (4\text{-}23)$$

式中　η——污染控制技术对扬尘的去除效率，堆场风蚀扬尘控制措施中尾矿库一般采取洒水抑尘，则 η 取 52% 或者 0；

P_i——风蚀潜势；

η——扰动次数；

E_w——风蚀概化系数。

$$\text{III.} \qquad P_i = \begin{cases} 58 \times (u^* - u_t^*)^2 + 25 \times (u^* - u_t^*), & u^* > u_t^* \\ 0, & u^* \leqslant u_t^* \end{cases} \qquad (4\text{-}24)$$

式中　μ_t^*——阈值摩擦风速。

式（4-23）、式（4-24）中阈值摩擦风速 u_t^*、风蚀潜势 P_i、扰动次数 n 及风蚀概化系数 E_w 参考《排放源统计调查产排污核算方法和系数手册》中的附表 2《工业源固体物料堆场颗粒物核算系数手册》附录 3 风蚀概化系数，见表 4-6。

尾矿阈值摩擦风速 1.56m/s，风蚀潜势为 28.08g/m²，堆料每年受扰动的次数取 365 次，则风蚀概化系数为 10.2492kg/kg。

则式（4-23）可以简化为：

$$E_w = 10.2492 \times (1 - \eta) \times 10^{-3} \tag{4-25}$$

则渣场扬尘计算公式（4-20）简化为：

$$W_y = 10.2492 \times (1 - \eta) \times 10^{-3} \times A_y \times 10^{-3} \tag{4-26}$$

式中　W_y——堆场扬尘源中颗粒物总排放量，t/a；

　　　η——堆场表层的控制措施效率，有 η 取 52%，没有则取 0；

　　　A_y——料堆表面积，m^2。

4.2.1.2　渗滤液泄漏量计算公式

固体废物堆场渗滤液的渗滤量受到获水能力、场地地表条件、废物条件、填埋场构造 4 个因素的影响，并且还会受到一些其他因素制约。

① 获水能力，即直接或间接给填埋场带来水的能力，主要包括大气降水、地表径流、地表水浸入、灌溉、渣带入水。

② 场地地表条件，指填埋场场地所在地区土壤和自然环境条件，主要包括蒸发蒸腾、地表径流、入渗。

③ 废物条件，指所填埋废物的性质，主要包括持水性、渗透性。

④ 填埋场构造，主要包括填埋场的结构中的横向排水层、隔水衬层。

根据有色行业固废堆存场的实际情况和渗滤液的产生情况，这里将堆存场分为两种情况：一种是堆存场库底有防渗；另一种是堆存场库底没有防渗。

渗滤液产生量的计算方法有很多，常见的有水平衡计算法、经验公式法。由于上述提到的影响渗滤液泄漏量的影响因素过于复杂，因此以下重点介绍经验公式法。

（1）库底有防渗时渗滤液的排放量

填埋场防渗层破裂、渗滤液渗漏时，渗滤液迁移扩散至土壤及地下水中对地下水和土壤造成污染。

1）正常工况下库底渗漏情况

美国国家环境保护署（US EPA）标准定义，可接受的渗滤速率为 0.000019m^3/(d·m^2)。

根据《危险废物填埋污染控制标准》（GB 18598—2019）可接受的库底渗滤速率计算公式为：

$$Q = 0.00001 A_库 \tag{4-27}$$

式中　Q——渗滤液泄漏速率，m^3/d；

0.00001——每平方米库底面积可接受渗滤速率系数，m^3/(d·m^2)；

　　　$A_库$——填埋场的库底面积，m^2。

本项目取正常情况下填埋场的泄漏量泄漏系数为 $0.00001\text{m}^3/(\text{d}\cdot\text{m}^2)$。

2）非正常工况下库底渗漏情况

① 库底渗滤原因。根据对国内现有运行填埋场的实地调查和渗漏检测，发现绝大部分填埋场防渗层存在明显缺损和破坏。这些问题可能是由施工过程材料焊接、操作不规范、施工过程中基地没有处理平整、防渗膜质量不过关等因素造成。通过填埋场工艺过程分析建立防渗层破损的 FTA 模型。见图 4-1。

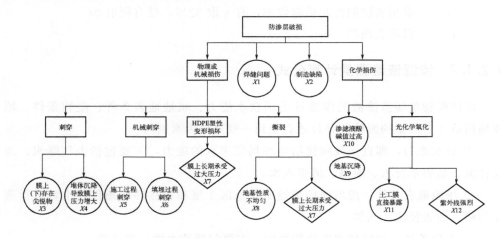

图 4-1　填埋场防渗层破损 FTA 模型

② 库底破损率。为了调查填埋场的库底渗漏情况，确定库底渗漏系数，本节从以下几个方面进行研究。

Ⅰ.统计法。参考美国国家环境保护署（US EPA）标准，定义可接受的渗滤速率为 $0.000019\text{m}^3/(\text{d}\cdot\text{m}^2)$；1990 年国外一项填埋场防渗衬垫层检测表明，HDPE 膜的渗透率达到 $0.00002\text{m}^3/(\text{d}\cdot\text{m}^2)$。根据统计资料，意大利国家填埋场每平方千米 1532 个漏洞，美国每平方千米 2251 个漏洞，加拿大和法国的每平方千米 203 个漏洞；国内每平方千米 500～2000 个漏洞，多的达 15400 个，而且漏洞尺寸比欧美的大。国外孔洞的孔径主要在 20cm 以下。

综合以上考虑，取每平方千米 2000 个漏洞，孔洞尺寸为 20cm×20cm，则每平方千米破裂面积为 80m^2。即破损率为 0.008%。

Ⅱ.概率法。破损密度采用事故树分析法计算，通过填埋场工艺工程分析建立防渗层破损的 FTA 模型，利用数学模型求得事故树的最小割集 T 为：

$$T = X1 + X2 + X3X4 + X5X6 + X7 + X7X8 + X9 + X10 + X11X12 \quad (4\text{-}28)$$

式中　$X1$，$X2$，…，$X12$——不同基础事件，其概率可通过专家打分法确定。

防渗层破损事故树底层事件概率如表 4-7 所列。

表 4-7　防渗层破损事故树底层事件概率

基础事件	概率/(次/hm²)	基础事件	概率/(次/hm²)
$X1$	1.8	$X7$	1.8
$X2$	2.4	$X8$	0.6
$X3$	15	$X9$	3
$X4$	2.4	$X10$	0.3
$X5$	1.5	$X11$	6
$X6$	0.2	$X12$	3

将其带入公式得到防渗层破损概率为 67.38 次/hm²。

假设每个破孔的尺寸为 20cm×20cm，则通过以上计算得出的破损率为 0.03%。

取以上两种计算方法的平均值，则破损率为 (0.008%+0.03%)/2=0.02%。

③ 渗滤液泄漏速率计算公式。废水主要来自大气降雨和渣中含水。降水渗入渣体并在渣堆内形成一个以渗滤液收集管为基点的浸润曲面，防渗层破碎后通过破碎面的渗透量按下面达西公式计算下渗量。

废水泄漏速率为：

$$Q = kA_{隙} \tag{4-29}$$

$$A_{隙} = iA_{库} \tag{4-30}$$

式中　Q——渗滤液泄漏速率，m³/d；

　　　k——渣库渗透速率系数，认为渣库破裂库底的水全部进入土壤和地下水中，m³/d，取 1m³/d；

　$A_{隙}$——渣库防渗膜破裂面积，m²；

　　　i——破损率，0.0002；

　$A_{库}$——库占地面积，m²。

则废水泄漏速率公式（4-29）可简化为：

$$Q = 0.0002A_{库} \tag{4-31}$$

式中　Q——渗滤液泄漏速率，m³/d；

　0.0002——库底非正常渗滤速率系数，m³/(d·m²)；

　$A_{库}$——渣库面积，m²。

④ 渗滤液中污染物泄漏速率计算公式。渗滤液中各污染物泄漏量可按下式计算：

$$Q_{Me} = QC_{Me} \tag{4-32}$$

式中　Q_{Me}——污染物 Me 泄漏量，g/d；

　　　Q——渗滤液泄漏量，m³/d；

C_{Me}——渗滤液污染物浓度，mg/L。

（2）库底没有防渗时渗滤液的排放量

一般填埋库建设时，在渣库内沿设计的渣堆顶等高线修建了截洪沟，渣库汇集渣堆占地面积上的雨水，认为表面没有积水，降雨全部渗入渣中，进入土壤地下水，则计算公式为：

$$Q = \frac{1}{365}\alpha FX \times 10^{-3}$$ （4-33）

式中　Q——渗入量，$\mathrm{m^3/d}$；

　　　α——降水入渗系数，未形成地表径流也为蒸发，则 α 为 1；

　　　F——渣场汇水面积，$\mathrm{m^2}$；

　　　X——降水量，$\mathrm{mm/a}$。

降水入渗补给经验系数见表 4-8。

表 4-8　降水入渗补给经验系数一览表

分区	包气带岩性	水位埋深/m				
		<2	2～4	4～6	6～8	>8
冲洪积平原区	中砂、粗砂	0.28～0.30	0.35～0.45		0.30～0.35	
	细砂、粉砂	0.26～0.28	0.28～0.32		0.28～0.30	
	粉土	0.14～0.23	0.23～0.33	0.33～0.38	0.28～0.25	0.25～0.23
	粉质黏土	0.11～0.16	0.16～0.24	0.22～0.18	0.18～0.16	0.16～0.14
	黏土	0.09～0.13	0.14～0.16	0.16～0.12	0.14～0.10	0.12～0.10
冲湖积平原及滨海平原	细砂、粉砂	0.25～0.36	0.36～0.40	0.40～0.28	0.28～0.24	0.24～0.22
	粉土	0.14～0.24	0.20～0.28	0.29～0.22	0.26～0.20	0.18～0.16
	粉质黏土	0.12～0.19	0.15～0.26	0.26～0.22	0.18～0.14	0.14～0.12
	黏土	0.11～0.13	0.13～0.15	0.15～0.13	0.13～0.12	0.12～0.11

各污染物泄漏量可按式（4-32）计算。

堆体入渗量建议采用填埋场渗滤液水文特性评价模型（hydrologic evaluation of landfill performance，HELP）模型。程序数据库集成了全球多个地区的气象数据资料，输入研究区域的经纬度信息后模型就可以自动生成其降雨量、蒸发量等气象数据；并基于这些数据结合地面坡度、土壤类型等参数计算堆体入渗量。

4.2.2　污染源参数

4.2.2.1　堆场扬尘重金属含量

（1）铜冶炼污水处理中和渣成分

通过收集国内铜冶炼中和渣的主要成分资料，分析并取得铜冶炼中和渣中的主要污染物及含量。

　　铜冶炼中和渣中重金属主要成分见表 4-9～表 4-11，主要成分见表 4-12。

表 4-9　北方某企业中和渣中重金属含量（一）　　　　单位：%

成分	Cu	Fe	S	Zn	As	Pb	Cd	Hg	SiO$_2$	CaO	H$_2$O
含量	0.13	9.20	10.88	1.92	3.755	1.67	0.029	0.01	2.29	22.81	31

表 4-10　北方某企业中和渣中重金属含量（二）　　　　单位：%

成分	Cu	Zn	As	Pb	Cd	Hg	Cr	Ni	Co
含量 1	0.435	1.03	1.96	0.0192	0.0321	8.71×10^{-4}	1.55×10^{-3}	8.8×10^{-4}	6.7×10^{-4}
含量 2	0.485	1.09	1.88	0.0183	0.0258	8.87×10^{-4}	1.24×10^{-3}	6.9×10^{-4}	4.8×10^{-4}

表 4-11　某企业中和渣中重金属含量　　　　单位：%

成分	Cu	Zn	As	Pb	Cd
含量	0.58	0.069	0.032	2.01	0.002

表 4-12　中和渣的主要成分

序号	生成物	干基/%	湿基/%
1	CaSO$_4$ • 2H$_2$O	65.41	45.79
2	Cu(OH)$_2$	0.19	0.13
3	Fe(OH)$_3$	9.38	6.57
4	Zn(OH)$_2$	0.67	0.47
5	Ca$_3$(AsO$_4$)$_2$	11.86	8.30
6	CaF$_2$	1.15	0.80
7	Pb(OH)$_2$	0.06	0.04
8	Ca$_3$(BiO$_4$)$_2$	0.19	0.13
9	Se	0.03	0.02
10	Ca(OH)$_2$ 不纯物	11.06	7.74
11	合计	100.00	70.00
12	H$_2$O		30.00
13	累计		100.00

　　西北某企业中和渣成分分析见表 4-13。

表 4-13　西北某企业中和渣中重金属含量　　　　单位：%

成分	Cu	As	Pb	Zn
样品 1	0.46	2.208	0.103	—
样品 2	0.73	3.27	0.145	—

成分	Cu	As	Pb	Zn
样品 3	1.95	0.18	0.25	1.15

注:"—"表示未测出,下同。

综合考虑以上不同样品的中和渣成分,本次污染源计算取以上铜冶炼中和渣样品中的主要污染物成分的平均值,具体见表 4-14。

表 4-14　铜冶炼行业中和渣污染物成分　　　　单位:%

成分	Cu	As	Pb	Zn	Cd	Hg
样品 1	0.13	3.755	1.67	1.92	0.029	0.01
样品 2	0.435	1.96	0.0192	1.03	0.0321	8.71×10^{-4}
样品 3	0.485	1.88	0.0183	1.09	0.0258	8.87×10^{-4}
样品 4	0.58	0.032	2.01	0.069	0.002	—
样品 5	0.46	2.208	0.103	—	—	—
样品 6	0.73	3.27	0.145	—	—	—
样品 7	1.95	0.18	0.25	1.15	—	—
平均值	0.68	1.90	0.37	1.05	0.022	0.01

(2)铅冶炼污水处理中和渣成分

铅冶炼中和渣中重金属主要成分见表 4-15。

表 4-15　铅冶炼行业中和渣污染物成分　　　　单位:%

分析项目	结果/%	分析项目	结果/%
Al	0.6	Li	<0.05
As	1.53	Mg	0.28
Ba	<0.05	Mn	<0.05
Be	<0.05	Ni	<0.05
Bi	<0.05	Pb	0.15
Ca	17.56	Sb	0.08
Cd	0.25	Sn	<0.05
Co	<0.05	Sr	<0.05
Cr	<0.05	Ti	0.08
Cu	0.21	V	<0.05
Fe	2.85	Zn	0.3
Ag	6.56	Se	<0.01
F	1.73	Hg	0.0012
Si	1.11	S	9.86

续表

分析项目	结果/%	分析项目	结果/%
Na	0.037	K	0.059
SO_4^{2-}	26.47	P_2O_5	1.06

某企业铅冶炼污水处理站污泥主要成分见表 4-16。

表 4-16　铅冶炼废水处理站污泥化学成分分析结果

化学成分	SiO_2	Al_2O_3	CaO	MgO	K_2O	Na_2O	Fe_2O_3	SO_3	P_2O_5	As	Se
铅污泥/%	2.23	1.39	28.4	0.28	0.07	1.13	3.78	35.48	2.74	2.08	0.016
锌污泥/%	1.35	0.98	33.04	0.1	0.02	1.29	0.11	42.58	0.2	0.027	0.0071

（3）废石场中废石主要成分

铅锌矿废石中重金属主要成分见表 4-17。

表 4-17　铅锌矿废石中重金属主要成分一览表

成分	Zn	As	Pb	Cd	Hg
含量/%	0.029	0.009	0.025	<0.005	<0.0001

（4）尾矿主要成分

铅锌矿尾矿中重金属主要成分见表 4-18。

表 4-18　铅锌矿尾矿中重金属主要成分一览表

成分	S	Zn	As	Pb	Cd	Hg
含量/%	0.88	0.47	0.018	0.12	0.002	0.0098

取西北某企业铜选矿厂尾矿，依据《危险废物鉴别标准-毒性含量鉴别》（GB5085.6—2007）标准规定，可能涉及的无机毒性物质有砷、铜、铅、锌、镉、铬、钡、镍、汞、铍、氟化物、银、钴、钙、铊、铂、钯、铝、钾、钠、锰、钛、锑、硒、钒、锡、氰根等。

本次尾矿成分检测取 20 个尾砂样品进行 X-荧光光谱定性和半定量的分析，结果见表 4-19。

表 4-19　西北某铜矿尾矿成分

样品编号	SiO_2 /%	Al_2O_3 /%	Fe_2O_3 /%	S /%	MgO /%	CaO /%	K_2O /%	Na_2O /%	Mn /%	Pb /%	As /%	Zn /%	Cu /%	Ti /%
GF2107221-3#-3	55.7	11.4	7.85	3.02	3.11	2.02	1.16	0.70	0.036	0.044	ND	0.17	0.063	0.19
GF2107311-5#-1	58.9	14.3	5.33	3.08	1.82	1.38	1.89	0.81	0.023	0.11	0.011	0.064	0.052	0.16

样品编号	SiO$_2$ /%	Al$_2$O$_3$ /%	Fe$_2$O$_3$ /%	S /%	MgO /%	CaO /%	K$_2$O /%	Na$_2$O /%	Mn /%	Pb /%	As /%	Zn /%	Cu /%	Ti /%
GF2107311-6#-2	55.3	10.4	5.95	2.90	1.77	2.24	1.21	0.62	0.023	0.049	0.013	0.047	0.076	0.18
GF2107311-7#-1	54.9	15.0	8.37	2.20	2.52	1.22	1.74	0.74	0.12	0.083	ND	0.060	0.054	0.15
GF2108061-9#-1	46.2	20.4	9.47	3.18	2.47	0.99	2.72	2.29	0.035	0.12	ND	0.32	0.15	0.17
GF2107311-10#-3	52.8	15.0	8.63	3.47	2.70	1.84	1.82	0.76	0.027	0.068	0.012	0.093	0.15	0.17
GF2107271-11#-1	42.2	7.34	14.2	10.3	1.33	3.72	1.04	0.63	ND	0.054	0.023	0.023	0.058	0.14
GF2107271-13#-2	41.6	6.08	15.5	11.4	0.87	1.67	0.93	0.39	0.012	0.046	ND	0.021	0.063	0.20
GF2108061-14#-1	55.8	8.87	6.68	3.96	2.29	2.00	1.04	0.52	0.028	0.037	ND	0.045	0.12	0.15
GF2107271-15#-1	44.2	10.9	14.2	8.68	1.80	1.40	1.31	0.52	0.012	0.097	0.020	0.064	0.12	0.13
GF2107291-17#-2	50.1	16.1	16.2	5.83	4.05	1.11	1.58	0.64	0.062	0.049	0.016	0.085	0.062	0.15
GF2107311-19#-2	50.2	9.78	9.62	6.16	1.97	2.31	1.09	0.48	0.014	0.049	0.015	0.082	0.17	0.17
GF2107311-22#-3	40.7	22.6	10.5	7.43	2.50	1.84	2.23	0.45	0.017	0.033	0.012	0.12	0.060	0.12
GF2107311-23#-2	58.1	11.4	7.67	3.15	2.15	1.70	1.25	0.57	0.018	0.047	ND	0.063	0.051	0.19
GF2107301-25#-2	51.4	14.8	13.2	4.78	3.82	1.81	1.46	0.61	0.029	0.035	ND	0.085	0.069	0.15
GF2107291-26#-2	54.5	17.3	9.14	3.74	2.69	1.15	1.73	1.23	0.024	0.087	ND	0.053	0.064	0.17
GF2107311-30#-2	56.5	11.7	8.69	2.73	2.82	1.94	1.10	0.53	0.026	0.031	ND	0.059	0.041	0.14
GF2107291-32#-1	41.4	10.4	17.7	7.96	2.52	1.88	1.25	0.33	0.025	0.034	0.018	0.044	0.055	0.13
GF2107301-33#-2	51.4	22.4	8.66	3.44	1.61	1.41	3.04	1.20	ND	0.13	0.024	0.046	0.18	0.20

续表

样品编号	SiO₂ /%	Al₂O₃ /%	Fe₂O₃ /%	S /%	MgO /%	CaO /%	K₂O /%	Na₂O /%	Mn /%	Pb /%	As /%	Zn /%	Cu /%	Ti /%
GF2107301- 34#-3	55.0	16.1	10.9	4.96	1.94	1.43	1.78	0.99	0.015	0.093	0.015	0.055	0.095	0.16
平均值	50.845	13.61	10.42	5.12	2.34	1.753	1.57	0.7505	0.03	0.0648	0.016	0.08	0.088	0.16

注："ND"表示未检出。

4.2.2.2 渗滤液重金属浓度

（1）铜冶炼中和渣场渗滤液主要成分

中和渣堆存场正常情况下要进行库底防渗，渗滤液收集。中和渣毒性浸出结果见表 4-20、表 4-21。

表 4-20 北方某中和渣主要重金属浸出毒性（一）　　　单位：mg/L

名称	Cu	As	Pb	Zn	Cd
渣样 1	0.750	13.691	0.142	0.465	0.003
渣样 2	0.621	7.682	0.214	0.365	0.001
渣样 3	0.632	8.156	0.134	0.347	0.002
平均值	0.668	9.843	0.163	0.392	0.002

表 4-21 北方某中和渣主要重金属浸出毒性（二）　　　单位：mg/L（pH 值除外）

污染物	浸出结果（HJ/T 299）				
	1#	2#	3#	4#	5#
pH 值	8.24	8.36	8.38	8.30	8.48
铜（以总铜计）	0.027	0.026	0.007	0.030	0.024
锌（以总锌计）	0.234	0.220	0.063	0.133	0.253
镉（以总镉计）	0.045	0.035	0.013	0.024	0.037
铅（以总铅计）	ND	ND	ND	10.0	ND
总铬	ND	ND	ND	ND	ND
铬（六价）	ND	ND	ND	ND	ND
汞（以总汞计）	0.001	0.0005	0.00047	0.00045	0.00043
铍（以总铍计）	ND	ND	ND	ND	ND
钡（以总钡计）	0.0301	0.0189	0.0567	0.0704	0.0224
镍（以总镍计）	ND	ND	ND	ND	ND
总银	ND	ND	ND	ND	ND

续表

污染物	浸出结果（HJ/T 299）				
	1#	2#	3#	4#	5#
砷（以总砷计）	53.5	53.4	133.0	128.0	60.3
硒（以总硒计）	0.144	0.126	0.652	0.801	0.118
无机氟化物（不含氟化钙）	7.43	8.18	7.52	8.61	8.31
氰化物（以 CN 计）	ND	ND	ND	ND	ND

注："ND"表示未检出。

（2）铅冶炼中和渣场渗滤液主要成分

铅中和渣场渗滤液主要成分见表 4-22，中和渣酸性浸出结果见表 4-23、表 4-24。

表 4-22　铅中和渣场渗滤液主要成分

检测项目	单位	检测结果统计	
		WW-1	WW-2
pH 值		6.82	6.87
氨氮	mg/L	0.053	0.067
砷	mg/L	0.0016	0.0017
铅	mg/L	0.331	0.307
汞	mg/L	0.00004L	0.00004L
镉	mg/L	34.9	28.4
锌	mg/L	1489	1229
铜	mg/L	0.292	0.303
硫化物	mg/L	0.005L	0.005L
六价铬	mg/L	0.004L	0.004L
氟化物	mg/L	3.33	3.35
耗氧量	mg/L	1.50	1.45
氯化物	mg/L	59.0	59.6
硝酸盐氮	mg/L	3.26	3.84
亚硝酸盐氮	mg/L	0.003L	0.003L

注：数字后"L"表示低于检出限。

表 4-23　铅冶炼废水处理站中和渣酸性浸出结果

检测项目	单位	监测结果
pH 值		7.87～7.88
砷	mg/L	6.917
铅	mg/L	0.0017

续表

检测项目	单位	监测结果
汞	mg/L	0.008
镉	mg/L	0.197
锌	mg/L	0
铜	mg/L	0.034

表 4-24　铅冶炼废水处理污泥的浸出毒性分析结果

序号	危害成分	浸出液中危害浓度 限值/(mg/L)	实测值	是否超标
1	铜	100	0.034	否
2	锌	100	0.000	否
3	镉	1	0.197	否
4	铅	5	0.0017	否
5	总铬	15	0.00084	否
6	六价铬	5	<0.001	否
7	烷基汞/(ng/L)	不得检出甲基汞	<10	否
		不得检出乙基汞	<20	否
8	汞	0.1	0.008	否
9	铍	0.02	0.000	否
10	钡	100	0.0348	否
11	镍	5	0.0041	否
12	银	5	0.000	否
13	砷	5	6.917	是
14	硒	1	1.256	是
15	无机氟化物	100	5.7	否
16	氰化物	5	<0.001	否

（3）废石场渗滤液成分

铅锌废石成分见表 4-25。

表 4-25　铅锌废石酸浸结果一览表

成分	Zn	As	Pb	Cd	Hg	Cr
含量/(mg/L)	0.008～0.01	0.0005～0.0007	未检出	0.0084～0.013	未检出	0.32～0.37

（4）尾矿库渗滤液成分

铅锌尾矿酸浸结果见表 4-26。

表 4-26　铅锌尾矿酸浸结果一览表

成分	Zn	As	Pb	Cd	Hg	Cr
含量/(mg/L)	0.070～0.96	0.0137～0.0146	未检出	0.012～0.015	未检出	0.38～0.44

铜矿尾矿毒性浸出结果见表 4-27。

表 4-27　铜矿尾矿毒性浸出结果一览表

样品编号	检测项目及结果/(mg/L)													
	Hg/(μg/L)	Cr⁶⁺	F	Ag	As	Ba	Be	Cd	总Cr	Cu	Ni	Pb	Se	Zn
GF2107221-1#-1	4.87	0.004L	0.75	0.01L	0.1L	0.006	0.005L	0.039	0.01L	3.26	0.020	0.05L	0.03L	4.11
GF2107221-1#-2	4.65	0.004L	0.67	0.01L	0.1L	0.016	0.005L	0.50	0.01L	1.33	0.041	0.27	0.031	40.3
GF2107221-1#-3	4.79	0.004L	1.29	0.01L	0.1L	0.003L	0.14	0.008	0.01L	4.27	0.077	2.19	0.24	24.8
GF2107221-2#-1	4.71	0.004L	0.60	0.01L	0.1L	0.003L	0.005L	0.016	0.01L	1.33	0.01L	0.05L	0.03L	1.65
GF2107221-2#-2	4.92	0.004L	0.97	0.01L	0.1L	0.004	0.005L	0.02	0.014	2.22	0.043	0.05L	0.03L	3.41
GF2107221-2#-3	4.76	0.004L	3.06	0.01L	0.1L	0.003L	0.58	0.012	0.010	2.76	0.35	7.88	0.10	124
GF2107221-3#-1	4.48	0.004L	0.83	0.01L	0.1L	0.014	0.005L	0.24	0.01L	5.02	0.043	0.05L	0.03L	23.0
GF2107221-3#-2	4.32	0.004L	0.08	0.01L	0.1L	0.030	0.005L	0.31	0.01L	0.01L	0.058	0.05L	0.03L	18.8
GF2107221-3#-3	4.48	0.004L	0.08	0.01L	0.1L	0.024	0.005L	0.64	0.01L	0.02	0.040	0.050	0.037	44.9
GF2107221-4#-1	6.63	0.004L	2.09	0.01L	0.1L	0.022	0.005L	0.025	0.034	11.3	0.065	0.05L	0.03L	4.60
GF2107221-4#-2	4.27	0.004L	0.15	0.01L	0.1L	0.016	0.005L	0.016	0.01L	0.01L	0.01L	0.05L	0.06	0.22
GF2107221-4#-3	6.01	0.004L	0.05L	0.01L	0.1L	0.022	0.005L	0.13	0.01L	0.19	0.075	0.21	0.053	14.5
GF2107311-5#-1	4.97	0.004L	2.75	0.01L	0.1L	0.019	0.005L	0.48	0.016	32.8	0.14	1.83	0.036	34.3
GF2107311-5#-2	5.08	0.004L	0.99	0.01L	0.1L	0.018	0.005L	0.52	0.01L	23.3	0.19	0.11	0.032	29.2
GF2107311-5#-3	5.41	0.004L	0.77	0.01L	0.1L	0.026	0.005L	0.022	0.01L	0.012	0.01L	0.05L	0.011	0.20
GF2107311-6#-1	6.44	0.004L	0.53	0.01L	0.1L	0.024	0.005L	0.35	0.051	47.0	0.13	0.091	0.03L	21.3

续表

样品编号	检测项目及结果/(mg/L)													
	Hg /(μg/L)	Cr^{6+}	F	Ag	As	Ba	Be	Cd	总Cr	Cu	Ni	Pb	Se	Zn
GF2107311 -6#-2	5.27	0.004L	1.27	0.01L	0.1L	0.014	0.005L	0.020	0.01L	0.022	0.01L	0.05L	0.039	0.076
GF2107311 -6#-3	4.74	0.004L	4.21	0.01L	0.1L	0.014	0.005L	0.032	0.01L	0.01L	0.01L	0.05L	0.038	0.13
GF2107311 -7#-1	4.41	0.004L	0.71	0.01L	0.1L	0.006	0.005L	0.22	0.01L	16.1	0.093	0.05L	0.03L	23.1
GF2107311 -7#-2	4.70	0.004L	5.99	0.01L	0.1L	0.004	0.005L	1.08	0.01L	24.3	0.21	2.22	0.03L	120
GF2107311 -7#-3	5.19	0.004L	0.56	0.01L	0.1L	0.017	0.005L	0.020	0.01L	6.51	0.054	0.071	0.057	2.16
GF2107231 -8#-1	2.95	0.007	5.06	0.01L	0.1L	0.036	0.005L	0.50	0.015	19.2	0.180	0.052	0.031	45.4
GF2107231 -8#-2	5.16	0.004L	5.35	0.01L	0.1L	0.015	0.005L	0.65	0.01	22.4	0.200	0.15	0.03L	55.1
GF2107231 -8#-3	5.09	0.004L	1.79	0.01L	0.1L	0.014	0.005L	0.25	0.01L	7.54	0.170	2.92	0.03L	45.9
GF2108061 -9#-1	5.26	0.004L	4.30	0.01L	0.1L	0.003L	0.005L	1.22	0.01L	33.0	0.21	0.05L	0.13	288
GF2108061 -9#-2	4.69	0.004L	1.67	0.01L	0.1L	0.004	0.005L	1.40	0.060	33.7	0.22	0.51	0.03L	77.2
GF2108061 -9#-3	4.99	0.004L	0.66	0.01L	0.1L	0.003L	0.005L	0.21	0.075	23.1	0.11	0.05L	0.03L	17.3
GF2107311 -10#-1	4.87	0.004L	2.45	0.01L	0.1L	0.030	0.005L	0.33	0.064	14.7	0.15	0.034	0.03L	28.8
GF2107311 -10#-2	4.52	0.004L	0.53	0.01L	0.1L	0.022	0.005L	0.36	0.01L	8.21	0.044	2.47	0.069	21.2
GF2107311 -10#-3	4.33	0.004L	0.99	0.01L	0.1L	0.016	0.005L	0.73	0.01L	32.5	0.087	3.00	0.017	40.7
GF2107271 -11#-1	4.11	0.004L	3.82	0.01L	0.1L	0.008	0.005L	0.26	0.052	18.8	0.130	0.05L	0.03L	18.0
GF2107271 -11#-2	4.18	0.004L	1.64	0.01L	0.1L	0.020	0.005L	0.10	0.034	4.10	0.068	0.05L	0.03L	6.05
GF2107271 -11#-3	4.99	0.004L	3.72	0.01L	0.1L	0.008	0.005L	0.27	0.025	10.2	0.140	0.05L	0.03L	32.1
GF2107271 -12#-1	4.86	0.004L	10.79	0.01L	0.1L	0.010	0.005L	0.85	0.034	30.6	0.300	0.05L	0.069	88.8
GF2107271 -12#-2	6.41	0.004L	1.82	0.01L	0.1L	0.010	0.005L	0.035	0.10	3.47	0.052	0.05L	0.03L	4.97

续表

样品编号	Hg /(μg/L)	Cr^{6+}	F	Ag	As	Ba	Be	Cd	总Cr	Cu	Ni	Pb	Se	Zn
						检测项目及结果/(mg/L)								
GF2107271 -12#-3	3.97	0.004L	2.97	0.01L	0.1L	0.010	0.005L	0.10	0.039	4.75	0.076	0.05L	0.03L	13.2
GF2107271 -13#-1	4.67	0.004L	2.86	0.01L	0.22	0.011	0.005L	0.13	0.071	6.00	0.100	0.05L	0.03L	13.2
GF2107271 -13#-2	6.70	0.004L	2.62	0.01L	0.57	0.028	0.005L	0.034	0.044	6.72	0.071	0.05L	0.03L	4.99
GF2107271 -13#-3	5.26	0.004L	7.36	0.01L	0.1L	0.008	0.005L	0.24	0.097	14.5	0.210	0.05L	0.03L	30.5
GF2108061 -14#-1	5.28	0.004L	3.03	0.01L	0.1L	0.003L	0.005L	0.18	0.01L	36.1	0.088	0.05L	0.03L	20.3
GF2108061 -14#-2	7.07	0.004L	1.30	0.01L	0.1L	0.003L	0.005L	0.17	0.077	31.5	0.13	0.05L	0.03L	20.3
GF2108061 -14#-3	5.34	0.004L	0.53	0.01L	0.1L	0.006	0.005L	0.44	0.025	54.9	0.14	0.05L	0.03L	36.7
GF2107271 -15#-1	5.21	0.004L	0.31	0.01L	0.1L	0.003L	0.005L	0.36	0.069	46.2	0.13	0.05L	0.03L	32.0
GF2107271 -15#-2	5.08	0.004L	3.68	0.01L	0.1L	0.019	0.005L	0.14	0.01L	0.074	0.01L	0.05L	0.035	1.18
GF2107271 -15#-3	5.25	0.004L	1.11	0.01L	0.1L	0.008	0.005L	0.16	0.01L	8.04	0.043	0.41	0.095	5.56
GF2107311 -16#-1	5.76	0.004L	2.74	0.01L	0.1L	0.020	0.005L	0.31	0.01L	26.3	0.35	0.05L	0.035	35.0
GF2107311 -16#-2	5.66	0.004L	1.45	0.01L	0.1L	0.006	0.005L	1.06	0.010	18.6	0.51	2.69	0.051	113
GF2107311 -16#-3	5.46	0.004L	1.22	0.01L	0.1L	0.017	0.005L	0.86	0.011	2.45	0.14	0.71	0.14	53.1
GF2107291 -17#-1	6.27	0.004L	2.63	0.01L	0.1L	0.013	0.005L	0.11	0.01L	8.52	0.089	0.05L	0.03L	13.7
GF2107291 -17#-2	6.20	0.004L	1.54	0.01L	0.1L	0.012	0.005L	0.087	0.01L	0.01L	0.01L	0.05L	0.063	0.075
GF2107291 -17#-3	6.77	0.004L	0.70	0.01L	0.1L	0.011	0.005L	0.008	0.01L	0.01L	0.01L	0.05L	0.11	0.006L
GF2107311 -18#-1	5.84	0.004L	3.11	0.01L	0.1L	0.012	0.005L	0.085	0.016	5.92	0.18	0.05L	0.029	15.3
GF2107311 -18#-2	5.96	0.004L	4.13	0.01L	0.1L	0.015	0.005L	0.082	0.036	7.89	0.16	0.05L	0.038	14.0
GF2107311 -18#-3	5.86	0.004L	0.45	0.01L	0.1L	0.019	0.005L	0.13	0.01L	35.0	0.041	0.43	0.18	9.89

续表

样品编号	检测项目及结果/(mg/L)													
	Hg /(μg/L)	Cr^{6+}	F	Ag	As	Ba	Be	Cd	总Cr	Cu	Ni	Pb	Se	Zn
GF2107311 -19#-1	4.72	0.004L	4.20	0.01L	0.1L	0.013	0.005L	0.25	0.018	43.4	0.095	0.05L	0.03L	35.3
GF2107311 -19#-2	4.32	0.004L	1.13	0.01L	0.1L	0.014	0.005L	0.73	0.011	67.1	0.10	0.05L	0.03L	49.4
GF2107311 -19#-3	4.80	0.004L	6.26	0.01L	0.1L	0.021	0.005L	0.260	0.01L	0.20	0.065	0.05L	0.038	11.0
GF2107291 -20#-1	7.88	0.004L	5.51	0.01L	0.1L	0.008	0.005L	0.10	0.015	6.25	0.140	0.05L	0.03L	21.9
GF2107291 -20#-2	6.82	0.004L	1.50	0.01L	0.1L	0.007	0.005L	1.46	0.014	6.31	0.150	1.25	0.031	0.006L
GF2107291 -20#-3	8.35	0.004L	3.55	0.01L	0.1L	0.014	0.005L	0.023	0.01L	0.07	0.011	0.05L	0.065	1.49
GF2107291 -21#-1	7.21	0.004L	1.68	0.01L	0.1L	0.008	0.005L	0.070	0.023	3.38	0.170	0.05L	0.066	13.8
GF2107291 -21#-2	6.20	0.004L	1.04	0.01L	0.1L	0.003L	0.005L	0.78	0.01L	17.7	0.240	2.94	0.03L	33.4
GF2107291 -21#-3	6.34	0.004L	2.51	0.01L	0.1L	0.010	0.005L	0.003L	0.01L	0.03	0.014	0.05L	0.043	3.24
GF2107311 -22#-1	5.80	0.004L	0.63	0.01L	0.1L	0.025	0.005L	0.26	0.01L	8.72	0.23	0.11	0.050	29.5
GF2107311 -22#-2	5.82	0.004L	4.45	0.01L	0.1L	0.026	0.005L	0.14	0.013	3.94	0.17	0.32	0.03L	22.7
GF2107311 -22#-3	5.86	0.004L	1.39	0.01L	0.1L	0.042	0.005L	0.22	0.01L	19.7	0.028	3.27	0.05	91.7
GF2107311 -23#-1	5.20	0.004L	0.64	0.01L	0.1L	0.023	0.005L	0.11	0.043	11.7	0.082	0.020	0.03L	8.16
GF2107311 -23#-2	5.09	0.004L	0.51	0.01L	0.1L	0.018	0.005L	0.23	0.01L	5.59	0.028	0.76	0.075	12.7
GF2107311 -23#-3	4.80	0.004L	1.06	0.01L	0.1L	0.008	0.005L	0.89	0.01L	13.6	0.084	2.69	0.21	34.0
GF2107311 -24#-1	4.68	0.004L	0.58	0.01L	0.1L	0.008	0.005L	0.48	0.050	26.6	0.18	0.05L	0.03L	37.8
GF2107311 -24#-2	5.20	0.004L	6.10	0.01L	0.1L	0.029	0.005L	0.003	0.01L	0.028	0.01L	0.05L	0.15	0.16
GF2107311 -24#-3	5.21	0.004L	0.76	0.01L	0.1L	0.018	0.005L	0.003L	0.01L	0.01L	0.01L	0.05L	0.054	0.015
GF2107301 -25#-1	6.75	0.004L	0.99	0.01L	0.1L	0.016	0.005L	0.22	0.033	33.850	0.12	0.05L	0.03L	30.3

续表

样品编号	Hg /(μg/L)	检测项目及结果/(mg/L)												
		Cr^{6+}	F	Ag	As	Ba	Be	Cd	总Cr	Cu	Ni	Pb	Se	Zn
GF2107301-25#-2	5.08	0.004L	1.27	0.01L	0.1L	0.020	0.005L	0.018	0.01L	0.066	0.01L	0.05L	0.076	0.074
GF2107301-25#-3	4.71	0.004L	0.58	0.01L	0.1L	0.012	0.005L	0.020	0.01L	0.010	0.01L	0.05L	0.038	0.084
GF2107291-26#-1	7.70	0.004L	1.54	0.01L	0.1L	0.008	0.005L	0.019	0.052	6.42	0.1L	0.05L	0.03L	11.0
GF2107291-26#-2	7.24	0.004L	2.87	0.01L	0.1L	0.014	0.005L	0.008	0.01L	0.02	0.01L	0.05L	0.15	0.28
GF2107291-26#-3	7.89	0.004L	2.40	0.01L	0.1L	0.012	0.005L	0.003L	0.01L	0.01L	0.01L	0.05L	0.12	0.020
GF2107311-27#-1	4.92	0.004L	1.30	0.01L	0.1L	0.007	0.005L	0.071	0.043	5.64	0.070	0.05L	0.03L	10.2
GF2107311-27#-2	4.99	0.004L	3.99	0.01L	0.1L	0.010	0.005L	0.003L	0.01L	0.01L	0.01L	0.05L	0.26	0.036
GF2107311-27#-3	5.35	0.004L	0.96	0.01L	0.1L	0.020	0.005L	0.070	0.01L	0.055	0.01L	0.05L	0.037	1.13
GF2107311-28#-1	5.26	0.004L	8.22	0.01L	0.1L	0.016	0.005L	0.11	0.018	9.46	0.074	0.05L	0.03L	15.5
GF2107311-28#-2	5.06	0.004L	0.75	0.01L	0.1L	0.005	0.005L	0.003L	0.01L	0.01L	0.01L	0.05L	0.19	0.027
GF2107311-28#-3	4.91	0.004L	1.14	0.01L	0.1L	0.020	0.005L	0.003L	0.01L	0.01L	0.01L	0.05L	0.16	0.15
GF2107301-29#-1	5.57	0.004L	1.83	0.01L	0.1L	0.025	0.005L	0.240	0.077	8.68	0.15	0.05L	0.03L	17.8
GF2107301-29#-2	5.22	0.004L	0.42	0.01L	0.1L	0.020	0.005L	0.008	0.01L	0.028	0.01L	0.05L	0.064	0.038
GF2107301-29#-3	5.97	0.004L	1.04	0.01L	0.1L	0.028	0.005L	0.03L	0.01L	0.062	0.01L	0.05L	0.033	0.006L
GF2107311-30#-1	4.82	0.004L	7.30	0.01L	0.1L	0.013	0.005L	0.17	0.017	27.42	0.11	0.05L	0.03L	25.8
GF2107311-30#-2	4.91	0.004L	1.24	0.01L	0.1L	0.015	0.005L	0.074	0.01L	0.026	0.011	0.05L	0.12	0.78
GF2107311-30#-3	4.48	0.004L	0.48	0.01L	0.1L	0.018	0.005L	0.012	0.01L	0.07	0.01L	0.05L	0.046	0.034
GF2107301-31#-1	4.43	0.004L	0.83	0.01L	0.1L	0.012	0.005L	0.021	0.038	18.450	0.093	0.05L	0.03L	13.4
GF2107301-31#-2	4.70	0.004L	0.45	0.01L	0.1L	0.020	0.005L	0.006	0.01L	0.071	0.01L	0.05L	0.034	0.029

续表

样品编号	Hg /(μg/L)	Cr^{6+}	F	Ag	As	Ba	Be	Cd	总Cr	Cu	Ni	Pb	Se	Zn
GF2107301 -31#-3	4.22	0.004L	5.13	0.01L	0.1L	0.003L	0.005L	0.016	0.01L	0.068	0.01L	0.05L	0.080	0.072
GF2107291 -32#-1	4.52	0.004L	2.97	0.01L	0.1L	0.013	0.005L	0.11	0.041	5.64	0.068	0.05L	0.03L	12.9
GF2107291 -32#-2	8.26	0.004L	7.55	0.01L	0.1L	0.01L	0.005L	0.005	0.01L	0.01L	0.01L	0.05L	0.067	0.057
GF2107291 -32#-3	6.16	0.004L	1.15	0.01L	0.1L	0.01L	0.005L	0.003L	0.01L	0.01L	0.01L	0.05L	0.038	0.033
GF2107301 -33#-1	6.51	0.004L	3.47	0.01L	0.1L	0.003L	0.005L	0.27	0.039	43.450	0.12	0.05L	0.03L	20.2
GF2107301 -33#-2	4.16	0.004L	3.11	0.01L	0.1L	0.003L	0.005L	0.004	0.01L	0.060	0.01L	0.05L	0.040	0.022
GF2107301 -33#-3	6.61	0.004L	2.70	0.01L	0.1L	0.003L	0.005L	0.003L	0.01L	0.026	0.01L	0.05L	0.03L	0.006L
GF2107301 -34#-1	6.20	0.004L	0.65	0.01L	0.1L	0.010	0.005L	0.12	0.044	5.78	0.083	0.05L	0.03L	5.88
GF2107301 -34#-2	5.46	0.004L	1.35	0.01L	0.1L	0.022	0.005L	0.020	0.01L	0.00L	0.01L	0.05L	0.094	0.068
GF2107301 -34#-3	4.81	0.004L	2.97	0.01L	0.1L	0.022	0.005L	0.012	0.01L	0.01L	0.01L	0.05L	0.058	0.030
GF2107301 -35#-1	5.05	0.004L	1.19	0.01L	0.1L	0.010	0.005L	0.064	0.033	3.84	0.062	0.05L	0.03L	3.45
GF2107301 -35#-2	4.74	0.004L	1.60	0.01L	0.1L	0.015	0.005L	0.060	0.015	0.016	0.01L	0.05L	0.060	0.46
GF2107301 -35#-3	4.92	0.004L	3.79	0.01L	0.1L	0.073	0.005L	0.009	0.012	0.017	0.01L	0.05L	0.077	0.082
平均值	5.381	0.007	2.283	0.01L	0.1L	0.016	0.005L	0.253	0.037	12.750	0.122	0.05L	0.076	22.896

注：表中数字后"L"表示低于检出限。

4.2.3　污染源防护方式对污染物输入量的影响

4.2.3.1　固体废物堆存场扬尘防护方式

（1）冶炼厂危险废物存储

一般情况下危险废物在运输过程中要求使用专用车辆，运输过程中注意遮盖，避免物料遗撒，防止运输途中产生的扬尘污染道路沿线的大气环境。运输车出厂区时必须经过洗车房冲洗后再离开厂区，避免危险废物撒落带入外环境。

对于生产工序过程中产生的粉状中间物料宜采用密闭皮带或者真空管道运输，对于块状固体物料采用厂内专用运输车转运，厂内专用运输车不得出厂区。

（2）采选厂废石、尾矿扬尘防护方式

废石卸料处产生的粉尘采用喷雾降尘，可有效减少粉尘污染；汽车运输引起的道路扬尘，采取洒水车定时洒水防尘的方法予以抑制。

废石胶带输送机头漏斗处和尾部受料段，设置喷雾降尘装置，改善工作面环境；废石场可采用洒水的方式降尘。采取以上措施，可以有效减少废石在装运以及堆存过程中产生的扬尘。

尾矿库运营期粉尘主要是风吹干滩引起的扬尘，可采用多管放矿的方式，即采用多管小流量分散放矿的方式将尾矿排入尾矿库。采用这种放矿方式，在各分区范围内的干枯沉积物上可覆盖一层细粒级尾矿。这种尾矿干后形成结实的表皮层，可经受风的侵袭，很像天然的龟裂土层，它不仅可用于短期的生产防尘，而且可用于长期固定尾矿库的表面。

尾矿库运营期抑尘可采用洒水和水幕法，在尾矿库滩面干燥时采用向滩面洒水或向空中喷水形成水幕的办法来抑尘。

尾矿库运营期抑尘还可采用尾矿库表面固化法，在尾矿库表面喷洒覆盖剂，形成尾矿的覆盖膜，达到防尘的目标。

4.2.3.2 渗滤液泄漏防护措施

（1）冶炼中和渣场

固体废物临时堆场设置防雨棚、围墙、导流沟、防渗地面等设施，并严格按照《危险废物贮存污染控制标准》（GB 18597—2001）和《一般工业固体废物贮存、处置场污染控制标准》（GB 18599—2001）的要求建设，严格按照相关要求进行管理，保证雨水不进入、废水不外排、废渣不流失，从而最大限度地减轻工业固体废物对水环境的影响。

（2）采选行业废石场、尾矿库

在废石场下游设置淋滤液收集池，池内做重点防渗，防渗系数应达到 10^{-10} cm/s，可以有效减少渗滤液的渗漏。渗滤液及时返回废水处理站处理。在废石场上下游及侧向处设置多口长期观测井，对地下水水质进行监测，掌握废石场周围地下水水质的动态变化。

尾矿库废水尽量回用不外排。尾矿库周边设置截排水沟，将库区外雨水汇流拦截后排入库区下游，实现清污分流并确保尾矿库安全性；一旦发现尾矿浆输送管道、尾矿水回水管道发生破裂，应立即停止选矿厂生产和排尾，待管道修复正常后方可重新生产；采取尾矿库库底防渗处理；在尾矿库下游（地下水流向下游）设置地下水监测井，及时准确地掌握尾矿库下游地区地下水环境质量状况和地下水体中污染物的动态变化，并能及时发现问题及时控制。

4.3　行业固体废物堆存对场地的污染排放量

4.3.1　中和渣场扬尘排放量

由前面的计算可知，中和渣场扬尘分装卸扬尘和堆存扬尘。

（1）装卸扬尘的计算公式

$$① \ W_h = E_h G_y \times 10^{-3} = 0.0136 \times \left(\frac{u}{2.2}\right)^{1.3} \times (1 - \eta_1) G_y \times 10^{-3} \tag{4-34}$$

式中　W_h——堆场装卸过程扬尘源中颗粒物总排放量，t/a；

　　　E_h——堆场装卸运输过程的扬尘颗粒物排放系数，kg/t；

　　　u——地面平均风速，m/s，本次研究地面平均风速取 <2m/s、2~4m/s、

　　　　　 >4m/s 三种情形；

　　　G_y——装卸过程的物料装卸量，t/a；1.0×10^5 t 铜中和渣产量 13000 t/a，

　　　　　 折合 0.13 t/(t 铜·a)；

　　　η_1——堆场装卸的控制措施效率，输送点位连续洒水操作等措施取 74%，

　　　　　 否则取 0；分有防护措施和无防护措施两种情形。

$$② W_y = 0.0136 \times \left(\frac{u}{2.2}\right)^{1.3} \times (1 - \eta_1) G_y \times 10^{-3} + 3.6062 \times (1 - \eta_2)$$
$$\times 10^{-3} \times A_y \times 10^{-3} \tag{4-35}$$

式中　W_y——堆场扬尘源中颗粒物总排放量，t/a；

　　　u——地面平均风速，m/s；

　　　G_y——装卸过程的物料装卸量，t/a；

　　　η_1——堆场装卸的控制措施效率，输送点位连续洒水操作等措施取 74%，

　　　　　 否则取 0；

　　　η_2——堆场表层的控制措施效率，有表面控制措施 η_2 取 78%，没有控制

　　　　　 措施 η_2 取 0；

　　　A_y——料堆表面积，m²；

　3.6062——风蚀扬尘概化系数；

　　其余符号意义同前。

（2）堆场扬尘的计算公式

$$W_w = E_w A_y \times 10^{-3} = 3.6062 \times (1 - \eta_2) \times 10^{-3} \times A_y \times 10^{-3} \tag{4-36}$$

式中　W_w——堆场扬尘源中颗粒物总排放量，t/a；

　　　E_w——料堆受到风蚀作用的颗粒物排放系数，kg/m²；

η_2——堆场表层的控制措施效率；分有防护措施和无防护措施两种情形；有表面控制措施 η_2 取 78%，没有控制措施 η_2 取 0；

A_y——料堆表面积，m^2，取 $1m^2$；

其余符号意义同前。

4.3.1.1　铜冶炼中和渣场扬尘计算

根据以上公式，计算铜冶炼行业中和渣装卸、堆存产生的扬尘数据，见表 4-28～表 4-33。

表 4-28　10 万吨铜冶炼中和渣场装卸产生的扬尘量

装卸过程的物料装卸量 （10 万吨铜中和渣产量） /(t/a)	堆场装卸控制措施	风速 /(m/s)	物料装卸产生的 扬尘/(t/a)
13000	有	<2	< 0.041
		2～4	0.041～0.1
		>4	>0.1
	无	<2	<0.156
		2～4	0.156～0.385

表 4-29　铜冶炼铜产生的中和渣物料装卸过程中的扬尘量

中和渣物料装卸量	堆场装卸控制措施	风速 /(m/s)	物料装卸产生的扬尘 /[g/(t铜·a)]
0.13t/(t铜·a)	有	<2	<0.41
		2～4	0.41～1
		>4	>1
	无	<2	<1.56
		2～4	1.56～3.85

表 4-30　铜冶炼中和渣物料堆存过程中的扬尘量

中和渣物料堆存面积	堆场防控措施	物料堆存扬尘量/[g/(m²·a)]
1m²	有	0.7934
	无	3.6062

表 4-31　中和渣中重金属含量

成分	As	Hg	Pb	Cd
含量/%	1.9	0.01	0.37	0.022

表 4-32 铜冶炼中和渣场装卸过程中的扬尘污染物产生量

中和渣物料装卸量	装卸控制措施	风速/(m/s)	装卸产生的污染物/[g/(t 铜·a)]				
			扬尘量	砷	汞	铅	镉
0.13t/t 铜	有	<2	<0.41	0.0078	0.000041	0.00152	0.00009
		2~4	0.41~1	0.0078~0.019	0.000041~0.0001	0.00152~0.0037	0.00009~0.00022
		>4	>1	0.019	0.0001	0.0037	0.00022
	无	<2	<1.56	0.03	0.000156	0.0058	0.00034
		2~4	1.56~3.85	0.03~0.073	0.000156~0.00039	0.0058~0.014	0.00034~0.00085
		>4	>3.85	0.073	0.00039	0.014	0.00085

表 4-33 铜冶炼中和渣物料堆存扬尘污染物的产生量

中和渣物料堆存面积	堆场防控措施	堆场产生的污染物/[g/(m²·a)]				
		扬尘量	砷	汞	铅	镉
1m²	有	0.7934	0.01507	0.00008	0.00294	0.00017
	无	3.6062	0.06852	0.00036	0.01334	0.00079

4.3.1.2 铅冶炼中和渣场扬尘计算

根据以上公式，计算铅冶炼行业中和渣装卸、堆存产生的扬尘数据，见表 4-34~表 4-38。

表 4-34 铅冶炼铅产生的中和渣物料装卸过程中的扬尘量

中和渣物料装卸量	堆场装卸控制措施	风速/(m/s)	物料装卸产生的扬尘/[g/(t 铅·a)]
0.055t/(t 铅·a)	有	<2	<0.158
		2~4	0.158~0.385
		>4	>0.385
	无	<2	<0.6
		2~4	0.6~1.48
		>4	>1.48

表 4-35 铅冶炼中和渣物料堆存过程中的扬尘量

堆场防控措施	物料堆存扬尘量/[g/(m²·a)]
有	0.7934
无	3.6062

表 4-36　铅冶炼中和渣中重金属含量

成分	As	Hg	Pb	Cd
含量/%	1.53	0.0012	0.15	0.25

表 4-37　铅冶炼中和渣场装卸过程中的扬尘污染物产生量

中和渣物料装卸量	装卸控制措施	风速/(m/s)	扬尘量/[g/(t铅·a)]	装卸产生的污染物/[mg/(t铅·a)]			
				砷	汞	铅	镉
0.055 t/(t铅·a)	有	<2	<0.158	<2.413	<0.002	<0.237	<0.394
		2~4	0.158~0.385	2.413~5.885	0.002~0.005	0.237~0.577	0.394~0.962
		>4	>0.385	>5.885	>0.005	>0.577	>0.962
	无	<2	<0.6	<9.180	<0.007	<0.900	<1.500
		2~4	0.6~1.48	9.18~22.656	0.007~0.018	0.09~2.221	1.5~3.702
		>4	>1.48	>22.656	>0.018	>2.221	>3.702

表 4-38　铅冶炼中和渣物料堆存扬尘污染物的产生量

堆场防控措施	扬尘量/(g/m²)	装卸产生的污染物/[mg/(m²·a)]			
		砷	汞	铅	镉
有	0.7934	12.139	0.010	1.190	1.984
无	3.6062	55.175	0.043	5.409	9.016

4.3.2　废石场扬尘排放量

由前面的计算可知，废石场的扬尘只有堆存扬尘，因此废石场扬尘计算公式简化为：

$$W_y = 0.698 \times \left(\frac{u}{2.2}\right)^{1.3} \times (1-\eta_1)G_y \times 10^{-3} \qquad (4\text{-}37)$$

式中　W_y——堆场扬尘源中颗粒物总排放量，t/a；

u——地面平均风速，m/s，研究中取 2m/s、2~4m/s、>4m/s 三种情形。

G_y——装卸过程的物料装卸量，t/a；

η_1——堆场装卸的控制措施效率，输送点位连续洒水操作等措施取 74%，否则取 0。

铅锌矿废石中重金属含量主要成分、铅锌采选废石装卸扬尘污染物产生量分别见表 4-39、表 4-40。

表 4-39　铅锌矿废石中重金属主要成分一览表

成分	As	Pb	Cd	Zn	Hg
含量/%	0.009	0.025	<0.005	0.029	<0.0001

表 4-40　铅锌采选废石装卸扬尘污染物产生量

装卸控制措施	风速/(m/s)	装卸产生的污染物/[g/(t 废石·a)]					
		扬尘量	As	Pb	Cd	Zn	Hg
有	<2	<160.33	0.0144	0.0401	0.008	0.0465	0.0002
	2~4	160.33~394.78	0.0144~0.0355	0.0401~0.0987	0.008~0.0197	0.0465~0.114	0.0002~0.0004
	>4	>394.78	0.0355	0.0987	0.0197	0.114	0.0004
无	<2	<616.65	0.0555	0.1542	0.0308	0.179	0.0006
	2~4	616.65~1518.39	0.0555~0.1367	0.1542~0.3796	0.0308~0.0759	0.179~0.44	0.0006~0.0015
	>4	>1518.39	0.1367	0.3796	0.0759	0.44	0.0015

4.3.3　尾矿库扬尘排放量

由前面的计算可知，尾矿库扬尘主要为堆存扬尘。堆场扬尘的计算公式为：

$$W_y = 10.2492 \times (1 - \eta_2) \times 10^{-3} \times A_y \times 10^{-3} \tag{4-38}$$

式中　W_y——堆场扬尘源中颗粒物总排放量，t/a；

　　　η_2——堆场表层的控制措施效率，有 η_2 取 52% 或者没有取 0；

　　　A_y——料堆表面积，m^2，取 $1m^2$。

铅锌尾矿中污染物含量、铅锌采选尾矿堆存扬尘污染物排放分别见表 4-41、表 4-42。

表 4-41　铅锌尾矿中污染物含量

成分	As	Pb	Cd	Hg
含量/%	0.018	0.12	0.002	0.0098

表 4-42　尾矿库堆存扬尘污染物的产生量

堆场防控措施	装卸产生的污染物/[g/(m²·a)]				
	扬尘量	砷	汞	铅	镉
有	4.92	0.00089	0.00590	0.00010	0.00048
无	10.25	0.00185	0.01230	0.00021	0.001

4.3.4　渗滤液排放量

根据固体废物堆场渗漏液计算公式，按照不同情形考虑渗滤液排放量，固体废物堆场渗滤液排放量见表 4-43。

表 4-43　堆场渗滤液排放情况

分类	情形	泄漏量/(m³/m²)
库底有防渗	正常情况下泄漏	0.00365
	非正常情况下泄漏	0.073
库底没有防渗	降雨量＜600mm	0.6
	降雨量 600～2000mm	0.6～2
	降雨量＞2000mm	2

根据渗滤液的成分，则铜冶炼中和渣场渗滤液中污染物的排放浓度见表 4-44，铅冶炼中和渣场渗滤液中污染物的排放浓度见表 4-45。铜尾矿库渗滤液中污染物的排放浓度见表 4-46，铅锌采选尾矿库渗滤液中污染物的排放浓度见表 4-47。

表 4-44　铜冶炼中和渣场渗滤液污染物排放情况

分类	情形	泄漏量/(m³/m²)	渗滤液污染物排放/[g/(m²·a)]			
			As	Pb	Cd	Hg
库底有防渗	正常情况下泄漏	0.00365	3.59×10^{-2}	5.95×10^{-4}	7.30×10^{-6}	3.65×10^{-6}
	非正常情况下泄漏	0.073	0.72	1.19×10^{-2}	1.46×10^{-4}	7.30×10^{-5}
库底没有防渗	降雨量＜600mm	0.6	5.91	9.78×10^{-2}	1.20×10^{-3}	6.00×10^{-4}
	降雨量 600～2000mm	0.6～2	5.91～19.70	9.78×10^{-2}～0.33	1.20×10^{-3}～4.00×10^{-3}	6.00×10^{-4}～2.00×10^{-3}
	降雨量＞2000mm	2	19.70	0.33	4.00×10^{-3}	2.00×10^{-3}

表 4-45　铅冶炼中和渣场渗滤液污染物排放情况

分类	情形	泄漏量/(m³/m²)	渗滤液污染物排放/[g/(m²·a)]			
			As	Pb	Cd	Hg
库底有防渗	正常情况下泄漏	0.00365	6.21×10^{-6}	1.21×10^{-3}	0.13	1.46×10^{-7}
	非正常情况下泄漏	0.073	1.24×10^{-4}	2.42×10^{-2}	2.55	2.92×10^{-6}
库底没有防渗	降雨量＜600mm	0.6	1.02×10^{-3}	0.20	20.90	2.40×10^{-5}
	降雨量 600～2000mm	0.6～2	1.02×10^{-3}～3.40×10^{-3}	0.20～0.66	20.90～69.80	2.40×10^{-5}～8.00×10^{-5}
	降雨量＞2000mm	2	3.40×10^{-3}	0.66	69.80	8.00×10^{-5}

表 4-46　铜采选尾矿渗滤液排放情况

分类	情形	泄漏量 /（m³/m²）	渗滤液污染物排放/[g/（m²·a）]			
			As	Pb	Cd	Hg
库底有防渗	正常情况下泄漏	0.00365	0.003650	0.000365	0.000183	0.000923
	非正常情况下泄漏	0.073	0.073	0.007	0.004	0.018
库底没有防渗	降雨量 <600mm	0.6	0.600	0.060	0.030	0.152
	降雨量 600~2000mm	0.6~2	0.6~2	0.06~0.2	0.03~0.1	0.152~0.506
	降雨量 >2000mm	2	2	0.2	0.1	0.506

表 4-47　铅锌采选尾矿渗滤液排放情况

分类	情形	泄漏量 /（m³/m²）	渗滤液污染物排放/[g/（m²·a）]			
			As	Pb	Cd	Hg
库底有防渗	正常情况下泄漏	0.00365	5.11×10^{-5}	3.65×10^{-6}	5.11×10^{-5}	1.46×10^{-7}
	非正常情况下泄漏	0.073	1.02×10^{-3}	7.30×10^{-5}	1.02×10^{-3}	2.92×10^{-6}
库底没有防渗	降雨量 <600mm	0.6	8.40×10^{-3}	6.00×10^{-4}	8.40×10^{-3}	2.40×10^{-5}
	降雨量 600~2000mm	0.6~2	8.40×10^{-3}~2.80×10^{-2}	6.00×10^{-4}~2.00×10^{-3}	8.40×10^{-3}~2.80×10^{-2}	2.40×10^{-5}~8.00×10^{-5}
	降雨量 >2000mm	2	2.80×10^{-2}	2.00×10^{-3}	2.80×10^{-2}	8.00×10^{-5}

4.4　典型企业固体废物堆存对场地的污染排放量

4.4.1　中和渣场扬尘排放量

某铜冶炼企业中和渣贮存场位于拟建厂址东约 300m 处的自然冲沟内，占地 100 亩（1 亩≈666.7m²），沟长 500m，平均宽度为 100m，东西走向，设计库容为 720000m³，年排放废渣约为 46200t，可使用 15~16 年。废渣采用汽车运输，装运过程中没有采取措施。渣堆堆场过程中在堆场表面铺设防尘网。库底铺防渗膜。当地年平均风速 2.0m/s，最大风速为 20.3m/s。多年平均年降水量在 435.4mm，降水量年际、年内变化极不均匀，多集中在 6~9 月，占全年的 77.8%；7 月，占全年的 28.8%；日最大降雨量为 98.4mm。多年平均蒸发量为 1121.9mm。6～8 月降水量多，相对湿度大，风速小，属于降水充沛期；11 月、12 月至翌年 1～3 月为冰冻期。该企业计算参数见表 4-48。

表 4-48 典型企业固体废物堆场扬尘计算参数

当地平均地面风速 (u) /(m/s)	运输过程中采取的抑尘措施效率 (η_1)/%	堆场防尘措施去除效率 (η_2)/%	每年堆渣量 (G_y) /(t/a)	渣库占地面积 (A_y) /m²
2.0	0	78	46200	42000

计算公式：

$$W_y = 0.0136 \times \left(\frac{u}{2.2}\right)^{1.3} \times (1-\eta_1) G_y \times 10^{-3} + 3.6062 \times (1-\eta_2)$$
$$\times 10^{-3} \times A_y \times 10^{-3} \tag{4-39}$$

式中 W_y——堆场扬尘源中颗粒物总排放量，t/a；

u——地面平均风速，m/s；

G_y——装卸过程的物料装卸量，t/a；

η_1——堆场装卸的控制措施效率，输送点位连续洒水操作等措施取 74%，否则取 0；

η_2——堆场表层的控制措施效率；有表面控制措施 η_2 取 78%，没有控制措施 η_2 取 0；

A_y——料堆表面积，m²。

将表 4-48 中的参数代入式 (4-39) 计算结果为：

$$W_y = 0.5881 \text{t/a}$$

根据以上计算出来的渣场的扬尘量，计算扬尘中污染物的排放量。

采用以下公式：

$$W_{y\text{Me}} = W_y C_{\text{Me}} \tag{4-40}$$

式中 $W_{y\text{Me}}$——Me 污染物的排放量，t/a；

W_y——堆场的扬尘量，t/a；

C_{Me}——Me 污染物的含量，%。

上面例子中 $W_y = 0.5881$ t/a，则扬尘中污染物的排放量见表 4-49。

表 4-49 某企业堆场扬尘中污染物的排放量 (一)

成分	Cu	As	Pb	Cd	Hg
含量/%[①]	0.13	3.755	1.67	0.029	0.01
排放量/(kg/a)	0.7645	22.0832	9.8213	0.1705	0.0588

①含量为企业实测含量。

4.4.2　废石场扬尘排放量

某铅锌采矿企业废石场占地面积为 1.04km²。该企业地处北回归线以南，属热带气候，全年仅分为旱季和雨季，每年 5～10 月为雨季；其余月份为旱季。平均年降水量 1570.5mm，降雨天数 186 天，年最大降水量 2080.1mm，年最少降水量 1114.3mm。矿区气候多变，多年平均气温 16.9℃，极端最高气温 32.3℃，极端最低气温－4℃。

该地区多年平均日照 1804h，多年平均无霜期 327d，多年平均相对湿度 84%。全年多为西南风，随季节变化风向也有变化，冬春两季多为西南风，约占 83%；夏秋两季多为东南风，约占 6.7%。风速也随季节变化，冬、春平均风速分别为 2.0m/s 和 2.4m/s，夏、秋平均风速分别为 1.6m/s 和 1.7m/s，全年平均风速 1.9m/s，最大风速 17m/s。每年废石运输量为 3726.91 万吨，其中 90% 为皮带运输，只有 10% 为汽车运输。该企业计算参数见表 4-50。

表 4-50　某典型企业堆场扬尘计算参数

当地平均地面风速 (u) /(m/s)	运输过程中采取的抑尘措施效率 (η_1)/%	堆场防尘措施去除效率 (η_2)/%	每年堆渣量 (G_y) /(10⁴t/a)	渣库占地面积 (A_y)/m²
1.9	0	0	37.2691	1.04×10⁶

废石排放计算公式：

$$W_y = 0.698 \times \left(\frac{u}{2.2}\right)^{1.3} \times (1-\eta_1)G_y \times 10^{-3} \tag{4-41}$$

式中　W_y——堆场扬尘源中颗粒物总排放量，t/a；

　　　u——地面平均风速，m/s；

　　　G_y——装卸过程的物料装卸量，t/a；

　　　η_1——堆场装卸的控制措施效率，输送点位连续洒水操作等措施取 74%，否则取 0。

将表 4-50 中参数代入式（4-41），则结果为：W_y=215（t/a）。

根据以上计算出来的渣场的扬尘量，计算扬尘中污染物的排放量。采用式（4-40）计算。

上面例子中 W_y=215t/a，则扬尘中污染物的排放量见表 4-51。

表 4-51　某企业堆场扬尘中污染物的排放量（二）

成分	Zn	As	Pb	Cd	Hg
含量/%①	0.029	0.009	0.025	<0.005	<0.0001
排放量/(kg/a)	62.35	19.35	53.75	5.375	0.1075

①含量为企业实测含量，低于检出限的按检出限的 1/2 计算。

4.4.3 尾矿库扬尘排放量

某铅锌选矿企业，尾矿库占地面积约 43.76 万平方米，干滩面积为 260m×240m＝62400m²。尾砂年排放量为 120.15 万吨，尾矿库采取洒水抑尘。该企业地处北回归线以南，属热带气候，全年仅分为旱季和雨季，每年 5～10 月为雨季，其余月份为旱季。平均年降水量 1570.5mm，降雨天数 186d，年最大降水量 2080.1mm，年最少降水量 1114.3mm。矿区气候多变，多年平均气温 16.9℃，极端最高气温 32.3℃，极端最低气温－4℃。

企业所在地多年平均日照 1804h，多年平均无霜期 327d，多年平均相对湿度 84％。全年多为西南风，随季节变化风向也有变化，冬春两季多为西南风，约占 83％；夏秋两季多为东南风，约占 6.7％。风速也随季节变化，冬、春平均风速分别为 2.0m/s 和 2.4m/s；夏、秋平均风速分别为 1.6m/s 和 1.7m/s；全年平均风速 1.9m/s，最大风速 17m/s。

该企业堆场扬尘计算参数见表 4-52。

表 4-52　典型企业堆场扬尘计算参数

当地平均地面风速（u） /(m/s)	堆场防尘措施去除效率（η_2） /％	干滩面积（A_y） /m²
1.9	52	6.24×10^4

堆场扬尘量计算公式为：

$$W_y = 10.2492 \times (1 - \eta_2) \times 10^{-3} \times A_y \times 10^{-3} \tag{4-42}$$

式中　W_y——堆场扬尘源中颗粒物总排放量，t/a；

η_2——堆场表层的控制措施效率；有 η_2 取 52％或者没有取 0；

A_y——料堆表面积，m²。

将表 4-52 中参数代入式（4-42），则结果为：$W_y = 0.307$t/a。

根据以上计算出来的渣场的扬尘量计算扬尘中污染物的排放量。采用式（4-40）计算。

上面例子中 $W_y = 0.307$t/a，则扬尘中污染物的排放量见表 4-53。

表 4-53　某企业堆场扬尘中污染物的排放量（三）

成分	Zn	As	Pb	Cd	Hg
含量/％	0.47	0.018	0.12	0.002	0.0098
排放量/(kg/a)	1.4429	0.0553	0.3684	0.0061	0.0301

4.4.4 铜冶炼中和渣场渗滤液排放量

4.4.4.1 中和渣场概况

某铜冶炼企业拥有从矿铜—冰铜—粗铜—阳极铜—高纯阴极铜以及烟气制酸全套生产装置。企业建有一危险废物贮存场，用于污水处理站中和渣的堆存。该渣库占地 $4.2 \times 10^4 m^2$，沟长 500m，平均宽度为 100m，东西走向，设计库容为 720000m³，年排放废渣约为 46200t。目前该渣场已经运行了 11 年，堆存废渣 30 万立方米。当地地层主要为第四系全新统冲洪积粉质黏土、砂及砂砾，周边为坡积物；坡降一般为 2%～5%。底部第四系覆盖，第四系地层厚度一般 2～10m。该渣场外围南侧设置永久性截洪沟和导流坝；为防止水土流失，渣场南部汇水面已全部挖成鱼鳞坑，从而降低排洪压力。排洪沟路过的沟壑地段都已构建成毛石-水泥挡洪坝，确保了南侧洪水能顺利地排到渣场下游。目前已经建成高度为 12m 的黄土碾压坝体。坝体以及渣场底部、侧部铺设土工膜，土工膜渗透系数 $\leqslant 10^{-11} cm/s$；渣场内设置渗滤液收集池兼雨水收集池。

4.4.4.2 渣场泄漏量计算

根据以上调查，采用库底防渗时渗漏量计算公式。

① 废水泄漏速率公式变为：

$$Q = 0.0002 A_库 \tag{4-43}$$

式中 Q——渗滤液泄漏速率，m³/d；

0.0002——库底非正常渗滤速率系数，m³/(d·m²)；

$A_库$——渣库面积，m²。

$A_库$ 为 42000m²，利用式（4-43），则废水泄漏量 $Q = 0.0002 \times 42000 = 8.4(m^3/d)$。

② 各污染物泄漏量可按下式计算：

$$Q_{Me} = Q C_{Me} \tag{4-44}$$

式中 Q_{Me}——污染物泄漏量，g/d；

Q——渗滤液泄漏量，m³/d；

C_{Me}——渗滤液污染物浓度，mg/L。

则该渣场污染物的排放量见表 4-54。

表 4-54　渣场污染物的排放量

成分	Cu	As	Pb	Zn	Cd
浓度/(mg/L)	0.668	9.843	0.163	0.392	0.002
排放量/(g/d)	5.6112	82.6812	1.3692	3.2928	0.0168

4.4.5　铅锌冶炼中和渣场渗滤液排放量

4.4.5.1　渣场概况

某企业工业废渣综合处置场工程始建于 2004 年，主要堆存公司产生的铁矾渣、铅银渣等工业废渣。该废渣综合处置场建设于"U"形沟谷，地形条件较好，谷内汇水面积较小，地质条件稳定、简单，渣场底部有良好的天然黏土层。总库容 $4.0 \times 10^5 \mathrm{m}^3$ 左右，占地面积 $3.0 \mathrm{hm}^2$，主要由拦渣坝工程、渗滤液防渗工程、雨水导流和防洪工程组成。2016 年开始施工闭库工程，并于 2017 年 4 月底完成坝面平整覆土、截排水系统完善、渗滤液收集系统等主体工程；坝下截渗墙工程于 2017 年 4 月完工，并进行了验收监测。根据环评及闭库文件，要求尾矿库有良好的防渗漏措施，渗滤液收集措施和雨水导流、防洪措施，可有效截流收集渗滤液，可有效防止渗入土壤和地下水层，而污染土壤和地下水。要求建设单位应严格按照《危险废物填埋污染控制标准》（GB 18598—2001）中相关要求对尾矿库防渗措施、渗滤液收集措施、雨水导排措施设计和施工，其主要工程包括：采用双层复合防渗技术，首先对原场底土层进行平整碾压夯实处理，并使场底地形保持 2%～7% 的坡度，第一层防渗层是在场底上铺设 0.5m 厚的黏土层，第二层防渗层是在黏土层上铺设一层 2.0mm 厚的 HDPE 复合土工膜；再在复合土工膜上铺 0.3m 厚的卵石（直径 0.3m 左右）导流层，在导流层内敷设直径分别为 0.3m 和 0.2m 的树枝状带孔 HDPE 导流管；在导流层上再铺设一层土工布，以防废物颗粒流入而堵塞导流管；渗滤液通过导流管截流收集并直接引入坝外得渗滤液收集池（300m³），收集池要配备渗滤液循环使用设备。

由于该工业废渣综合处置场建设中无环境监理工作要求，未进行库底防渗，为了减缓废渣渗滤液对地下水的影响，建设单位在尾矿库坝下建设一截渗墙，深入地下 2m，高出地面 8m。

根据该地区的气象资料，总体特征是：冬季长而寒冷，夏季短促，四季分明，多年平均年气温为 11.9℃，相对湿度 74%；多年平均年降水量 633.8mm；多年平均蒸发量 1149.0mm，是降水量的 1.81 倍。

根据统计资料，该地区 1d 最大降水量为 201.2mm，1h 最大降水量为 58.5mm，10min 最大降水量为 48.8mm；一次连续降水最大强度可达 255.3mm。该渣场土壤为粉土。

4.4.5.2 渣场渗漏量计算

渣场渗入量计算公式：

$$Q = \frac{1}{365}\alpha FX \times 10^{-3} \tag{4-45}$$

式中 Q——渗入量，m^3/d；

α——降水入渗系数，未形成地表径流也未蒸发，则 α 为 1；

F——渣场汇水面积，m^2；

X——降水量，mm/a。

将 $\alpha = 1$，$F = 30000m^2$（占地面积），$X = 633.8mm$（年降水量）代入式（4-45），则渗滤液的泄漏量为 $52.1m^3/d$。

各污染物泄漏量可按式（4-44）计算。

则某企业渣场污染物的排放量见表 4-55。

表 4-55 某企业渣场污染物的排放量

成分	Hg	As	Pb	Zn	Cd
渗滤液浓度/(mg/L)	0.00004L	0.0017	0.331	1489	34.9
排放量/(g/d)	0.001042	0.08857	17.2451	77576.9	1818.29

注：表中"L"表示此次监测数据低于检出限。

4.4.6 废石场渗滤液排放量

某铅锌采矿企业废石场占地面积为 $1.04km^2$。建项目地处北回归线以南，属热带气候，全年仅分为旱季和雨季，每年 5～10 月为雨季，其余月份为旱季。平均年降水量 1570.5mm，降雨天数 186d，年最大降水量 2080.1mm，年最少降水量 1114.3mm。矿区气候多变，多年平均气温 16.9℃，极端最高气温 32.3℃，极端最低气温−4℃。废石场未做防渗处理。根据水文地质勘察，钻孔资料包气带厚度埋深 0.2～29.1m，平均 15.2m；上层土为黄色砂质黏土夹砾石层。该企业渗滤液计算参数见表 4-56，污染物排放量见表 4-57。

表 4-56 典型企业渗滤液计算参数

降水入渗系数	渣场汇水面积/$10^4 m^2$	降水量/mm
0.13	104	1570.5

表 4-57　典型企业渗滤液中污染物计算数据（一）

成分	Zn	As	Pb	Cd	Hg
浓度/(mg/L)	0.009	0.0006	—	0.001	—
排放量/(g/d)	5.2353	0.34902	—	0.5817	—

　　废石场设置场外截排水系统、场内沟底排渗、场内边坡排水以及顶部平台排水。

　　则废石场进入土壤的水量计算可按式（4-45）。

　　将表 4-56 中计算参数值代入式（4-45），得 Q 渗入量为 581.7m³/d。

　　各污染物泄漏量可按式（4-44）计算。

4.4.7　尾矿库渗滤液排放量

　　某铅锌选矿企业，尾矿库占地面积约 $4.376 \times 10^5 m^2$，干滩面积为 260m×240m＝62400m²。尾砂排放量为 $1.2015 \times 10^6 t/a$，尾矿库洒水抑尘。建项目地处北回归线以南，属热带气候，全年仅分为旱季和雨季，每年 5～10 月为雨季，其余月份为旱季。平均年降水量 1570.5mm，降雨天数 186d，年最大降水量 2080.1mm，年最少降水量 1114.3mm。矿区气候多变，多年平均气温 16.9℃，极端最高气温 32.3℃，极端最低气温－4℃。库底进行防渗处理。该企业渗滤液中污染物排放量见表 4-58。

表 4-58　典型企业渗滤液中污染物计算数据（二）

成分	Zn	As	Pb	Cd	Hg
浓度/(mg/L)	0.08	0.014	—	0.014	—
排放量/(g/d)	7.0016	1.22528	—	1.22528	—

　　尾矿库设置场外截排水系统、场内回水系统、库底防渗系统。

　　废水泄漏速率采用式（4-43）计算，将上述参数带入式（4-43），计算 Q 渗入量为 87.52m³/d。

　　各污染物泄漏量可按式（4-44）计算。

第5章

铜铅行业重点污染场地的识别

5.1 重点污染地块识别方法研究

根据功能区的不同对铜铅采选冶炼场地进行分类，然后根据不同功能区场地污染发生途径、概率以及是否有针对的防护措施等因素，判断场地污染形成的条件，进而形成铜铅采选行业、铜冶炼行业、铅冶炼行业建设场地污染识别表。

5.1.1 重点污染地块识别方法

（1）识别因子筛选的原则
① 优先筛选污染发生概率大的区域；
② 优先筛选排放源影响大的区域；
③ 优先筛选污染因子毒性大的区域；
④ 优先筛选排污染发生后无有效防治措施的区域。
（2）识别的方法
先对厂区根据不同功能进行区域分类，然后分析各功能区上污染源的类型、污染发生途径，分析判断污染发生的频率；再根据污染发生规律（污染源的影响程度和范围的不同）判断污染源对场地影响的程度；结合企业实际运行情况，进一步分析污染发生后常规情况下企业会否采取进一步的措施；

通过以上情况的分析，对各指标进行归一化处理、分级、赋值、评分，最终加和得到不同功能区的综合分值，根据分值的大小从而筛选出重点污染区域。

5.1.2 场地功能分区及污染源分布

（1）采选场地功能分区及污染源分布
铜铅采选场地基本由生产区、固体废物堆存区、废水收集处理区、管线区、道路运输区、检修区以及生活区几个部分组成，每个功能区上的污染源、污染物及污染发生途径见表5-1。

表 5-1 铜铅采选行业场地功能分区以及污染源分布

场地功能区		重点污染源	污染物	场地污染发生途径
生产区	采矿工业场地	回风井口采矿废气	粉尘、CO、NO_x	无组织大气沉降
	选矿工业场地	破碎、筛分、转运废气	粉尘（含铅、砷、汞、镉等重金属元素）	低架源大气沉降
废水收集处理区	废水处理站	矿井涌水、选矿废水	废水（含铅、砷、汞、镉等重金属元素属）	废水泄漏垂直入渗
	事故池、废水收集池、回水池等	尾矿库回水事故池、尾砂事故池等废水	废水（含铅、砷、汞、镉等重金属元素属）	废水泄漏垂直入渗
固体废物堆存区	废石场（包括临时堆场）	堆场装卸、存储产生的扬尘	粉尘（含铅、砷、汞、镉等重金属元素）	无组织大气沉降
		废石场淋溶水	废水（含铅、砷、汞、镉等重金属元素属）	废水泄漏垂直入渗
	尾矿库	尾矿库堆存产生的扬尘	粉尘（含铅、砷、汞、镉等重金属元素）	无组织大气沉降
		尾矿库渗滤液	废水（含铅、砷、汞、镉等重金属元素属）	废水泄漏垂直入渗
管线区	回水管线		废水（含铅、砷、汞、镉等重金属元素）	废水泄漏垂直入渗
	尾砂输送管线		废水（含铅、砷、汞、镉等重金属元素）	废水泄漏垂直入渗
	物料输送管线		废水、废渣（含铅、砷、汞、镉等重金属元素属）	废水泄漏垂直入渗
道路运输区	物料运输区		粉尘（含铅、砷、汞、镉等重金属元素属）	无组织大气沉降
检修区	设备检修场地		废水、废渣（含铅、砷、汞、镉等重金属元素属）	废水垂直入渗
生活区	生活污水		生活污水	废水垂直入渗
	生活垃圾		固体废物	泄漏

（2）铜冶炼场地功能分区及污染源分布

铜冶炼场地基本由生产区、存储区、固体废物堆存区、废水收集处理区、管线区、道路运输区、检修区以及生活区几个部分组成，每个功能区上的污染源、污染物及污染发生途径见表 5-2。

表 5-2 铜冶炼场地功能分区以及污染源分布

场地功能区		重点污染源	污染物	场地污染发生途径
生产区	备料区	备料烟囱	粉尘（含铅、砷、汞、镉等重金属元素）	低架源大气沉降
		无组织废气	粉尘（含铅、砷、汞、镉等重金属元素）	无组织大气沉降
	熔炼区	环集烟囱	粉尘（含铅、砷、汞、镉等重金属元素）	高架源大气沉降
		阳极炉烟囱	粉尘（含铅、砷、汞、镉等重金属元素）	高架源大气沉降
		无组织废气	粉尘（含铅、砷、汞、镉等重金属元素）	无组织大气沉降
	制酸区	制酸烟囱	粉尘（含铅、砷、汞、镉等重金属元素）	高架源大气沉降
		污酸收集设施	废水（含铅、砷、汞、镉等重金属元素属）	废水泄漏垂直入渗
	电解区	电解槽	废液（含铅、砷、汞、镉等重金属元素属）	废水泄漏垂直入渗
	渣选矿区	破碎、筛分废气	粉尘	无组织大气沉降
存储区	原料场	无组织废气	粉尘（含铅、砷、汞、镉等重金属元素）	无组织大气沉降
	渣缓冷场	循环废水	废水	废水泄漏垂直入渗
	酸罐区	硫酸	硫酸物料	废水泄漏垂直入渗
废水收集处理区	污酸处理站	污酸	废水（含铅、砷、汞、镉等重金属元素属）	废水泄漏垂直入渗
	污水处理站	酸性废水	废水（含铅、砷、汞、镉等重金属元素属）	废水泄漏垂直入渗
	初期雨水处理站	含重金属废水	废水（含铅、砷、汞、镉等重金属元素属）	废水泄漏垂直入渗
	事故池	废水	废水（含铅、砷、汞、镉等重金属元素属）	废水泄漏垂直入渗
固体废物堆存区	中和渣场	堆场装卸、存储产生的扬尘	粉尘（含铅、砷、汞、镉等重金属元素）	无组织大气沉降
		淋溶产生的废水	废水（含铅、砷、汞、镉等重金属元素属）	废水泄漏垂直入渗
	渣选尾矿堆场	堆场装卸、存储产生的扬尘	粉尘（含铜、铁元素）	无组织大气沉降
		淋溶产生的废水	废水（含铜、铁元素）	废水泄漏垂直入渗

场地功能区		重点污染源	污染物	场地污染发生途径
管线区	废酸、废水运输管道	废水	废水（含铅、砷、汞、镉等重金属元素属）	废水泄漏垂直入渗
道路运输区	原料、物料运输道路两侧	粉尘	粉尘（含铅、砷、汞、镉等重金属元素属）	无组织大气沉降
检修区	设备检修场地	废水	废水（含铅、砷、汞、镉等重金属元素属）	废水泄漏垂直入渗
生活区	生活污水处理站	生活污水	含 COD、氨氮、TP 等污染物	废水泄漏垂直入渗
	生活垃圾收集站	生活垃圾	—	泄漏

（3）铅冶炼场地功能分区及污染源分布

铅冶炼场地基本由生产区、存储区、固体废物堆存区、废水收集处理区、管线区、道路运输区、检修区以及生活区几个部分组成，每个功能区上的污染源、污染物及污染发生途径见表 5-3。

表 5-3 铅冶炼场地功能分区以及污染源分布

场地功能区			重点污染源	污染物	场地污染发生途径
生产区	备料区		备料烟囱	粉尘（含铅、砷、汞、镉等重金属元素）	低架源大气沉降
			无组织废气	粉尘（含铅、砷、汞、镉等重金属元素）	无组织大气沉降
	火法冶炼区		环集烟囱	粉尘（含铅、砷、汞、镉等重金属元素）	高架源大气沉降
			还原炉烟气	粉尘（含铅、砷、汞、镉等重金属元素）	高架源大气沉降
			烟化炉烟囱	粉尘（含铅、砷、汞、镉等重金属元素）	高架源大气沉降
			无组织废气	粉尘（含铅、砷、汞、镉等重金属元素）	无组织大气沉降
	湿法冶炼区		湿法冶炼区域	废水（含铅、砷、汞、镉等重金属元素属）	废水泄漏垂直入渗
	制酸区		制酸烟囱	粉尘（含铅、砷、汞、镉等重金属元素）	高架源大气沉降
			污酸收集设施	废水（含铅、砷、汞、镉等重金属元素属）	废水泄漏垂直入渗
	电解区		电解槽	废液（含铅、砷、汞、镉等重金属元素属）	废水泄漏垂直入渗

续表

场地功能区		重点污染源	污染物	场地污染发生途径
存储区	原料场	无组织废气	粉尘（含铅、砷、汞、镉等重金属元素）	无组织大气沉降
	烟化炉水淬渣场	循环废水	废水	废水泄漏垂直入渗
	酸罐区	硫酸	硫酸物料	废水泄漏垂直入渗
废水收集处理区	污酸处理站	污酸	废水（含铅、砷、汞、镉等重金属元素属）	废水泄漏垂直入渗
	污水处理站	酸性废水	废水（含铅、砷、汞、镉等重金属元素属）	废水泄漏垂直入渗
	初期雨水处理站	含重金属废水	废水（含铅、砷、汞、镉等重金属元素属）	废水泄漏垂直入渗
	事故池	废水	废水（含铅、砷、汞、镉等重金属元素属）	废水泄漏垂直入渗
固体废物堆存区	中和渣场	堆场装卸、存储产生的扬尘	粉尘（含铅、砷、汞、镉等重金属元素）	无组织大气沉降
		淋溶产生的废水	废水（含铅、砷、汞、镉等重金属元素属）	废水泄漏垂直入渗
管线区	废酸、废水运输管道	废水	废水（含铅、砷、汞、镉等重金属元素属）	废水泄漏垂直入渗
道路运输区	原料、物料运输道路两侧	粉尘	粉尘（含铅、砷、汞、镉等重金属元素属）	无组织大气沉降
检修区	设备检修场地	废水	废水（含铅、砷、汞、镉等重金属元素属）	废水泄漏垂直入渗
生活区	生活污水处理站	生活污水	含 COD、氨氮、TP 等污染物	废水泄漏垂直入渗
	生活垃圾收集站	生活垃圾	—	泄漏

5.1.3　场地污染发生的频率

根据排放源进入场地中的频率，分成持续排放、间断排放以及事故排放 3 种情形，每种情形根据造成污染的程度分别给出不同的分值。对于正常生产时污染源会持续不断地进入场地中的污染发生行为，给出 5 分；对于正常生产时间断排放的污染行为，打 3 分；对于正常情况下不排放，只有事故或者非正常情况下才会发生的污染行为，打 2 分。

排放源进入场地中的频率是造成场地污染的重要影响因素，根据污染发生的原因及在整个污染发生中的作用，本节给出频率因素权重数为 0.2。

结合具体场地实际情况，铜铅采选场地污染发生频率打分情况见表 5-4～表 5-6。

表 5-4 采选场地污染发生频率

场地功能区		重点污染源	污染物	场地污染发生途径	发生频率（权重 0.2）	发生频率打分/分
生产区	采矿工业场地	回风井口采矿废气	粉尘、CO、NO_x	无组织大气沉降	间断排放	3
	选矿工业场地	破碎、筛分、转运废气	粉尘（含铅、砷、汞、镉等重金属元素）	低架源大气沉降	正常生产时持续排放	5
废水收集处理区	废水处理站	矿井涌水、选矿废水	废水（含铅、砷、汞、镉等重金属元素）	废水泄漏垂直入渗	正常情况下场地有防渗，事故情况下防渗层破裂，废水下渗	2
	事故池、废水收集池、回水池等	尾矿库回水事故池、尾砂事故池等废水（含重金属废水）	废水（含铅、砷、汞、镉等重金属元素）	废水泄漏垂直入渗	正常情况下场地有防渗，事故情况下防渗层破裂，废水下渗	2
固体废物存储区	废石场（包括临时堆场）	堆场装卸、存储产生的扬尘	粉尘（含铅、砷、汞、镉等重金属元素）	无组织大气沉降	装卸或者风速大于阈值风速时有扬尘	3
		废石场淋溶水	废水（含铅、砷、汞、镉等重金属元素）	废水泄漏垂直入渗	一般废石场没有防渗，渗滤液液泄漏	5
	尾矿库	尾矿库堆存产生的扬尘	粉尘（含铅、砷、汞、镉等重金属元素）	无组织大气沉降	装卸或者风速大于阈值风速时有扬尘	3
		尾矿库渗滤液	废水（含铅、砷、汞、镉等重金属元素）	废水泄漏垂直入渗	正常情况下场地形成防渗层，事故情况下废水下渗	2
管线区	回水管线		废水（含铅、砷、汞、镉等重金属元素）	废水泄漏垂直入渗	正常情况下不排，事故情况下管线破裂，废水下渗	2
	尾砂输送管线		废水（含铅、砷、汞、镉等重金属元素）	废水泄漏垂直入渗	正常情况下不排，事故情况下管线破裂，废水下渗	2
	物料输送管线		废水、废渣（含铅、砷、汞、镉等重金属元素）	废水泄漏垂直入渗	正常情况下不排，事故情况下管线破裂，废水下渗	2

续表

场地功能区		重点污染源	污染物	场地污染发生途径	发生频率（权重 0.2）	发生频率打分/分
运输道路区		物料运输区	粉尘（含铅、砷、汞、镉等重金属元素）	无组织大气沉降	正常情况下不排，事故情况下物料遗撒	2
检修区		设备检修场地	废水、废渣（含铅、砷、汞、镉等重金属元素）	废水垂直入渗	正常情况下不排，事故情况下物料遗撒	2
生活区		生活污水	生活污水	废水垂直入渗	正常情况下不排，事故情况下排放	2
		生活垃圾	固体废物	泄漏	正常情况下不排，事故情况下排放	2

表 5-5　铜冶炼场地污染发生频率

场地功能区		重点污染源	污染物	场地污染发生途径	发生频率（权重 0.2）	发生频率打分/分
生产区	备料区	备料烟囱	粉尘（含铅、砷、汞、镉等重金属元素）	低架源大气沉降	正常生产时持续排放	5
		无组织废气	粉尘（含铅、砷、汞、镉等重金属元素）	无组织大气沉降	正常生产时持续排放	5
	熔炼区	环集烟囱	粉尘（含铅、砷、汞、镉等重金属元素）	高架源大气沉降	正常生产时持续排放	5
		阳极炉烟囱	粉尘（含铅、砷、汞、镉等重金属元素）	高架源大气沉降	正常生产时持续排放	5
		无组织废气	粉尘（含铅、砷、汞、镉等重金属元素）	无组织大气沉降	正常生产时持续排放	5
	制酸区	制酸烟囱	粉尘（含铅、砷、汞、镉等重金属元素）	高架源大气沉降	正常生产时持续排放	5
		污酸收集设施	废水（含铅、砷、汞、镉等重金属元素）	废水泄漏垂直入渗	正常情况下场地有防渗，事故情况下防渗层破裂，废水下渗	2
	电解区	电解槽	废液（含铅、砷、汞、镉等重金属元素）	废水泄漏垂直入渗	电解槽为地面上设施，场地下有防渗，事故情况下防渗层破裂，废水下渗	2
	渣选矿区	破碎、筛分废气	粉尘	无组织大气沉降	风速大于阈值风速时有扬尘	3

续表

场地功能区		重点污染源	污染物	场地污染发生途径	发生频率（权重0.2）	发生频率打分/分
存储区	原料场	无组织废气	粉尘（含铅、砷、汞、镉等重金属元素）	无组织大气沉降	风速大于阈值风速时有扬尘	3
	渣缓冷场	循环废水	废水	废水泄漏垂直入渗	正常情况下场地有防渗，事故情况下防渗层破裂，废水下渗	2
	酸罐区	硫酸	硫酸物料	废水泄漏垂直入渗	正常情况下场地有防渗，事故情况下防渗层破裂，废水下渗	2
废水收集处理区	污酸处理站	污酸	废水（含铅、砷、汞、镉等重金属元素）	废水泄漏垂直入渗	正常情况下场地有防渗，事故情况下防渗层破裂，废水下渗	2
	污水处理站	酸性废水	废水（含铅、砷、汞、镉等重金属元素）	废水泄漏垂直入渗	正常情况下场地有防渗，事故情况下防渗层破裂，废水下渗	2
	初期雨水处理站	含重金属废水	废水（含铅、砷、汞、镉等重金属元素）	废水泄漏垂直入渗	正常情况下场地有防渗，事故情况下防渗层破裂，废水下渗	2
	事故池	废水	废水（含铅、砷、汞、镉等重金属元素）	废水泄漏垂直入渗	正常情况下场地有防渗，事故情况下防渗层破裂，废水下渗	2
固体废物堆存区	中和渣场	堆场装卸、存储产生的扬尘	粉尘（含铅、砷、汞、镉等重金属元素）	无组织大气沉降	风速大于阈值风速时有扬尘	3
		淋溶产生的废水	废水（含铅、砷、汞、镉等重金属元素）	废水泄漏垂直入渗	正常情况下场地有防渗，事故情况下防渗层破裂，废水下渗	2
	渣选尾矿堆场	堆场装卸、存储产生的扬尘	粉尘（含铜、铁元素）	无组织大气沉降	风速大于阈值风速时有扬尘	3
		淋溶产生的废水	废水（含铜、铁元素）	废水泄漏垂直入渗	正常情况下场地有防渗，事故情况下防渗层破裂，废水下渗	2
管线区	废酸、废水运输管道	废水	废水（含铅、砷、汞、镉等重金属元素）	废水泄漏垂直入渗	正常情况下不排，事故情况下管线破裂，废水下渗	2
道路运输区	原料、物料运输道路两侧	粉尘	粉尘（含铅、砷、汞、镉等重金属元素）	无组织大气沉降	正常情况下不排，事故情况下物料遗撒	2

续表

场地功能区	重点污染源	污染物	场地污染发生途径	发生频率（权重0.2）	发生频率打分/分
检修区	设备检修场地	废水（含铅、砷、汞、镉等重金属元素）	废水泄漏垂直入渗	正常情况下不排，事故情况下物料遗撒	2
生活区	生活污水处理站	生活污水	含 COD、氨氮、TP 等污染物	废水泄漏垂直入渗	正常情况下不排，事故情况下排放	2
	生活垃圾收集站	生活垃圾	—	泄漏	正常情况下不排，事故情况下排放	2

表 5-6 铅冶炼场地场地污染发生频率

场地功能区	重点污染源	污染物	场地污染发生途径	发生频率（权重0.2）	发生频率打分/分
生产区	备料区	备料烟囱	粉尘（含铅、砷、汞、镉等重金属元素）	低架源大气沉降	正常生产时持续排放	5
		无组织废气	粉尘（含铅、砷、汞、镉等重金属元素）	无组织大气沉降	正常生产时持续排放	5
	火法冶炼区	环集烟囱	粉尘（含铅、砷、汞、镉等重金属元素）	高架源大气沉降	正常生产时持续排放	5
		还原炉烟气	粉尘（含铅、砷、汞、镉等重金属元素）	高架源大气沉降	正常生产时持续排放	5
		烟化炉烟囱	粉尘（含铅、砷、汞、镉等重金属元素）	高架源大气沉降	正常生产时持续排放	5
		无组织废气	粉尘（含铅、砷、汞、镉等重金属元素）	无组织大气沉降	正常生产时持续排放	5
	湿法冶炼区	湿法冶炼区域	废水（含铅、砷、汞、镉等重金属元素）	废水泄漏垂直入渗	正常情况下场地有防渗，事故情况下防渗层破裂，废水下渗	2
	制酸区	制酸烟囱	粉尘（含铅、砷、汞、镉等重金属元素）	高架源大气沉降	正常生产时持续排放	5
		污酸收集设施	废水（含铅、砷、汞、镉等重金属元素）	废水泄漏垂直入渗	正常情况下场地有防渗，事故情况下防渗层破裂，废水下渗	2
	电解区	电解槽	废液（含铅、砷、汞、镉等重金属元素）	废水泄漏垂直入渗	电解槽为地面上设施，场地下有防渗，事故情况下防渗层破裂，废水下渗	2

场地功能区		重点污染源	污染物	场地污染发生途径	发生频率（权重 0.2）	发生频率打分/分
存储区	原料场	无组织废气	粉尘（含铅、砷、汞、镉等重金属元素）	无组织大气沉降	风速大于阈值风速时有扬尘	3
	烟化炉水淬渣场	循环废水	废水	废水泄漏垂直入渗	正常情况下场地有防渗，事故情况下防渗层破裂，废水下渗	2
	酸罐区	硫酸	硫酸物料	废水泄漏垂直入渗	正常情况下场地有防渗，事故情况下防渗层破裂，废水下渗	2
废水收集处理区	污酸处理站	污酸	废水（含铅、砷、汞、镉等重金属元素）	废水泄漏垂直入渗	正常情况下场地有防渗，事故情况下防渗层破裂，废水下渗	2
	污水处理站	酸性废水	废水（含铅、砷、汞、镉等重金属元素）	废水泄漏垂直入渗	正常情况下场地有防渗，事故情况下防渗层破裂，废水下渗	2
	初期雨水处理站	含重金属废水	废水（含铅、砷、汞、镉等重金属元素）	废水泄漏垂直入渗	正常情况下场地有防渗，事故情况下防渗层破裂，废水下渗	2
	事故池	废水	废水（含铅、砷、汞、镉等重金属元素）	废水泄漏垂直入渗	正常情况下场地有防渗，事故情况下防渗层破裂，废水下渗	2
固体废物堆存区	中和渣场	堆场装卸、存储产生的扬尘	粉尘（含铅、砷、汞、镉等重金属元素）	无组织大气沉降	风速大于阈值风速时有扬尘	3
		淋溶产生的废水	废水（含铅、砷、汞、镉等重金属元素）	废水泄漏垂直入渗	正常情况下场地有防渗，事故情况下防渗层破裂，废水下渗	2
管线区	废酸、废水运输管道	废水	废水（含铅、砷、汞、镉等重金属元素）	废水泄漏垂直入渗	正常情况下不排，事故情况下管线破裂，废水下渗	2
道路运输区	原料、物料运输道路两侧	粉尘	粉尘（含铅、砷、汞、镉等重金属元素）	无组织大气沉降	正常情况下不排，事故情况下物料遗撒	2
检修区	设备检修场地	废水	废水（含铅、砷、汞、镉等重金属元素）	废水泄漏垂直入渗	正常情况下不排，事故情况下物料遗撒	2
生活区	生活污水处理站	生活污水	含 COD、氨氮、TP 等污染物	废水泄漏垂直入渗	正常情况下不排，事故情况下排放	2
	生活垃圾收集站	生活垃圾	—	泄漏	正常情况下不排，事故情况下排放	2

5.1.4　污染发生后是否有治理措施

进入场地中的污染物能否对土壤造成污染，与土壤的防治措施也有关系，考虑场地上是否有防治措施分为有防治措施和无防治措施两种情况：对于无防治措施的场地，给出 5 分；有防治措施的给出 2 分。

场地上是否有土壤防治措施是影响土壤污染的重要因素，根据污染发生的原因及在整个污染发生中的作用，本节给出频率因素权重数为 0.2。

结合不同场地具体情况，铜铅采选及冶炼场地是否有治理措施打分情况见表 5-7～表 5-9。

表 5-7　铜铅采选行业污染发生后治理措施一览表

场地功能区		重点污染源	污染物	场地污染发生途径	是否有针对污染的防治措施（权重 0.2）	是否有措施打分/分
生产区	采矿工业场地	回风井口采矿废气	粉尘、CO、NO_x	无组织大气沉降	无	5
	选矿工业场地	破碎、筛分、转运废气	粉尘（含铅、砷、汞、镉等重金属元素）	低架源大气沉降	有，选矿工业场地一般会进行地面硬化，防止掉落地面的粉尘进入土壤	2
废水收集处理区	废水处理站	矿井涌水、选矿废水	废水（含铅、砷、汞、镉等重金属元素）	废水泄漏垂直入渗	无，事故情形下的泄漏直接进入土壤地下水	5
	事故池、废水收集池、回水池等	尾矿库回水事故池、尾砂事故池等废水（含重金属废水）	废水（含铅、砷、汞、镉等重金属元素）	废水泄漏垂直入渗	无，事故情形下的泄漏直接进入土壤地下水	5
固体废物存储区	废石场（包括临时堆场）	堆场装卸、存储产生的扬尘	粉尘（含铅、砷、汞、镉等重金属元素）	无组织大气沉降	无	5
		废石场淋溶水	废水（含铅、砷、汞、镉等重金属元素）	废水泄漏垂直入渗	无，事故情形下的泄漏直接进入土壤地下水	5
	尾矿库	尾矿库堆存产生的扬尘	粉尘（含铅、砷、汞、镉等重金属元素）	无组织大气沉降	无	5
		尾矿库渗滤液	废水（含铅、砷、汞、镉等重金属元素）	废水泄漏垂直入渗	无，事故情形下的泄漏直接进入土壤地下水	5

续表

场地功能区	重点污染源	污染物	场地污染发生途径	是否有针对污染的防治措施（权重0.2）	是否有措施打分/分
管线区	回水管线	废水（含铅、砷、汞、镉等重金属元素）	废水泄漏垂直入渗	无，事故情形下的泄漏直接进入土壤地下水	5
	尾砂输送管线	废水（含铅、砷、汞、镉等重金属元素）	废水泄漏垂直入渗	无，事故情形下的泄漏直接进入土壤地下水	5
	物料输送管线	废水、废渣（含铅、砷、汞、镉等重金属元素）	废水泄漏垂直入渗	无，事故情形下的泄漏直接进入土壤地下水	5
道路运输区	物料运输区（道路两侧）	粉尘（含铅、砷、汞、镉等重金属元素）	无组织大气沉降	无，遗撒物料扬尘至路边	5
检修区	设备检修场地	废水、废渣（含铅、砷、汞、镉等重金属元素）	废水垂直入渗	无，事故情形下的泄漏直接进入土壤地下水	5
生活区	生活污水	生活污水	废水垂直入渗	无，事故情形下的泄漏直接进入土壤地下水	5
	生活垃圾	固体废物	泄漏	无，事故情形下的泄漏直接进入土壤地下水	5

表 5-8　铜冶炼行业污染发生后治理措施一览表

场地功能区		重点污染源	污染物	场地污染发生途径	是否有针对污染的防治措施（权重0.2）	是否有措施打分/分
生产区	备料区	备料烟囱	粉尘（含铅、砷、汞、镉等重金属元素）	低架源大气沉降	有，场地一般会进行地面硬化，防止掉落地面的粉尘进入土壤	2
		无组织废气	粉尘（含铅、砷、汞、镉等重金属元素）	无组织大气沉降	有，场地一般会进行地面硬化，防止掉落地面的粉尘进入土壤	2
	熔炼区	环集烟囱	粉尘（含铅、砷、汞、镉等重金属元素）	高架源大气沉降	有，场地一般会进行地面硬化，防止掉落地面的粉尘进入土壤	2
		阳极炉烟囱	粉尘（含铅、砷、汞、镉等重金属元素）	高架源大气沉降	有，场地一般会进行地面硬化，防止掉落地面的粉尘进入土壤	2
		无组织废气	粉尘（含铅、砷、汞、镉等重金属元素）	无组织大气沉降	有，场地一般会进行地面硬化，防止掉落地面的粉尘进入土壤	2

续表

场地功能区		重点污染源	污染物	场地污染发生途径	是否有针对污染的防治措施（权重 0.2）	是否有措施打分/分
生产区	制酸区	制酸烟囱	粉尘（含铅、砷、汞、镉等重金属元素）	高架源大气沉降	有，场地一般会进行地面硬化，防止掉落地面的粉尘进入土壤	2
		污酸收集设施	废水（含铅、砷、汞、镉等重金属元素）	废水泄漏垂直入渗	无，事故情形下的泄漏直接进入土壤地下水	5
	电解区	电解槽	废液（含铅、砷、汞、镉等重金属元素）	废水泄漏垂直入渗	有，电解槽为地面上设施，电解槽渗漏后场地上有事故池收集设施并防渗	2
	渣选矿区	破碎、筛分废气	粉尘	无组织大气沉降	无	5
存储区	原料场	无组织废气	粉尘（含铅、砷、汞、镉等重金属元素）	无组织大气沉降	无	5
	渣缓冷场	循环废水	废水	废水泄漏垂直入渗	无，事故情形下的泄漏直接进入土壤地下水	5
	酸罐区	硫酸	硫酸物料	废水泄漏垂直入渗	无，事故情形下的泄漏直接进入土壤地下水	5
废水收集处理区	污酸处理站	污酸	废水（含铅、砷、汞、镉等重金属元素）	废水泄漏垂直入渗	无，事故情形下的泄漏直接进入土壤地下水	5
	污水处理站	酸性废水	废水（含铅、砷、汞、镉等重金属元素）	废水泄漏垂直入渗	无，事故情形下的泄漏直接进入土壤地下水	5
	初期雨水处理站	含重金属废水	废水（含铅、砷、汞、镉等重金属元素）	废水泄漏垂直入渗	无，事故情形下的泄漏直接进入土壤地下水	5
	事故池	废水	废水（含铅、砷、汞、镉等重金属元素）	废水泄漏垂直入渗	无，事故情形下的泄漏直接进入土壤地下水	5
固体废物堆存区	中和渣场	堆场装卸、存储产生的扬尘	粉尘（含铅、砷、汞、镉等重金属元素）	无组织大气沉降	无	5
		淋溶产生的废水	废水（含铅、砷、汞、镉等重金属元素）	废水泄漏垂直入渗	无，事故情形下的泄漏直接进入土壤地下水	5
	渣选尾矿堆场	堆场装卸、存储产生的扬尘	粉尘（含铜、铁元素）	无组织大气沉降	无	5
		淋溶产生的废水	废水（含铜、铁元素）	废水泄漏垂直入渗	无，事故情形下的泄漏直接进入土壤地下水	5

续表

场地功能区		重点污染源	污染物	场地污染发生途径	是否有针对污染的防治措施（权重0.2）	是否有措施打分/分
管线区		废酸、废水运输管道	废水	废水（含铅、砷、汞、镉等重金属元素）	废水泄漏垂直入渗	无，事故情形下的泄漏直接进入土壤地下水	5
道路运输区		原料、物料运输道路两侧	粉尘	粉尘（含铅、砷、汞、镉等重金属元素）	无组织大气沉降	无，遗撒物料扬尘至路边	5
检修区		设备检修场地	废水	废水（含铅、砷、汞、镉等重金属元素属）	废水泄漏垂直入渗	无，事故情形下的泄漏直接进入土壤地下水	5
生活区		生活污水处理站	生活污水	含COD、氨氮、TP等污染物	废水泄漏垂直入渗	无，事故情形下的泄漏直接进入土壤地下水	5
		生活垃圾收集站	生活垃圾	——	泄漏	无，事故情形下的泄漏直接进入土壤地下水	5

表 5-9　铅冶炼行业污染发生后治理措施一览表

场地功能区		重点污染源	污染物	场地污染发生途径	是否有针对污染的防治措施（权重0.2）	是否有措施打分/分
生产区	备料区	备料烟囱	粉尘（含铅、砷、汞、镉等重金属元素）	低架源大气沉降	有，场地一般会进行地面硬化，防止掉落地面的粉尘进入土壤	2
		无组织废气	粉尘（含铅、砷、汞、镉等重金属元素）	无组织大气沉降	有，场地一般会进行地面硬化，防止掉落地面的粉尘进入土壤	2
	火法冶炼区	环集烟囱	粉尘（含铅、砷、汞、镉等重金属元素）	高架源大气沉降	有，场地一般会进行地面硬化，防止掉落地面的粉尘进入土壤	2
		还原炉烟气	粉尘（含铅、砷、汞、镉等重金属元素）	高架源大气沉降	有，场地一般会进行地面硬化，防止掉落地面的粉尘进入土壤	2
		烟化炉烟囱	粉尘（含铅、砷、汞、镉等重金属元素）	高架源大气沉降	有，场地一般会进行地面硬化，防止掉落地面的粉尘进入土壤	2
		无组织废气	粉尘（含铅、砷、汞、镉等重金属元素）	无组织大气沉降	有，场地一般会进行地面硬化，防止掉落地面的粉尘进入土壤	2
	湿法冶炼区	湿法冶炼区域	废水（含铅、砷、汞、镉等重金属元素）	废水泄漏垂直入渗	无，事故情形下的泄漏直接进入土壤地下水	5

续表

场地功能区		重点污染源	污染物	场地污染发生途径	是否有针对污染的防治措施（权重 0.2）	是否有措施打分/分
生产区	制酸区	制酸烟囱	粉尘（含铅、砷、汞、镉等重金属元素）	高架源大气沉降	有，场地一般会进行地面硬化，防止掉落地面的粉尘进入土壤	2
		污酸收集设施	废水（含铅、砷、汞、镉等重金属元素）	废水泄漏垂直入渗	无，事故情形下的泄漏直接进入土壤地下水	5
	电解区	电解槽	废液（含铅、砷、汞、镉等重金属元素）	废水泄漏垂直入渗	有，电解槽为地面上设施，电解槽渗漏后场地上有事故池收集设施并防渗	2
存储区	原料场	无组织废气	粉尘（含铅、砷、汞、镉等重金属元素）	无组织大气沉降	无	5
	烟化炉水淬渣场	循环废水	废水	废水泄漏垂直入渗	无，事故情形下的泄漏直接进入土壤地下水	5
	酸罐区	硫酸	硫酸物料	废水泄漏垂直入渗	无，事故情形下的泄漏直接进入土壤地下水	5
废水收集处理区	污酸处理站	污酸	废水（含铅、砷、汞、镉等重金属元素）	废水泄漏垂直入渗	无，事故情形下的泄漏直接进入土壤地下水	5
	污水处理站	酸性废水	废水（含铅、砷、汞、镉等重金属元素）	废水泄漏垂直入渗	无，事故情形下的泄漏直接进入土壤地下水	5
	初期雨水处理站	含重金属废水	废水（含铅、砷、汞、镉等重金属元素）	废水泄漏垂直入渗	无，事故情形下的泄漏直接进入土壤地下水	5
	事故池	废水	废水（含铅、砷、汞、镉等重金属元素）	废水泄漏垂直入渗	无，事故情形下的泄漏直接进入土壤地下水	5
固体废物堆存区	中和渣场	堆场装卸、存储产生的扬尘	粉尘（含铅、砷、汞、镉等重金属元素）	无组织大气沉降	无	5
		淋溶产生的废水	废水（含铅、砷、汞、镉等重金属元素）	废水泄漏垂直入渗	无，事故情形下的泄漏直接进入土壤地下水	5

续表

场地功能区	重点污染源	污染物	场地污染发生途径	是否有针对污染的防治措施（权重0.2）	是否有措施打分/分
管线区	废酸、废水运输管道	废水	废水（含铅、砷、汞、镉等重金属元素）	废水泄漏垂直入渗	无，事故情形下的泄漏直接进入土壤地下水	5
道路运输区	原料、物料运输道路两侧	粉尘	粉尘（含铅、砷、汞、镉等重金属元素）	无组织大气沉降	无，遗撒物料扬尘至路边	5
检修区	设备检修场地	废水	废水（含铅、砷、汞、镉等重金属元素）	废水泄漏垂直入渗	无，事故情形下的泄漏直接进入土壤地下水	5
生活区	生活污水处理站	生活污水	含COD、氨氮、TP等污染物	废水泄漏垂直入渗	无，事故情形下的泄漏直接进入土壤地下水	5
	生活垃圾收集站	生活垃圾	—	泄漏	无，事故情形下的泄漏直接进入土壤地下水	5

5.1.5 排放源的属性

进入土壤中的污染物的属性是场地土壤污染的重要影响因素。根据污染源的属性将污染源分为危险源和一般源。排放到场地上的污染源如果为危险废物、含重金属酸性废水、含重金属粉尘，打5分；排到场地上的污染源为一般固体废物、生活垃圾或者生活污水的，打2分。

污染源的属性是土壤污染的重要因素，根据污染发生的原因及在整个污染发生中的作用，本节给出频率因素权重数为0.4。

结合不同场地具体情况，铜铅采选及冶炼场地污染排放源属性打分情况见表5-10～表5-12。

表5-10 采选行业场地污染排放源属性

场地功能区	重点污染源	污染物	场地污染发生途径	排放源属性（权重0.4）	排放源属性打分/分
生产区	采矿工业场地	回风井口采矿废气	粉尘、CO、NO_x	无组织大气沉降	粉尘、CO、NO_x	2
	选矿工业场地	破碎、筛分、转运废气	粉尘（含铅、砷、汞、镉等重金属元素）	低架源大气沉降	含重金属粉尘	5

续表

场地功能区		重点污染源	污染物	场地污染发生途径	排放源属性（权重0.4）	排放源属性打分/分
废水收集处理区	废水处理站	矿井涌水、选矿废水	废水（含铅、砷、汞、镉等重金属元素）	废水泄漏垂直入渗	含重金属废水	5
	事故池、废水收集池、回水池等	尾矿库回水事故池、尾砂事故池等废水（含重金属废水）	废水（含铅、砷、汞、镉等重金属元素属）	废水泄漏垂直入渗	含重金属废水	5
固体废物存储区	废石场（包括临时堆场）	堆场装卸、存储产生的扬尘	粉尘（含铅、砷、汞、镉等重金属元素）	无组织大气沉降	含重金属粉尘	5
		废石场淋溶水	废水（含铅、砷、汞、镉等重金属元素属）	废水泄漏垂直入渗	含重金属废水	5
	尾矿库	尾矿库堆存产生的扬尘	粉尘（含铅、砷、汞、镉等重金属元素）	无组织大气沉降	含重金属粉尘	5
		尾矿库渗滤液	废水（含铅、砷、汞、镉等重金属元素）	废水泄漏垂直入渗	含重金属废水	5
管线区		回水管线	废水（含铅、砷、汞、镉等重金属元素）	废水泄漏垂直入渗	含重金属废水	5
		尾砂输送管线	废水（含铅、砷、汞、镉等重金属元素）	废水泄漏垂直入渗	含重金属废水	5
		物料输送管线	废水、废渣（含铅、砷、汞、镉等重金属元素）	废水泄漏垂直入渗	含重金属废水	5
道路运输区		物料运输区（道路两侧）	粉尘（含铅、砷、汞、镉等重金属元素）	无组织大气沉降	含重金属粉尘	5
检修区		设备检修场地	废水、废渣（含铅、砷、汞、镉等重金属元素）	废水垂直入渗	含重金属废水	5
生活区		生活污水	生活污水	废水垂直入渗	生活污水	2
		生活垃圾	固体废物	泄漏	生活垃圾	2

表 5-11　铜冶炼行业场地污染排放源属性

场地功能区		重点污染源	污染物	场地污染发生途径	排放源属性（权重0.4）	排放源属性打分/分
生产区	备料区	备料烟囱	粉尘（含铅、砷、汞、镉等重金属元素）	低架源大气沉降	含重金属粉尘	5
		无组织废气	粉尘（含铅、砷、汞、镉等重金属元素）	无组织大气沉降	含重金属粉尘	5
	熔炼区	环集烟囱	粉尘（含铅、砷、汞、镉等重金属元素）	高架源大气沉降	含重金属粉尘	5
		阳极炉烟囱	粉尘（含铅、砷、汞、镉等重金属元素）	高架源大气沉降	含重金属粉尘	5
		无组织废气	粉尘（含铅、砷、汞、镉等重金属元素）	无组织大气沉降	含重金属粉尘	5
	制酸区	制酸烟囱	粉尘（含铅、砷、汞、镉等重金属元素）	高架源大气沉降	含重金属粉尘	5
		污酸收集设施	废水（含铅、砷、汞、镉等重金属元素）	废水泄漏垂直入渗	含重金属废水	5
	电解区	电解槽	废液（含铅、砷、汞、镉等重金属元素）	废水泄漏垂直入渗	含重金属废水	5
	渣选矿区	破碎、筛分废气	粉尘	无组织大气沉降	粉尘	2
存储区	原料场	无组织废气	粉尘（含铅、砷、汞、镉等重金属元素）	无组织大气沉降	含重金属粉尘	5
	渣缓冷场	循环废水	废水	废水泄漏垂直入渗	废水	2
	酸罐区	硫酸	硫酸物料	废水泄漏垂直入渗	废水	2
废水收集处理区	污酸处理站	污酸	废水（含铅、砷、汞、镉等重金属元素）	废水泄漏垂直入渗	含重金属废水	5
	污水处理站	酸性废水	废水（含铅、砷、汞、镉等重金属元素）	废水泄漏垂直入渗	含重金属废水	5
	初期雨水处理站	含重金属废水	废水（含铅、砷、汞、镉等重金属元素）	废水泄漏垂直入渗	含重金属废水	5
	事故池	废水	废水（含铅、砷、汞、镉等重金属元素）	废水泄漏垂直入渗	含重金属废水	5

续表

场地功能区		重点污染源	污染物	场地污染发生途径	排放源属性（权重 0.4）	排放源属性打分/分
固体废物堆存区	中和渣场	堆场装卸、存储产生的扬尘	粉尘（含铅、砷、汞、镉等重金属元素）	无组织大气沉降	含重金属粉尘	5
		淋溶产生的废水	废水（含铅、砷、汞、镉等重金属元素）	废水泄漏垂直入渗	含重金属废水	5
	渣选尾矿堆场	堆场装卸、存储产生的扬尘	粉尘（含铜、铁元素）	无组织大气沉降	粉尘	2
		淋溶产生的废水	废水（含铜、铁元素）	废水泄漏垂直入渗	废水	2
管线区	废酸、废水运输管道	废水	废水（含铅、砷、汞、镉等重金属元素）	废水泄漏垂直入渗	含重金属废水	5
道路运输区	原料、物料运输道路两侧	粉尘	粉尘（含铅、砷、汞、镉等重金属元素）	无组织大气沉降	含重金属废水	5
检修区	设备检修场地	废水	废水（含铅、砷、汞、镉等重金属元素）	废水泄漏垂直入渗	含重金属废水	5
生活区	生活污水处理站	生活污水	含 COD、氨氮、TP 等污染物	废水泄漏垂直入渗	废水	2
	生活垃圾收集站	生活垃圾	—	泄漏	废水	2

表 5-12　铅冶炼企业场地污染排放源属性

场地功能区		重点污染源	污染物	场地污染发生途径	排放源属性（权重 0.4）	排放源属性打分/分
生产区	备料区	备料烟囱	粉尘（含铅、砷、汞、镉等重金属元素）	低架源大气沉降	含重金属粉尘	5
		无组织废气	粉尘（含铅、砷、汞、镉等重金属元素）	无组织大气沉降	含重金属粉尘	5
	火法冶炼区	环集烟囱	粉尘（含铅、砷、汞、镉等重金属元素）	高架源大气沉降	含重金属粉尘	5
		还原炉烟气	粉尘（含铅、砷、汞、镉等重金属元素）	高架源大气沉降	含重金属粉尘	5

续表

场地功能区		重点污染源	污染物	场地污染发生途径	排放源属性（权重 0.4）	排放源属性打分/分
生产区	火法冶炼区	烟化炉烟囱	粉尘（含铅、砷、汞、镉等重金属元素）	高架源大气沉降	含重金属粉尘	5
		无组织废气	粉尘（含铅、砷、汞、镉等重金属元素）	无组织大气沉降	含重金属粉尘	5
	湿法冶炼区	湿法冶炼区域	废水（含铅、砷、汞、镉等重金属元素属）	废水泄漏垂直入渗	含重金属废水	5
	制酸区	制酸烟囱	粉尘（含铅、砷、汞、镉等重金属元素）	高架源大气沉降	含重金属粉尘	5
		污酸收集设施	废水（含铅、砷、汞、镉等重金属元素）	废水泄漏垂直入渗	含重金属废水	5
	电解区	电解槽	废液（含铅、砷、汞、镉等重金属元素）	废水泄漏垂直入渗	含重金属废水	5
存储区	原料场	无组织废气	粉尘（含铅、砷、汞、镉等重金属元素）	无组织大气沉降	含重金属粉尘	5
	烟化炉水淬渣场	循环废水	废水	废水泄漏垂直入渗	废水	2
	酸罐区	硫酸	硫酸物料	废水泄漏垂直入渗	废水	2
废水收集处理区	污酸处理站	污酸	废水（含铅、砷、汞、镉等重金属元素）	废水泄漏垂直入渗	含重金属废水	5
	污水处理站	酸性废水	废水（含铅、砷、汞、镉等重金属元素）	废水泄漏垂直入渗	含重金属废水	5
	初期雨水处理站	含重金属废水	废水（含铅、砷、汞、镉等重金属元素）	废水泄漏垂直入渗	含重金属废水	5
	事故池	废水	废水（含铅、砷、汞、镉等重金属元素）	废水泄漏垂直入渗	含重金属废水	5
固体废物堆存区	中和渣场	堆场装卸、存储产生的扬尘	粉尘（含铅、砷、汞、镉等重金属元素）	无组织大气沉降	含重金属粉尘	5
		淋溶产生的废水	废水（含铅、砷、汞、镉等重金属元素）	废水泄漏垂直入渗	含重金属废水	5

续表

场地功能区		重点污染源	污染物	场地污染发生途径	排放源属性（权重 0.4）	排放源属性打分/分
管线区	废酸、废水运输管道	废水	废水（含铅、砷、汞、镉等重金属元素）	废水泄漏垂直入渗	含重金属废水	5
道路运输区	原料、物料运输道路两侧	粉尘	粉尘（含铅、砷、汞、镉等重金属元素）	无组织大气沉降	含重金属废水	5
检修区	设备检修场地	废水	废水（含铅、砷、汞、镉等重金属元素）	废水泄漏垂直入渗	含重金属废水	5
生活区	生活污水处理站	生活污水	含 COD、氨氮、TP 等污染物	废水泄漏垂直入渗	废水	2
	生活垃圾收集站	生活垃圾	—	泄漏	废水	2

5.1.6　排放源的类别

根据污染扩散规律，不同种类的污染源其对土壤污染的程度和范围不一样。例如从大气排放规律来看：从排放量与沉降量比值来看，高架源的污染物虽然排放量最大，为其他源排放量的 30 倍至几百倍，但最大沉降量仅为低架源的 1.2 倍左右。通过模拟预测，某企业所有污染源对周边土壤的重金属沉降主要影响的厂区附近西北部，接近无组织源的最大沉降点。本节给出排放源的类别因素权重数为 0.2。

对于废气无组织排放源打 5 分，低架排放源打 3 分，高架排放源打 2 分；对于地面下废水收集池渗漏打 5 分，管道渗漏打 3 分，地面上废水处理设施打 2 分；没有防渗措施的固废存储设施打 5 分，有防渗措施的固废存储设施打 3 分。

结合不同场地具体情况，铜铅采选及冶炼场地污染源类别打分情况见表 5-13～表 5-15。

表 5-13　铜铅采选企业场地排放源类别

场地功能区		重点污染源	污染物	场地污染发生途径	排放源类别（权重 0.2）	排放源类别打分/分
生产区	采矿工业场地	回风井口采矿废气	粉尘、CO、NO_x	无组织大气沉降	无组织	5
	选矿工业场地	破碎、筛分、转运废气	粉尘（含铅、砷、汞、镉等重金属元素）	低架源大气沉降	低架排放源	3
废水收集处理区	废水处理站	矿井涌水、选矿废水	废水（含铅、砷、汞、镉等重金属元素）	废水泄漏垂直入渗	地面上废水处理设施	2
	事故池、废水收集池、回水池等	尾矿库回水事故池、尾砂事故池等废水（含重金属废水）	废水（含铅、砷、汞、镉等重金属元素）	废水泄漏垂直入渗	地面下废水收集池	5

续表

场地功能区		重点污染源	污染物	场地污染发生途径	排放源类别（权重0.2）	排放源类别打分/分
固体废物存储区	废石场（包括临时堆场）	堆场装卸、存储产生的扬尘	粉尘（含铅、砷、汞、镉等重金属元素）	无组织大气沉降	无组织排放	5
		废石场淋溶水	废水（含铅、砷、汞、镉等重金属元素）	废水泄漏垂直入渗	无防渗措施	5
	尾矿库	尾矿库堆存产生的扬尘	粉尘（含铅、砷、汞、镉等重金属元素）	无组织大气沉降	无组织排放	5
		尾矿库渗滤液	废水（含铅、砷、汞、镉等重金属元素）	废水泄漏垂直入渗	无防渗措施	5
管线区		回水管线	废水（含铅、砷、汞、镉等重金属元素）	废水泄漏垂直入渗	地面上管线	3
		尾砂输送管线	废水（含铅、砷、汞、镉等重金属元素）	废水泄漏垂直入渗	地面上管线	3
		物料输送管线	废水、废渣（含铅、砷、汞、镉等重金属元素）	废水泄漏垂直入渗	地面上管线	3
道路运输区		物料运输区（道路两侧）	粉尘（含铅、砷、汞、镉等重金属元素）	无组织大气沉降	无组织排放	5
检修区		设备检修场地	废水、废渣（含铅、砷、汞、镉等重金属元素）	废水垂直入渗	无防渗措施	5
生活区		生活污水	生活污水	废水垂直入渗	管线泄漏	3
		生活垃圾	固体废物	泄漏	有防渗措施	3

表5-14 铜冶炼企业场地排放源类别

场地功能区		重点污染源	污染物	场地污染发生途径	排放源类别（权重0.2）	排放源类别打分/分
生产区	备料区	备料烟囱	粉尘（含铅、砷、汞、镉等重金属元素）	低架源大气沉降	低架排放源	3
		无组织废气	粉尘（含铅、砷、汞、镉等重金属元素）	无组织大气沉降	无组织排放	5

续表

场地功能区		重点污染源	污染物	场地污染发生途径	排放源类别（权重0.2）	排放源类别打分/分
生产区	熔炼区	环集烟囱	粉尘（含铅、砷、汞、镉等重金属元素）	高架源大气沉降	高架排放源	2
		阳极炉烟囱	粉尘（含铅、砷、汞、镉等重金属元素）	高架源大气沉降	高架排放源	2
		无组织废气	粉尘（含铅、砷、汞、镉等重金属元素）	无组织大气沉降	无组织排放	5
	制酸区	制酸烟囱	粉尘（含铅、砷、汞、镉等重金属元素）	高架源大气沉降	高架排放源	2
		污酸收集设施	废水（含铅、砷、汞、镉等重金属元素）	废水泄漏垂直入渗	地面下废水收集池	5
	电解区	电解槽	废液（含铅、砷、汞、镉等重金属元素）	废水泄漏垂直入渗	地面下废水收集池	5
	渣选矿区	破碎、筛分废气	粉尘	无组织大气沉降	无组织排放	5
存储区	原料场	无组织废气	粉尘（含铅、砷、汞、镉等重金属元素）	无组织大气沉降	无组织排放	5
	渣缓冷场	循环废水	废水	废水泄漏垂直入渗	地面下废水收集池	5
	酸罐区	硫酸	硫酸物料	废水泄漏垂直入渗	地面下废水收集池	5
废水收集处理区	污酸处理站	污酸	废水（含铅、砷、汞、镉等重金属元素）	废水泄漏垂直入渗	地面下废水收集池	5
	污水处理站	酸性废水	废水（含铅、砷、汞、镉等重金属元素）	废水泄漏垂直入渗	地面下废水收集池	5
	初期雨水处理站	含重金属废水	废水（含铅、砷、汞、镉等重金属元素）	废水泄漏垂直入渗	地面下废水收集池	5
	事故池	废水	废水（含铅、砷、汞、镉等重金属元素）	废水泄漏垂直入渗	地面下废水收集池	5

续表

场地功能区	重点污染源	污染物	场地污染发生途径	排放源类别（权重0.2）	排放源类别打分/分
固体废物堆存区	中和渣场	堆场装卸、存储产生的扬尘	粉尘（含铅、砷、汞、镉等重金属元素）	无组织大气沉降	无组织排放	5
		淋溶产生的废水	废水（含铅、砷、汞、镉等重金属元素）	废水泄漏垂直入渗	地面下废水收集池	5
	渣选尾矿堆场	堆场装卸、存储产生的扬尘	粉尘（含铜、铁元素）	无组织大气沉降	无组织排放	5
		淋溶产生的废水	废水（含铜、铁元素）	废水泄漏垂直入渗	地面下废水收集池	5
管线区	废酸、废水运输管道	废水	废水（含铅、砷、汞、镉等重金属元素）	废水泄漏垂直入渗	地面上管线	3
道路运输区	原料、物料运输道路两侧	粉尘	粉尘（含铅、砷、汞、镉等重金属元素）	无组织大气沉降	无组织排放	5
检修区	设备检修场地	废水	废水（含铅、砷、汞、镉等重金属元素）	废水泄漏垂直入渗	地面下废水渗漏	5
生活区	生活污水处理站	生活污水	含COD、氨氮、TP等污染物	废水泄漏垂直入渗	管线泄漏	3
	生活垃圾收集站	生活垃圾	—	泄漏	—	2

表 5-15 铅冶炼企业场地排放源类别

场地功能区	重点污染源	污染物	场地污染发生途径	排放源类别（权重0.2）	排放源类别打分/分
生产区	备料区	备料烟囱	粉尘（含铅、砷、汞、镉等重金属元素）	低架源大气沉降	低架排放源	3
		无组织废气	粉尘（含铅、砷、汞、镉等重金属元素）	无组织大气沉降	无组织排放	5
	火法冶炼区	环集烟囱	粉尘（含铅、砷、汞、镉等重金属元素）	高架源大气沉降	高架排放源	2
		还原炉烟气	粉尘（含铅、砷、汞、镉等重金属元素）	高架源大气沉降	高架排放源	2
		烟化炉烟囱	粉尘（含铅、砷、汞、镉等重金属元素）	高架源大气沉降	高架排放源	2
		无组织废气	粉尘（含铅、砷、汞、镉等重金属元素）	无组织大气沉降	无组织排放	5

续表

场地功能区		重点污染源	污染物	场地污染发生途径	排放源类别（权重 0.2）	排放源类别打分/分
生产区	湿法冶炼区	湿法冶炼区域	废水（含铅、砷、汞、镉等重金属元素）	废水泄漏垂直入渗	地面下废水收集池	5
	制酸区	制酸烟囱	粉尘（含铅、砷、汞、镉等重金属元素）	高架源大气沉降	高架排放源	2
		污酸收集设施	废水（含铅、砷、汞、镉等重金属元素）	废水泄漏垂直入渗	地面下废水收集池	5
	电解区	电解槽	废液（含铅、砷、汞、镉等重金属元素）	废水泄漏垂直入渗	地面下废水收集池	5
存储区	原料场	无组织废气	粉尘（含铅、砷、汞、镉等重金属元素）	无组织大气沉降	无组织排放	5
	烟化炉水淬渣场	循环废水	废水	废水泄漏垂直入渗	地面下废水收集池	5
	酸罐区	硫酸	硫酸物料	废水泄漏垂直入渗	地面下废水收集池	5
废水收集处理区	污酸处理站	污酸	废水（含铅、砷、汞、镉等重金属元素）	废水泄漏垂直入渗	地面下废水收集池	5
	污水处理站	酸性废水	废水（含铅、砷、汞、镉等重金属元素）	废水泄漏垂直入渗	地面下废水收集池	5
	初期雨水处理站	含重金属废水	废水（含铅、砷、汞、镉等重金属元素）	废水泄漏垂直入渗	地面下废水收集池	5
	事故池	废水	废水（含铅、砷、汞、镉等重金属元素）	废水泄漏垂直入渗	地面下废水收集池	5
固体废物堆存区	中和渣场	堆场装卸、存储产生的扬尘	粉尘（含铅、砷、汞、镉等重金属元素）	无组织大气沉降	无组织排放	5
		淋溶产生的废水	废水（含铅、砷、汞、镉等重金属元素）	废水泄漏垂直入渗	地面下废水收集池	5
管线区	废酸、废水运输管道	废水	废水（含铅、砷、汞、镉等重金属元素）	废水泄漏垂直入渗	地面上管线	3
道路运输区	原料、物料运输道路两侧	粉尘	粉尘（含铅、砷、汞、镉等重金属元素）	无组织大气沉降	无组织排放	5
检修区	设备检修场地	废水	废水（含铅、砷、汞、镉等重金属元素）	废水泄漏垂直入渗	地面下废水渗漏	5

场地功能区		重点污染源	污染物	场地污染发生途径	排放源类别（权重0.2）	排放源类别打分/分
生活区	生活污水处理站	生活污水	含 COD、氨氮、TP 等污染物	废水泄漏垂直入渗	管线泄漏	3
	生活垃圾收集站	生活垃圾	—	泄漏	—	2

5.2 重点污染地块的识别

将以上场地的各个因素的权重×得分得出场地的总分。根据场地的得分大小，可以筛选出重点污染区域。采选行业重点污染区域的得分见表 5-16～表 5-18。

表 5-16 铜铅采选企业污染地块得分表

场地功能区		重点污染源	污染物	场地污染发生途径	发生频率	发生频率打分（权重0.2）	是否有措施打分（权重0.2）	排放源属性打分（权重0.4）	排放源类别打分（权重0.2）	得分/分
生产区	采矿工业场地	回风井口采矿废气	粉尘、CO、NO_x	无组织大气沉降	正常生产时持续排放	3	5	2	5	3.4
	选矿工业场地	破碎、筛分、转运废气	粉尘（含铅、砷、汞、镉等重金属元素）	低架源大气沉降	正常生产时持续排放	5	2	5	3	4
废水收集处理区	废水处理站	矿井涌水、选矿废水	废水（含铅、砷、汞、镉等重金属元素）	废水泄漏垂直入渗	正常情况下场地有防渗，事故情况下防渗层破裂，废水下渗	2	5	5	2	3.8
	事故池、废水收集池、回水池等	尾矿库回水事故池、尾砂事故池等废水（含重金属废水）	废水（含铅、砷、汞、等重金属元素）	废水泄漏垂直入渗	正常情况下场地有防渗，事故情况下防渗层破裂，废水下渗	2	5	5	5	4.4

续表

场地功能区		重点污染源	污染物	场地污染发生途径	发生频率	发生频率打分（权重0.2）	是否有措施打分（权重0.2）	排放源属性打分（权重0.4）	排放源类别打分（权重0.2）	得分/分
固体废物存储区	废石场（包括临时堆场）	堆场装卸、存储产生的扬尘	粉尘（含铅、砷、汞、镉等重金属元素）	无组织大气沉降	装卸或者风速大于阈值风速时有扬尘	3	5	5	5	4.6
		废石场淋溶水	废水（含铅、砷、汞、镉等重金属元素）	废水泄漏垂直入渗	一般废石场没有防渗，渗滤液液泄漏	5	5	5	5	5
	尾矿库	尾矿库堆存产生的扬尘	粉尘（含铅、砷、汞、镉等重金属元素）	无组织大气沉降	装卸或者风速大于阈值风速时有扬尘	3	5	5	5	4.6
		尾矿库渗滤液	废水（含铅、砷、汞、镉等重金属元素）	废水泄漏垂直入渗	正常情况下场地形成防渗层，事故情况下废水下渗	2	5	5	5	4.4
管线区		回水管线	废水（含铅、砷、汞、镉等重金属元素）	废水泄漏垂直入渗	正常情况下不排，事故情况下管线破裂，废水下渗	2	5	5	3	4
		尾砂输送管线	废水（含铅、砷、汞、镉等重金属元素）	废水泄漏垂直入渗	正常情况下不排，事故情况下管线破裂，废水下渗	2	5	5	3	4
		物料输送管线	废水、废渣（含铅、砷、汞、镉等重金属元素）	废水泄漏垂直入渗	正常情况下不排，事故情况下管线破裂，废水下渗	2	5	5	3	4

续表

场地功能区	重点污染源	污染物	场地污染发生途径	发生频率	发生频率打分（权重0.2）	是否有措施打分（权重0.2）	排放源属性打分（权重0.4）	排放源类别打分（权重0.2）	得分/分
道路运输区	物料运输区	粉尘(含铅、砷、汞、镉等重金属元素属)	无组织大气沉降	正常情况下不排,事故情况下物料遗撒	2	5	5	5	4.4
检修区	设备检修场地	废水、废渣(含铅、砷、汞、镉等重金属元素属)	废水垂直入渗	正常情况下不排,事故情况下物料遗撒	2	5	5	5	4.4
生活区	生活污水	生活污水	废水垂直入渗	正常情况下不排,事故情况下排放	2	5	2	3	2.8
生活区	生活垃圾	固体废物	泄漏	正常情况下不排,事故情况下排放	2	5	2	3	2.8

表 5-17 铜冶炼企业污染地块得分表

场地功能区		重点污染源	污染物	场地污染发生途径	发生频率打分（权重0.2）	是否有措施打分（权重0.2）	排放源属性打分（权重0.4）	排放源类别打分（权重0.2）	得分/分
生产区	备料区	备料烟囱	粉尘（含铅、砷、汞、镉等重金属元素)	低架源大气沉降	5	2	5	3	4
		无组织废气	粉尘（含铅、砷、汞、镉等重金属元素)	无组织大气沉降	5	2	5	5	4.4
	熔炼区	环集烟囱	粉尘（含铅、砷、汞、镉等重金属元素)	高架源大气沉降	5	2	5	2	3.8
		阳极炉烟囱	粉尘（含铅、砷、汞、镉等重金属元素)	高架源大气沉降	5	2	5	2	3.8
		无组织废气	粉尘（含铅、砷、汞、镉等重金属元素)	无组织大气沉降	5	2	5	5	4.4

续表

场地功能区		重点污染源	污染物	场地污染发生途径	发生频率打分（权重0.2）	是否有措施打分（权重0.2）	排放源属性打分（权重0.4）	排放源类别打分（权重0.2）	得分/分
生产区	制酸区	制酸烟囱	粉尘（含铅、砷、汞、镉等重金属元素）	高架源大气沉降	5	2	5	2	3.8
	电解区	电解槽	废液（含铅、砷、汞、镉等重金属元素）	废水泄漏垂直入渗	2	2	5	5	3.8
	渣选矿区	破碎、筛分废气	粉尘	无组织大气沉降	3	5	2	5	3.4
存储区	原料场	无组织废气	粉尘（含铅、砷、汞、镉等重金属元素）	无组织大气沉降	3	5	5	5	4.6
	渣缓冷场	循环废水	废水	废水泄漏垂直入渗	2	5	2	5	3.2
	酸罐区	硫酸	硫酸物料	废水泄漏垂直入渗	2	5	2	5	3.2
废水收集处理区	污酸处理站	污酸	废水（含铅、砷、汞、镉等重金属元素）	废水泄漏垂直入渗	2	5	5	5	4.4
	污水处理站	酸性废水	废水（含铅、砷、汞、镉等重金属元素）	废水泄漏垂直入渗	2	5	5	5	4.4
	初期雨水处理站	含重金属废水	废水（含铅、砷、汞、镉等重金属元素）	废水泄漏垂直入渗	2	5	5	5	4.4
	事故池	废水	废水（含铅、砷、汞、镉等重金属元素）	废水泄漏垂直入渗	2	5	5	5	4.4
固体废物堆存区	中和渣场	堆场装卸、存储产生的扬尘	粉尘（含铅、砷、汞、镉等重金属元素）	无组织大气沉降	3	5	5	5	4.6
		淋溶产生的废水	废水（含铅、砷、汞、镉等重金属元素）	废水泄漏垂直入渗	2	5	5	5	4.4

续表

场地功能区	重点污染源	污染物	场地污染发生途径	发生频率打分（权重0.2）	是否有措施打分（权重0.2）	排放源属性打分（权重0.4）	排放源类别打分（权重0.2）	得分/分
固体废物堆存区	渣选尾矿堆场	堆场装卸、存储产生的扬尘	粉尘（含铜、铁元素）	无组织大气沉降	3	5	2	5	3.4
		淋溶产生的废水	废水（含铜、铁元素）	废水泄漏垂直入渗	2	5	2	5	3.2
管线区	废酸、废水运输管道	废水	废水（含铅、砷、汞、镉等重金属元素）	废水泄漏垂直入渗	2	5	5	3	4
道路运输区	原料、物料运输道路两侧	粉尘	粉尘（含铅、砷、汞、镉等重金属元素）	无组织大气沉降	2	5	5	5	4.4
检修区	设备检修场地	废水	废水（含铅、砷、汞、镉等重金属元素）	废水泄漏垂直入渗	2	5	5	5	4.4
生活区	生活污水处理站	生活污水	含COD、氨氮、TP等污染物	废水泄漏垂直入渗	2	5	2	3	2.8
	生活垃圾收集站	生活垃圾	—	泄漏	2	5	2	2	2.6

表 5-18 铅冶炼企业污染地块得分表

场地功能区	重点污染源	污染物	场地污染发生途径	发生频率	发生频率打分（权重0.2）	是否有措施打分（权重0.2）	排放源属性打分（权重0.4）	排放源类别打分（权重0.2）	得分/分
生产区	备料区	备料烟囱	粉尘（含铅、砷、汞、镉等重金属元素）	低架源大气沉降	正常生产时持续排放	5	2	5	3	4
		无组织废气	粉尘（含铅、砷、汞、镉等重金属元素）	无组织大气沉降	正常生产时持续排放	5	2	5	5	4.4

场地 功能区		重点 污染源	污染物	场地污 染发生 途径	发生频率	发生频 率打分 （权重 0.2）	是否有 措施打 分（权重 0.2）	排放源 属性打 分（权重 0.4）	排放源 类别打 分（权重 0.2）	得分 /分
生产区	火法冶炼区	环集烟囱	粉尘（含铅、砷、汞、镉等重金属元素）	高架源大气沉降	正常生产时持续排放	5	2	5	2	3.8
		还原炉烟气	粉尘（含铅、砷、汞、镉等重金属元素）	高架源大气沉降	正常生产时持续排放	5	2	5	2	3.8
		烟化炉烟囱	粉尘（含铅、砷、汞、镉等重金属元素）	高架源大气沉降	正常生产时持续排放	5	2	5	2	3.8
		无组织废气	粉尘（含铅、砷、汞、镉等重金属元素）	无组织大气沉降	正常生产时持续排放	5	2	5	5	4.4
	湿法冶炼区	湿法冶炼区域	废水（含铅、砷、汞、镉等重金属元素）	废水泄漏垂直入渗	正常情况下场地有防渗，事故情况下防渗层破裂，废水下渗	2	5	5	5	4.4
	制酸区	制酸烟囱	粉尘（含铅、砷、汞、镉等重金属元素）	高架源大气沉降	正常生产时持续排放	5	2	5	2	3.8
		污酸收集设施	废水（含铅、砷、汞、镉等重金属元素）	废水泄漏垂直入渗	正常情况下场地有防渗，事故情况下防渗层破裂，废水下渗	2	5	5	5	4.4
	电解区	电解槽	废液（含铅、砷、汞、镉等重金属元素）	废水泄漏垂直入渗	电解槽为地面上设施，场地下有防渗，事故情况下防渗层破裂，废水下渗	2	2	5	5	3.8

续表

场地功能区	重点污染源	污染物	场地污染发生途径	发生频率	发生频率打分（权重0.2）	是否有措施打分（权重0.2）	排放源属性打分（权重0.4）	排放源类别打分（权重0.2）	得分/分
存储区	原料场	无组织废气	粉尘（含铅、砷、汞、镉等重金属元素）	无组织大气沉降	风速大于阈值风速时有扬尘	3	5	5	5	4.6
	烟化炉水淬渣场	循环废水	废水	废水泄漏垂直入渗	正常情况下场地有防渗，事故情况下防渗层破裂，废水下渗	2	5	2	5	3.2
	酸罐区	硫酸	硫酸物料	废水泄漏垂直入渗	正常情况下场地有防渗，事故情况下防渗层破裂，废水下渗	2	5	2	5	3.2
废水收集处理区	污酸处理站	污酸	废水（含铅、砷、汞、镉等重金属元素）	废水泄漏垂直入渗	正常情况下场地有防渗，事故情况下防渗层破裂，废水下渗	2	5	5	5	4.4
	污水处理站	酸性废水	废水（含铅、砷、汞、镉等重金属元素）	废水泄漏垂直入渗	正常情况下场地有防渗，事故情况下防渗层破裂，废水下渗	2	5	5	5	4.4
	初期雨水处理站	含重金属废水	废水（含铅、砷、汞、镉等重金属元素）	废水泄漏垂直入渗	正常情况下场地有防渗，事故情况下防渗层破裂，废水下渗	2	5	5	5	4.4
	事故池	废水	废水（含铅、砷、汞、镉等重金属元素）	废水泄漏垂直入渗	正常情况下场地有防渗，事故情况下防渗层破裂，废水下渗	2	5	5	5	4.4

续表

场地功能区		重点污染源	污染物	场地污染发生途径	发生频率	发生频率打分（权重0.2）	是否有措施打分（权重0.2）	排放源属性打分（权重0.4）	排放源类别打分（权重0.2）	得分/分
固体废物堆存区	中和渣场	堆场装卸、存储产生的扬尘	粉尘（含铅、砷、汞、镉等重金属元素）	无组织大气沉降	风速大于阈值风速时有扬尘	3	5	5	5	4.6
		淋溶产生的废水	废水（含铅、砷、汞、镉等重金属元素）	废水泄漏垂直入渗	正常情况下场地有防渗，事故情况下防渗层破裂，废水下渗	2	5	5	5	4.4
管线区	废酸、废水运输管道	废水	废水（含铅、砷、汞、镉等重金属元素）	废水泄漏垂直入渗	正常情况下不排，事故情况下管线破裂，废水下渗	2	5	5	3	4
道路运输区	原料、物料运输道路两侧	粉尘	粉尘（含铅、砷、汞、镉等重金属元素）	无组织大气沉降	正常情况下不排，事故情况下物料遗撒	2	5	5	5	4.4
检修区	设备检修场地	废水	废水（含铅、砷、汞、镉等重金属元素）	废水泄漏垂直入渗	正常情况下不排，事故情况下物料遗撒	2	5	5	5	4.4
生活区	生活污水处理站	生活污水	含 COD、氨氮、TP 等污染物	废水泄漏垂直入渗	正常情况下不排，事故情况下排放	2	5	2	3	2.8
	生活垃圾收集站	生活垃圾	—	泄漏	正常情况下不排，事故情况下排放	2	5	2	2	2.6

从表中可以看出采选行业排在第一梯位的重点污染区域有废石场、尾矿库、事故池、废水收集池、回水池等池子、物料运输道路区、检修区等，得分在 4.1 分

以上；排在第二梯位的污染区域有选矿工业场地、废水处理站、回水管线区、尾砂输送管线以及物料输送区域，得分在 3.8～4.1 分之间。

铜冶炼行业排在第一梯位的重点污染区域有备料区、原料堆场区、熔炼区、废水收集处理、中和渣场、物料运输道路两侧、检修区等，得分在 4.1 分以上；排在第二梯位的污染区域有制酸区、电解区以及管线区，得分在 3.8～4.1 分之间。

铅冶炼行业排在第一梯位的重点污染区域有备料区、原料堆场区、火法冶炼区、湿法冶炼区、废水收集治理区、中和渣场、物料运输道路两侧、检修区等，得分在 4.1 分以上；排在第二梯位的污染区域有制酸区、电解区以及管线区，得分在 3.8～4.1 分之间。

5.3 场地重点污染地块识别案例验证

5.3.1 铜冶炼企业场地污染地块调查

5.3.1.1 场地基本情况

该场地占地面积 1530 亩，场地内历史生产工程包括铜冶炼和铜渣浮选工程。具体生产情况和污染物排放情况见表 5-19。

表 5-19　场地历史生产与污染物排放情况

企业名称	北方某铜冶炼公司
建设时间	2006 年建厂，2019 年 9 月底停产关闭
生产规模	12.5 万吨/年高纯阴极铜、54.7 万吨/年硫酸，炼铜渣综合回收利用 33 万吨/年
生产工艺	以混合铜精矿为原料，采用熔炼炉熔炉—双炉粗铜连续吹炼炉吹炼—阳极炉精炼—电解工艺技术生产阴极铜，制酸采用预转化＋两转两吸制酸工艺。铜渣浮选工程包括吹炼渣生产线浮选和熔炼渣生产线浮选
废气排放源	有组织排放废气主要为转运废气、制酸烟气排放、精炼烟气排放、电积脱砷和蒸发浓缩两个工段随蒸汽挥发出的有组织排放的硫酸雾气体。无组织废气主要有熔炼厂房无组织粉尘排放，电解厂房产生的硫酸雾以及渣选矿厂破碎车间粉尘、渣选矿堆场粉尘、中和渣场粉尘等
废水排放源	酸性废水排至废水处理站采用三级石灰中和＋铁盐法处理工艺处理后全部回用，煤气发生炉产生含酚冷凝废水通过换热器而转成为生产蒸汽，作为煤气炉汽化剂使用，清净下水部分回用于堆场洒水抑尘，部分与经过预处理的生活污水合并通过园区污水管网排入城镇污水处理厂
固体废物排放源	最终固体废物为熔炼炉渣、白烟灰、渣选车间尾矿、中和渣、废耐火砖、废催化剂、煤气发生炉煤灰渣、煤气发生炉煤焦油等。包括 3 个一般固体废物临时堆场，分别为堆存水淬渣、渣选尾矿及煤渣场；3 个危险废物临时堆场，分别为阳极泥库房、烟灰库及封闭的煤气发生炉煤焦油池；1 个中和渣库（永久堆存）

5.3.1.2 场地污染调查

针对厂区内不同功能区的土壤在 2019 年 9 月 19 日至 2020 年 4 月 1 日进行了取样调查，前后采样 4 次，共采集样品 505 个。根据不同功能区场地污染情况，在 0～0.2m、0.2～0.5m、0.5～1.0m、1.0～2.0m、2.0～3.0m、3～6m 不同深度、不同功能区采样布点，具体见表 5-20。

表 5-20　场地调查工作量统计

样本类型	样品采集数量/个	样品检测数量/个
土壤	505	505

其中土壤的调查结果如表 5-21、表 5-22 所列。

表 5-21　场地内裸露土壤重金属调查结果

项目		砷	汞	镍	铅	镉	铜	锌	铬	六价铬
最大值/(mg/kg)		1150	0.198	940	2108	15.1	23498	1567	346	未检出
最小值/(mg/kg)		2.35	0.006	9.2	7.48	未检出	12.2	未检出	未检出	未检出
平均值/(mg/kg)		44.98	2.30	95.12	155.25	1.90	557.66	139.39	139.10	44.98
建设用地一类用地筛选值	标准/(mg/kg)	20	8	150	400	20	2000	—	—	3.0
	超标个数/个	208	0	33	13	0	11	0	0	0
	超标率/%	48.37	0.00	19.19	7.60	0.00	6.40	0.00	0.00	0.00
	最大超标倍数/倍	56.5	0	5.27	4.27	0	10.75	0	0	0
建设用地一类用地管制值	标准/(mg/kg)	120	33	600	800	47	8000	—	—	30
	超标个数/个	57	0	29	5	0	1	0	0	0
	超标率/%	13.26	0.00	16.86	2.92	0.00	0.58	0.00	0.00	0.00
	最大超标倍数/倍	8.58	0	0.57	1.64	0	1.94	0	0	0

表 5-22　场地内重点区域水泥地面以下土壤重金属调查结果

项目	砷	铜
最大值/(mg/kg)	1210	866
最小值/(mg/kg)	2.93	32.2
平均值/(mg/kg)	177.99	272.52

项目		砷	铜
建设用地一类用地筛选值	标准/(mg/kg)	20	2000
	超标个数/个	6	0
	超标率/%	40	0.00
	最大超标倍数/倍	59.5	0
建设用地一类用地管制值	标准/(mg/kg)	120	8000
	超标个数/个	3	0
	超标率/%	20	0.00
	最大超标倍数/倍	9.08	0

监测结果表明：

① 场地内裸露土壤中砷、铅、镍和铜存在超过《土壤环境质量　建设用地土壤污染风险管控标准（试行）》（GB 36600—2018）中表 1 一类建设用地筛选值和管制值标准的现象，砷的超标尤为严重，管制值最大超标倍数为 8.58；

② 场地内重点区域水泥地面以下土壤中砷存在超过《土壤环境质量　建设用地土壤污染风险管控标准（试行）》（GB 36600—2018）中表 1 一类建设用地筛选值和管制值标准的现象；

③ 场地内有机物监测结果均满足《土壤环境质量　建设用地土壤污染风险管控标准（试行）》（GB 36600—2018）中表 1 一类建设用地标准限制；

④ 场地内及下游地下水中除总硬度、溶解性总固体和硫酸盐外，其他监测因子包括重金属在内均达到《地下水质量标准》（GB/T 14848—2017）Ⅲ类水质的要求。

5.3.1.3　场地污染时空分布特征

通过分析可知：

① 从垂向空间分布图 5-1 可知，场地内裸露区除汞和铅之外，砷、镍、镉、铜、锌、铬的浓度随深度增加而减小。其中砷的污染深度可达到 6m、0～0.5m、0.5～1.5m、1.5～3.0m 和 3.0～6.0m，土壤中砷均超过《土壤环境质量　建设用地土壤污染风险管控标准（试行）》（GB 36600—2018）中表 1 建设用地一类用地的筛选值和管制值；镍、铅、铜的污染深度可达到 1.5m、0～0.5m、0.5～1.5m，土壤中镍均超过《土壤环境质量　建设用地土壤污染风险管控标准（试行）》（GB 36600—2018）中表 1 建设用地一类用地的筛选值和管制值，铅和铜仅超过《土壤环境质量　建设用地土壤污染风险管控标准（试行）》（GB 36600—2018）中表 1 建设用地的筛选值，未超管制值。同时也可以看出，重金属有向下迁移的趋势。

② 从水平空间分布来看，超过《土壤环境质量　建设用地土壤污染风险管控

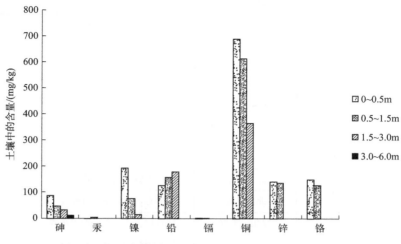

图 5-1　场地内裸露区土壤重金属含量随深度变化情况

标准（试行）》（GB 36600—2018）中建设用地一类用地的筛选值的区域主要集中在办公生活区绿化带、化验室东侧裸露地、原料场周边裸露地、质检中心北侧裸露地、熔炼车间周边裸露地、制酸车间南侧裸露地、渣缓冷区域裸露地、硅白石破碎车间北侧裸露地、渣选矿北侧内裸露地、中和渣场下游裸露地、酸罐区南侧空地，其中除办公生活区绿化带外，其他区域重金属均超过《土壤环境质量　建设用地土壤污染风险管控标准（试行）》（GB 36600—2018）中建设用地一类用地的管制值。尤其是原料场周边裸露地、熔炼车间周边裸露地、制酸车间南侧裸露地的超标较为严重。

针对污水处理站、熔炼厂房、原料场和制酸车间等重点区域水泥地面以下的土壤进行进一步的分析，发现重点区域水泥地面以下土壤中的砷超过了《土壤环境质量　建设用地土壤污染风险管控标准（试行）》（GB 36600—2018）中建设用地一类用地的筛选值，污水处理站和制酸车间水泥地面以下土壤中的砷同时超过了《土壤环境质量　建设用地土壤污染风险管控标准（试行）》（GB 36600—2018）中建设用地一类用地的管制值。

③ 通过收集资料，2005 年（建厂前）场地内表层土壤中镉、砷、铜、铅的含量分别为 0.37mg/kg、5.82mg/kg、26.8mg/kg 和 59.1mg/kg，均未超过《土壤环境质量　建设用地土壤污染风险管控标准（试行）》（GB 36600—2018）中建设用地一类用地的筛选值和管制值。可见，建厂前土壤不存在超标的情况，建厂后土壤中各种金属含量都随时间明显增加，14 年间砷和铜的增长倍数高达 14 倍和 25 倍，且污染深度能达到 6m，土壤污染具有明显的累积性。

5.3.1.4　场地污染发生特征

通过人员走访调查，可知各功能区调查范围内场地使用情况见表 5-23。

表 5-23 各功能区调查范围内场地使用情况

功能分区	名称	调查范围	调查范围内土壤使用情况
生活区	办公区、食堂	绿化区土壤	紧邻熔炼厂房
	职工宿舍		
	电解办公区		
	制氧站、仓库		
	电解办公室		
	厂区门口花园		
生产区	化验室	北侧空地	生产期间烟气管道检修
	质检中心	北侧空地	上方有污酸运输管道经过
	熔炼厂房	绿化区土壤	熔炼厂房含重金属烟尘逸散
	制酸车间	南侧空地	紧邻上料车间,上料车间有大量含重金属尘逸散
	原料堆场区	北侧空地	原料堆场的扬尘以及早期危废临时堆场(白烟尘存贮场)扬尘
		南侧空地	
	酸罐区	南侧空地	4 个 3260m³ (6000t) 的酸罐,2 个 1200m³ (2000t) 的酸罐,存贮能力 2.8×10⁴t
	渣缓冷场	绿化区土壤	存在水淬渣的遗撒现象
	硅白石破碎车间	东北侧空地	历史上曾堆存部分水淬渣,后期覆土填埋
	水泥搅拌站	周围空地	只存在水泥搅拌,不涉及重金属物料
	渣选矿车间	北侧空地	为渣选尾矿的汽车运输区
渣库存贮区	中和渣场	下游空地	堆存中和渣 $3.0×10^5 m^3$ 左右,中和渣为危险废物,主要污染因子为砷。渣库建设时在库底以及库侧均铺设了土工膜,表面铺设了防尘网,部分已复垦,目前正在实施闭库封场

各功能区场地污染情况见表 5-24。

表 5-24 各功能区场地污染情况

功能分区	建设用地一类用地筛选值超标倍数				建设用地一类用地管制值超标倍数			
	As	Ni	Pb	Cu	As	Ni	Pb	Cu
生活区	1.15	×	×	×	×	×	×	×
化验室	41.8	5.27	0.87	0.11	6.13	0.57	×	×
质检中心	18.35	×	×	×	2.23	×	×	×
熔炼厂房	16.3	×	1.75	1.15	1.88	×	×	×
制酸车间	56.5	×	4.27	10.75	8.58	×	1.64	1.94
原料堆场区	47.85	×	0.52	0.90	7.14	×	×	×
酸罐区	7.16	3.74	0.27	×	0.36	0.19	×	×

续表

功能分区	建设用地一类用地筛选值超标倍数				建设用地一类用地管制值超标倍数			
	As	Ni	Pb	Cu	As	Ni	Pb	Cu
渣缓冷场	11.1	4.28	×	×	1.02	0.32	×	×
硅白石破碎车间	18.35	×	0.58	2.27	2.23	×	×	×
水泥搅拌站	×	3.93	×	×	×	0.23	×	×
渣选矿车间	8.85	3.96	×	0.10	0.64	0.24	×	×
中和渣场下游	2.27	3.31	×	×	×	0.08	×	×
污水处理站水泥地面下	15.70	/	/	/	1.78	/	/	/
熔炼厂房水泥地面下	0.28	×	×	×	×	×	×	×
原料场水泥地面下	2.68	×	×	×	×	×	×	×
制酸车间污酸积液池水泥地面下	59.5	/	/	/	9.08	/	/	/

注：表中"×"表示未超标；"/"表示未检测。

将表 5-23 与表 5-24 结合进行分析可知：

① 该场地土壤的特征污染物为砷、镍、铅、铜，其中砷污染在全场地内普遍存在，镍污染仅存在于个别场地，可能与背景值偏高有关。通过收集北方其他在产铜冶炼场地内的土壤调查统计数据（As 8.1～57.6mg/kg，Hg 0.02～2.15mg/kg，Cd 0.15～18.6mg/kg，Cu 10.8～586mg/kg，Pb 17～352mg/kg，Cr 48～63mg/kg，Ni 11～42mg/kg）可知，砷污染在铜冶炼场地土壤中普遍存在，其他重金属虽高于背景值，但不一定超过《土壤环境质量　建设用地土壤污染风险管控标准（试行）》（GB 36600—2018）中建设用地一类用地的筛选值和管制值。

② 场地土壤的污染与地面废气、废水和固体废物的排放有关。

Ⅰ.场地内无组织排放的含重金属烟尘会以大气沉降的方式污染土壤。例如，熔炼车间有较多无组织含重金属烟尘的排放，因此周围绿化带的土壤出现了砷、铅和铜的超标，但是在熔炼车间外除尘区域的硬化区域进行取样调查，并未发现土壤超标的情况。说明地面硬化能较好地阻止土壤的污染。铜冶炼厂原料均进库存放，但是原料运输在进库以及露头堆放时，受周围风的影响，会造成原料的无组织排放，从而造成原料库周围土壤的超标。汽车运输造成的遗撒导致原料、物料运输道路两侧的重金属超标。中和渣场在采取了严格的防渗、防尘措施后，其周围土壤没有重金属污染。但在渣的运输道路上，由于原料逸散，导致土壤超标。

Ⅱ.场地内废水收集池和废水输送管道下可能以垂直入渗的方式污染土壤。例如，制酸车间污酸积液池在早期建设不规范，可能有水泥地面破损的情况，因此导致水泥地面以下土壤存在砷污染的情况，且超标严重。污酸污水处理站一般会进行地面硬化处理，但根据本次调查结果，硬化地面下的土壤也出现超标现象。这与污酸污水处理站的"跑、冒、滴、漏"和防渗膜破损有很大关系。质检中心北侧空地上方有污酸输送管道，可能是污酸输送管道的"跑、冒、滴、漏"造成下方土壤出现砷超标。

Ⅲ. 场地内露天堆存的固废可能在降水的作用下淋溶出来以垂直入渗的方式污染土壤。例如，设备检修时，特别是烟道清理时的场地位于裸露地面，没有经过水泥硬化处理，根据调查得知这部分土壤砷超标严重。渣缓冷场裸露地由于早期的裸露，出现原料逸散造成的土壤超标。水淬渣场由于不规范堆放，造成周围土壤超标。而中和渣场因防渗措施严格，没有出现明显的土壤和地下水污染。

5.3.2 铅冶炼企业场地污染地块调查

5.3.2.1 场地基本情况

该企业现有总占地面积为 $1.375km^2$，场地内现有 $1.0×10^5 t/a$ 铅冶炼生产线、$1.0×10^5 t/a$ 锌冶炼生产线、冶炼工程水运码头项目和 $2.0×10^5 t/a$ 铅锌冶炼综合回收等生产线，形成年产 $1.0×10^5 t$ 电铅、年产 $1.0×10^5 t$ 电锌和年处理 $2.0×10^5 t$ 铅锌冶炼综合回收生产规模。具体历史生产和污染物排放情况见表 5-25。

表 5-25　场地历史生产与污染物排放情况

企业名称	南方某铅锌冶炼厂
建设时间	2016 年
生产规模	10 万吨/年电铅、10 万吨/年锌锭，铅锌冶炼综合回收 20 万吨/年
生产工艺	铅冶炼采用基夫赛特炉直接炼铅工艺，锌冶炼项目采用常规湿法炼锌工艺，综合回收包括铅阳极泥洗涤过滤及贵金属回收，贵金属回收主要考虑金、银的回收，包括火法粗炼、银电解精炼两大部分
废气排放源	有组织排放废气主要为铅冶炼系统基夫赛特炉环境集烟烟气、制酸尾气等，锌冶炼系统沸腾炉环境集烟等，综合回收系统贵铅炉、分银炉烟气、银电解的造液废气、铟回收含酸废气、镉回收工序废气等。无组织废气主要有精矿仓及配料、铅系统熔炼、铅电解车间、锌浸出及净化、贵金属回收车间无组织粉尘排放等
废水排放源	污酸废水进入污水处理站经过硫化＋石膏＋中和工序进行处理；一般工业废水进入污水处理站，同污水处理站的硫化工艺处理后液一起，进入石膏＋中和工序进行处理；清净下水不进污水处理站，直接在厂区东北角经过生物制剂＋碱液＋PAM 进行处理。三股废水经处理后，汇入厂区东北侧的废水沉淀池，经调节 pH 值后达到《铅、锌工业污染物排放标准》（GB 25466—2010）中表 2 要求后，外排长江
固废排放源	最终固废为主要有水淬渣、酸泥、硫化砷渣、石膏渣、镉回收铜渣、贵铅炉除尘、废油、废涂料桶及生活垃圾等。包括 1 座中和渣库、1 座烟化炉渣库、1 座硫化砷渣库、1 座铜渣库和 1 座废油库房

5.3.2.2 场地污染调查

根据场地内污染源的分布情况以及《土壤环境监测技术规范》（HJT 166—2004）、《北京场地环境评价导则》（DB11/T 656—2009）、《场地环境调查技术导则》（HJ 25.1—2014）、《场地环境评价导则》（DB11/T 656—2009）等技术规范规定及要求，土壤监测点位布设按照"系统布点＋专业判断"相结合的原则进行布设，生产区网格大小选用 120m×120m，网格内采样点位根据现场生产装置、储罐、污水处理站及固体废物或危险品仓库等实际情况而定，若网格内为冷冻/冷却水及配电等公用工程一般污染，或者为绿化地等基本无污染时，网格可以适当合并，采样点数量可以减少，选择南、北面厂界未动扰地块作为土壤对照监测点。结合场地污染分布情况，共布置 28 个土壤监测点、2 个背景土壤背景对照点。

土壤样品中存在砷、镍、铅、镉超过《土壤环境质量　建设用地土壤污染风险管控标准（试行）》（GB 36600—2018）中一类建设用地筛选值的情况，超标率分别为 37.86％、0.71％、3.57％、2.86％，其中砷和铅同时超过《土壤环境质量　建设用地土壤污染风险管控标准（试行）》（GB 36600—2018）中一类建设用地管制值，超标率分别为 1.43％和 2.86％，最大超标倍数分别为 1.49 倍和 1.86倍（见表 5-26）。

表 5-26　场地内土壤重金属调查结果

项目		砷	汞	镍	铅	镉	铜	六价铬
最大值/(mg/kg)		179	2.36	157	$1.49×10^3$	45.6	160	ND
最小值/(mg/kg)		3.61	0.075	9	3	0.14	8	ND
平均值/(mg/kg)		19.49	0.70	39.96	77.13	4.22	36.01	ND
建设用地一类用地筛选值	标准/(mg/kg)	20	8	150	400	20	2000	3
	超标个数/个	53	0	1	5	4	0	0
	超标率/%	37.86	0.00	0.71	3.57	2.86	0.00	0.00
	最大超标倍数/倍	8.95	0	1.05	3.73	2.28	0	0
建设用地一类用地管制值	标准/(mg/kg)	120	33	600	800	47	8000	30
	超标个数/个	2	0	0	4	0	0	0
	超标率/%	1.43	0.00	0.00	2.86	0.00	0.00	0.00
	最大超标倍数/倍	1.49	0	0	1.86	0	0	0

注："ND"表示未检出。

与背景值相比，镉、铜、砷、铅、汞以及镍均有富集。铅的富集倍数最大，其次为镉，之后为砷。

5.3.2.3　场地污染发生特征

总的来说，超标区域主要集中在原料堆场旁、渣场旁、生产车间-沸腾焙烧炉车间、锌镉砂、氧化锌、高酸浸出车间、铅电解车间、铅混合料干燥、球磨工序旁、稀贵金属车间等车间外。分析超标原因，主要因为车间大气无组织排放造成，或者空间上部存在有大流量物料输送管道，点位附近分别为铅电解生产工序、沸腾焙烧炉，污染源较多，日常生产过程中设备及容器密封不当时，出现了"跑、冒、滴、漏"等现象，且无法全部有效收集处理，造成土壤污染；以及在检维修过程中，管道及设备设施清理置换时，未及时做好物料收集处理，物料散落地面，造成污染，以及其他各种导致污染物进入地表，地表污染物本身向土壤迁移，随地表水、地下水流经向周边土壤迁移，导致土壤污染。

5.3.3 南方典型铅锌采矿废石堆存场地调查

5.3.3.1 场地基本情况

本次调查的南方某铅锌矿发现于 1958 年，1963 年建矿，为县办矿山，是一个已有 60 多年开采历史的老矿山。

矿山采用平硐开拓，采矿方法为浅孔溜矿法。坑内采用矿用拖拉机运输矿岩，各中段矿石经矿用拖拉机运出各平窿口简易矿仓，用索道将矿石提升或下放至矿山公路附近的矿仓，用汽车运至公司下属的选矿厂。

该铅锌矿矿区为老厂矿区，脉带矿体共 6 条，分别为 1#、11#、16#、21#、31#、32# 脉带，经 60 余年的开采，现已采完的矿体有 11# 脉带矿体，1#、16#、31# 脉带矿体大部已采完。此次研究的场地是铅锌矿矿区 31# 脉，该区域存在历史遗留的多处盗采巷道及设施。

现场调查发现，该区矿石开采过程中产生的废石集中堆放在各平窿口附近设置的废石场。沉淀池和污水处理站所积污泥，主要是含重金属废矿渣，部分沉积在沉淀池内未及时清理。整治前，历史遗留废石堆场废石基本堆放于窿口附近。由于 31# 脉冲沟或山沟地形多较陡峭，沿沟地形坡度一般为 15°～45°，两侧坡度一般为 35°～55°，沿冲沟分段呈阶梯状设置拦石坝拦挡块石碎石流失。崩山矿区 31# 脉历史遗留废石堆场设置了 4#、6#、7# 拦石坝，但拦挡设施效果不佳。此外，建设了 2# 污水处理站，但现场踏勘发现未有效运行，且废石堆场淋溶水等废水收集措施不完善。

5.3.3.2 场地污染调查

采集 6 个地表水样品；19 个土壤点位，20 个土壤样品；布设 8 个水文孔钻探监测点位和 1 个背景山泉水采样点，共采集 7 个地下水样品（其中 2 个点未见地下水）。

（1）地表水检测结果

废石堆场上游沟谷地表径流检测点 W05 处，pH 值未达到《地表水环境质量标准》（GB 3838—2002）Ⅲ类标准限值，超标倍数为 0.51 倍；且与下游检测点位对比，偏酸性最高。

废石堆场下游地表水检测点存在 pH 值、锌、镉超标，表明对下游地表水造成一定污染。其中 W01（历史遗留废石堆场下游 150m）、W02（历史遗留废石堆场下游 200m）、W03（历史遗留废石堆场下游 500m）pH 值未达到《地表水环境质量标准》（GB 3838—2002）Ⅲ 类标准限值；W01（历史遗留废石堆场下游 150m）、W02（历史遗留废石堆场下游 200m）、W03（历史遗留废石堆场下游 500m）、W04（历史遗留废石堆场下游 1000m）锌、镉未达到《地表水环境质量标准》（GB 3838—2002）Ⅲ 类标准限值；W05（历史遗留废石堆场下游 2.5km）镉未达到《地表水环境质量标准》（GB 3838—2002）Ⅲ 类标准限值；pH 值、锌、镉最大超标倍数分别为 0.27 倍、44 倍和 47.6 倍，主要集中在历史遗留废石堆场下游 150～200m。且随距离增加，浓度呈逐渐降低趋势。

地表水超标主要是早期盗采等矿山生产活动矿井涌水未经任何处理自然排放，后整改建设 2# 污水处理站，但调查阶段 2# 污水处理站未运行，导致淋溶水重金属含量较高，且迁移至下游沟谷内；且由于历史遗留废石堆场内废石和低品位矿石等不规范堆存影响，未建设完善的截排洪设施，降雨等持续淋溶等。

（2）土壤监测结果

土壤监测结果显示，铅、镉、砷、汞均有超过《土壤环境质量　建设用地土壤污染风险管控标准（试行）》（GB 36600—2018）中表 1 一类建设用地筛选值标准的现象，超标率分别为 83.33%、22.22%、83.33% 和 16.67%，其中铅、镉、砷同时超过《土壤环境质量　建设用地土壤污染风险管控标准（试行）》（GB 36600—2018）中表 1 一类建设用地管制值标准，超标率分别为 72.22%、11.11% 和 22.22%，最大超标倍数达 24.25 倍、5.31 倍和 2.32 倍。距离场地较远的地方土壤未见超标。锌的监测值为 40.7～44400mg/kg，平均值为 5230mg/kg。

通过与背景值比较，发现该场地废石场对场地中的元素镍、铬、铅、锌、镉、铜、砷、汞均有贡献，而贡献最明显的元素为铅、锌、镉、砷、铜和汞。从贡献程度来讲，镉的影响最大，富集倍数为 2050 倍；其次为锌，富集倍数为 418.079 倍，再次为铅 94.84 倍，后面依次为汞、铜、砷。废石场对土壤中影响最明显的元素为镉、锌、铅和砷。

（3）地下水监测结果

地下水监测结果显示，历史遗留废石堆场地块内地下水监测点 GW1、GW5、GW6 处，锌、镉、镍未达到《地下水质量标准》（GB/T 14848—2017）Ⅲ 类标准要求，最大超标倍数分别为 15.4 倍、1.82 倍、2.9 倍。地下水环境质量超标主要是由于受原生产过程中工业固体废物废石和低品位矿石不规范堆存影响，且堆场堆存未采取有效的硬化防渗等措施。

5.3.3.3　场地污染发生特征

对于一个生产多年的铅锌采矿场地，采矿过程中产生的废石、矿石露头堆放的时候，如果不采取有效的防控措施，包括建设规范的废石场、淋溶液收集装置清污分流设施，有效收集废石淋溶液，将会对周围的地表水、地下水、土壤造成严重的影响。

分析超标原因：矿石类型主要为硫化矿，在空气、降雨和细菌的作用下，围岩中的硫化物被氧化可能会使淋浸水水质酸化，在长期的酸浸条件下废石中的重金属易于溶出，从而导致废石淋溶液中重金属超标，淋溶液进入地表水体，造成地表水超标，地表水和地下水互相补给，造成地下水超标，水所流经的土壤，造成重金属在土壤中的吸附，进而造成土壤超标。

通过以上案例调查结果分析：重点污染区域与识别出的行业重点污染区域一致。

第6章

铜铅采选、冶炼行业场地污染的关键影响因素

6.1 宏观层面次行业技术政策的影响

我国的环境污染防治工作起步于20世纪80年代，随着社会的进步和工业的不断发展，国家逐步完善了环境保护法律、法规、标准体系和相应的污染防治技术措施。根据不同时期国家环境保护方针政策，国家对有色冶炼行业的污染防治要求大致可以划分如下。

（1）1950～1979年：我国基础工业起步和发展阶段

国家没有对环境保护工作制订法律、法规和提出管控要求，在这个时期建设的铜铅冶炼厂冶炼技术处于相对落后状态，同时也没有建设与主体工程配套的环境保护设施，废水、废气基本上属于直排状态。因此，这个时期建设的铜冶炼和铅冶炼厂污染特别严重。

（2）1980～2000年：我国环境保护工作起步和不断发展阶段

国家制定了比较完善的环境保护法律、法规、标准体系。在这个时期我国引进国外先进技术建设了大量冶炼厂，冶炼技术得到了显著提升，按建设项目"三同时"管理要求，建设项目主体工程配套建设了相应的环境保护设施，废水、废气、固体废物得到治理，铜铅冶炼废气排放主要执行《工业炉窑大气污染物排放标准》（GB9078—1996）。这个时期建设的铜冶炼厂污染物基本实现达标排放。

（3）2001～2009年：国家进一步完善了环境保护法律、法规、标准体系

冶炼技术通过引进消化吸收和企业自主创新，很多先进冶炼技术得到了实际应用，同时国家通过产业政策强制淘汰了落后产能，推进污染治理和污染物总量减排。这个时期建设的铜冶炼厂污染物实现了稳定达标排放。

（4）2010～2020年：国家推进清洁生产和生态文明建设阶段

我国的冶炼技术进入世界最先进的技术行列，环境保护部（现生态环境部）2010年发布了《铜、镍、钴工业污染物排放标准》（GB 25467—2010）、《铅、锌工业污染物排放标准》（GB 25466—2010）；2013年发布了《铜、镍、钴工业污染物排放标准》（GB 25467—2010）修改单、《铅、锌工业污染物排放标准》（GB 25466—2010）修改单，污染物排放标准要求显著提升，主要污染物排放总量进一步降低。这个时期建设的铜冶炼厂污染物实现了稳定达标排放，部分铜冶炼厂污染物实现了超低排放。

6.1.1 不同行业技术政策下的土壤污染特征

6.1.1.1 传统铜铅行业企业土壤污染状况

云南某铜冶炼厂是一座设计年产能 6.0×10^4 t 电解铜的大型有色金属冶炼厂，采用电炉熔炼工艺。该厂 1958 年熔炼系统建成投产；1974 年建成回收废气中二氧化硫的硫酸车间。

根据文献《铜冶炼厂废气对土壤环境污染现状评价》，厂区内共有废气排放点 45 个，除 2 个点为无组织排放外其余均为有组织排放。由于废气回收、净化效率较低，厂区内 5 个点自然沉降量平均为 $112t/(km^2 \cdot 月)$，为对照区的 11.7 倍，最高可达 $290t/(km^2 \cdot 月)$，主要烟尘中含有多种重金属。

1984 年对厂区周边土壤的重金属含量值见表 6-1。

表 6-1　云南某铜冶炼厂周边土壤重金属含量　　　　单位：mg/kg

检测元素	采样点与厂区距离及方位/m	检测结果								
		东	东南	南	西南	西	西北	北	东北	统计值
砷	50	68.4	31.7	27.1	42.9	56.3	51.9	49.1	52.6	27.1~68.4
	100	8.4	26.1	130.3	49.4	31	31.9	42.5	69.4	8.4~130.3
	300	12.5	21.1	17.7	36.7	43.3	19.9	23.9	44.4	12.5~44.4
	500	14.2	4.4	21.7	10.2	11.7	97.9	35.4	4.1	4.1~97.9
	1000	12.7	4.8	11.9	9.4	9.4	20.8	31.8	28.1	4.8~31.8
	2000	7.5	6.1	2.5	11.3	10.2	31.6	9.4	38.3	2.5~38.3
	3000	18.7	33.8	13.5	9.0	12.5	27.4	29.2	18.7	9~33.8
铅	50	10.6	1.5	1.4	2.6	3.8	3.3	3.8	4.0	1.4~10.6
	100	0.6	1.9	3.6	1.3	1.5	1.6	3.2	6.1	0.6~6.1
	300	3.4	0.6	1.9	1.7	1.1	1.5	1.7	2.6	0.6~3.4
	500	0.8	2.5	9.8	0.6	0.6	2.4	2.4	0.7	0.6~9.8
	1000	2.6	0.3	9.3	0.9	0.4	10.4	1.8	1.7	0.3~10.4
	2000	1.1	0.3	9.4			1.6	0.4	1.0	0.3~9.4
	3000	5.5	1.7	5.5	0.6	0.9	1.9	1.1	1.1	0.6~5.5
镉	50	0.64	0.19	0.07	0.17	0.07	0.09	0.23	0.15	0.07~0.64
	100	0.06	0.07	0.44	0.18	0.16	0.05	0.06	0.16	0.05~0.44
	300	0.04	0.04	0.06	0.15	0.1	0.03	0.05	0.13	0.03~0.15
	500	0.06	0.03	0.04	0.04	0.05	0.07	0.06	0.03	0.03~0.07
	1000	0.04	0.03	0.03	0.05	0.03	0.04	0.08	0.07	0.03~0.08
	2000	0.02	0.03	0.04		0.03	0.04	0.01	0.10	0.01~0.10
	3000	0.04	0.04	0.03	0.03	0.04	0.01	0.01	0.06	0.01~0.06

从 1958 年建厂投运到 1984 年土壤检测企业生产运行时间约为 26 年，根据企业建设情况及对表 6-1 检测结果进行分析，结论如下。

① 根据生态环境部 2018 年发布的《土壤环境质量　农用地土壤污染风险管控标准（试行）》（GB 15618—2018），取其农用地土壤污染风险筛选值（最严值）为砷 20mg/kg、铅 70mg/kg、镉 0.3mg/kg，周边土壤检测结果与标准筛选值进行比较，其土壤中砷和镉有超标情况，砷最高值为 130.3mg/kg 超标 6.5 倍、超标距离达到 3km，镉最高值为 0.64mg/kg 超标 2.1 倍、超标距离 100m 左右，铅没有超标并且占标率较低。

② 该厂废气对土壤的污染主要是受距离污染源 100m 以内无组织及超低空排放、40～60m 高度的烟囱排放和 120m 高度烟囱排放的影响，呈现 3 个浓度递降、污染范围递增的污染峰。主导风向下风向侧污染最严重的，烟尘排放高度越低（尤其是无组织排放），污染越严重，污染范围相对较小；排放高度越高，污染相对较轻，但污染范围扩大。

③ 废气排放对土壤造成污染的根本原因，是建厂初期（1958～1974 年）熔炼系统炉窑废气没有制酸配套设施处于直排状态，同时受当时冶炼技术和环保治理技术条件限制基本没有废气处理设施导致废气无组织低空排放。

根据《铜冶炼厂废水对土壤环境污染现状评价》，云南某铜冶炼厂废水未经处理，直接排入厂外小河灌渠，最终流入滇池。沿小河灌渠 7000 亩水田中约 4000 亩直接引灌污水，使稻田土壤受到污染。1980 年以后，灌渠实行清污分流，继而建立废水处理站，对灌渠的污染大大减轻。

1984 年在排污河的上、中游 5 个生产队，各选一块污灌水田，按进水口、田中、出水口的位置，分别取表层样和柱状样，并将距排污河 1000m 从未引灌污水的相同土壤的水田作为对照土壤样品，检测结果见表 6-2、表 6-3。

表 6-2　云南某冶炼厂周边水田表层土壤的重金属含量　单位：mg/kg

检测元素	污染点样品			对照点样品		
	样数	范围	均值±标准差	样数	范围	均值±标准差
砷	15	61.1～341	175±116	3	10.7～13.2	12.3±1.37
铅	15	4.98～78.6	28.3±26.2	3	1.32～1.64	1.46±0.17
镉	15	0.414～4.31	1.346±1.070	3	0.016～0.017	0.017±0.001

表 6-3　云南某冶炼厂周边水田柱状土壤样品的重金属含量 单位：mg/kg

剖面深度/cm	砷		铅		镉	
	污染点	对照点	污染点	对照点	污染点	对照点
10	424	10.2	31.8	1.75	1.87	0.03
20	268	9.8	6.32	1.60	1.00	0.04

续表

剖面深度/cm	砷		铅		镉	
	污染点	对照点	污染点	对照点	污染点	对照点
30	93.1	13.7	3.91	1.43	0.29	0.04
40	16.5	13.7	3.91	1.43	0.29	0.04
50	25.8	6.5	0.65	1.18	0.04	0.03
60	10.8	7.5	0.76	1.24	0.04	0.03
70	6.7	8.4	0.65	1.43	0.03	0.03
80	9.4	6.1	0.82	0.58	0.04	0.02
90	11.6	8.9	0.52	0.64	0.04	0.02
100	12.4	7.5	0.86	0.54	0.04	0.01

由上表可知：

① 根据生态环境部 2018 年发布的《土壤环境质量　农用地土壤污染风险管控标准（试行）》（GB 15618—2018），取其农用地土壤污染风险筛选值（水田）为砷 20mg/kg、铅 80mg/kg、镉 0.3mg/kg，周边水田土壤检测结果与标准筛选值进行比较，其水田表层土壤和不同深度土壤中砷和镉均有超标情况，砷最高值为 424mg/kg，超标 21.2 倍；镉最高值为 4.31mg/kg，超标 14.3 倍；铅没有超标，其最大占标率为 98.25%。

对比对照区，砷、铅和镉均有富集，其中镉的富集程度最大。

② 污灌水田不同部位的水平污染有明显差异，尤其是进水口，显著高于田中与出水口。且调查的灌区重金属主要富集于 30cm 的耕作层，一般不超过 50cm，其原因与重金属易被土壤吸附沉淀和有机质发生络合作用有关。

总体看来，污水灌溉对土壤的污染比大气沉降对土壤的污染要大。

6.1.1.2　现代铜铅行业企业土壤污染状况

广西某新建铜冶炼厂于 2018 年开工建设，于 2019 年 6 月投入试生产。已建成投入年生产运行规模为 2.75×10^5 t 阴极铜。该项目采用"富氧双侧吹熔炼—多枪顶吹吹炼—阴极炉＋电解精炼"工艺，铜冶炼工艺技术和节能环保技术处于国内先进水平。大气污染物执行《铜镍钴工业污染物排放标准》（GB 25467—2010）排放限值，生产过程中产生的含重金属废水经处理后回用不外排，冶炼废渣和其他工业固体废物全部实现综合利用和合规处置。

项目投入生产运行近 1 年后企业对厂区周边土壤进行了检测，厂区周边土壤中重金属含量检测结果见表 6-4。

表 6-4　厂区周边土壤重金属含量检测结果

检测点位	采样时间	检测结果/(mg/kg)				
		pH 值	铅	镉	汞	砷
A（西南 2.1km）	2016-12-27（建厂前本底值）	5.81	62.9	<0.01	0.179	23.3
	2020-5-14	7.44	63	0.14	0.186	29.4
B（西北 1.6km）	2016-12-27（建厂前本底值）	6.46	53.3	<0.01	0.113	36.1
	2020-3-12	6	53	0.1	0.18	23
C（东南侧 3.5km）	2016-12-27（建厂前本底值）	5.25	67	<0.01	0.119	18
	2020-3-12	3.58	63	0.17	0.117	26.7
《土壤环境质量　农用地土壤污染风险管控标准（试行）》（GB 15618—2018）筛选值		≤5.5	70	0.3	1.3	40
		5.5～6.5	90	0.3	1.8	40
		6.5～7.5	120	0.3	2.4	30
		>7.5	170	0.6	3.4	25

由表 6-4 可知：

① 由于广西地区地质因素原因，厂区周边土壤中铅、砷本底含量很高，但未超过《土壤环境质量　农用地土壤污染风险管控标准（试行）》（GB 15618—2018）对应的筛选值。

② 项目投产运行近 1 年后，厂区周边土壤中铅、砷、镉、汞含量未超过《土壤环境质量　农用地土壤污染风险管控标准（试行）》（GB 15618—2018）筛选值要求。

③ 该厂区无废水外排，土壤不受废水的污染。

6.1.2　行业技术政策对土壤污染的影响因素

通过以上土壤污染特征的分析，可以得到：

① 传统的铜铅行业企业生产工艺落后、主体工程没有配套建设环保设施、同时没有制定相应的环境保护政策，重金属排放量大，造成企业周围土壤环境重金属污染严重。

② 现代的铜铅行业企业引进当时国外先进的技术或实施技术改造，配套建设了除尘设施和烟气制酸系统；同时，国家大力推进环境保护工作，制定了相关的环保法律、法规、标准、行业规范条件、环境管理、节能减排等政策相继出台后重金属污染状况得到大幅改善。

③ 采用传统生产工艺且建设时间 20 年以上的铜冶炼企业土壤重金属污染较重，污染类型为水型和气型污染，其中污水灌溉对土壤的影响最大。

④ 采用先进生产工艺且建设时间 10 年以内的铜冶炼企业土壤重金属污染较

轻，污染类型主要为气型污染，即主要受大气沉降的影响。而由于废水不外排，不存在污水灌溉，因此没有厂区外的水型污染。

6.2 微观层面企业管理水平的影响

6.2.1 不同企业管理水平下的土壤污染特征

6.2.1.1 粗放式铜铅行业企业土壤污染状况

（1）无组织排放管控不到位的铜铅冶炼厂

某铜业有限公司以混合铜精矿为原料，采用"熔炼炉熔炼—双炉粗铜连续吹炼—阳极炉精炼—电解"工艺技术生产阴极铜，制酸采用预转化＋"两转两吸"制酸，年产阴极铜 $1.25×10^5t$、硫酸 $5.47×10^5t$。

公司有组织排放废气主要为转运废气、制酸烟气排放、精炼烟气排放、电积脱砷和蒸发浓缩两个工段随蒸汽挥发出的有组织排放的硫酸雾气体。无组织废气主要有熔炼厂房无组织粉尘排放，电解厂房产生的硫酸雾以及渣选矿厂破碎车间粉尘、渣选矿堆场粉尘、中和渣场粉尘等。

酸性废水排至废水处理站采用三级石灰中和＋铁盐法处理工艺处理后全部回用，煤气发生炉产生含酚冷凝废水通过换热器而转成为生产蒸汽，作为煤气炉汽化剂使用，清净下水部分回用于堆场洒水抑尘，部分与经过预处理的生活污水合并通过园区污水管网排入园区污水处理站。

最终固体废物为熔炼炉渣、白烟灰、渣选车间尾矿、中和渣、废耐火砖、废催化剂、煤气发生炉煤灰渣、煤气发生炉煤焦油等。包括 3 个一般固体废物临时堆场，分别为堆存水淬渣、渣选尾矿及煤渣场；3 个危险废物临时堆场，分别为阳极泥库房、烟灰库及封闭的煤气发生炉煤焦油池；1 个中和渣库（永久堆存）。

通过对熔炼车间、原料堆场、酸库、白烟尘存放点周围裸露地以及冶炼厂周边、渣选尾矿周边、中和渣场周边裸露地等共 78 个点的土壤样品的 XRF 检测，并据此布设 98 个土壤柱状监测点和 15 个地下水监测点，采集 214 个土壤样品和 15 个地下水样品进行实验室检测。

1）厂区内土壤监测结果

① 厂区周围土壤监测点中，存在超过农用地筛选值标准的元素有砷、镍、镉和铜。存在超过管控值标准的元素有砷和镉。

② 15 个 0～0.2m 表层农用地土壤样品中，超过筛选值的监测指标为砷、镍、镉和铜，10 个点有超标现象，超标率为 66.7%。超过管控值标准的监测指标为砷，3 个点有超标现象，超标率为 20%。

③ 9 个 0.2～0.5m 中层农用地土壤样品中，超过筛选值的监测指标为砷、镍

和铜，4 个点有超标现象，超标率为 44%。中层土壤超过管控值标准的监测指标为砷，超标率 22%。

通过以上调查结果分析，超标的区域主要集中在化验室东侧裸露地、原料场北侧裸露地、原料场南侧裸露地、检测车间北侧裸露地、熔炼车间周边裸露地、制酸车间南侧裸露地、渣缓冷区域裸露地、渣选矿北侧裸露地、硅白石破碎车间北侧土壤。

2）厂区外土壤监测结果

① 厂区周围土壤监测点中，存在超过农用地筛选值标准的元素有砷、镍、镉和铜。存在超过管控值标准的元素有砷和镉。

② 15 个 0~0.2m 表层农用地土壤样品中，超过筛选值的监测指标为砷、镍、镉和铜，10 个点有超标现象，超标率为 66.7%。超过管控值标准的监测指标为砷，3 个点有超标现象，超标率为 20%。

③ 9 个 0.2~0.5m 中层农用地土壤样品中，超过筛选值的监测指标为砷、镍和铜，4 个点有超标现象，超标率为 44%。中层土壤超过管控值标准的监测指标为砷，超标率 22%。

从以上分析结果，可以看出，超过农用地筛选值、管控值标准的土壤主要集中在冶炼厂区北侧运输道路旁和渣场北侧、东侧区域的土壤。

3）地下水监测结果

① 16 个地下水监测样品中，10 个地下水样中均有监测因子超过《地下水质量标准》（GB/T 14848—2017）中的Ⅲ类水质标准，超标因子为 pH 值、总硬度、溶解性总固体、耗氧量、氯化物、锰。

② pH 值超标率为 6.25%。总硬度超标率为 43.75%。溶解性总固体超标率为 31.25%。耗氧量超标率为 12.50%。氯化物超标率为 6.25%。锰超标率为 12.50%。

总之，土壤污染集中在冶炼厂的露天物料堆场、物料运输场地、熔炼厂房和制酸车间周边，可见露天堆放的物料受降水淋溶后会有重金属渗出从而污染土壤，物料运输场地、熔炼厂房以及制酸车间产生的无组织排放废气在大气沉降作用下造成了土壤超标，而固体废物堆场周边的土壤因防尘网覆盖没有受到太大的影响。从超标深度来看，表层土壤较深层土壤污染重，污染因子多，深层污染集中在物料运输场地和熔炼厂房周边，可见土壤污染受背景值的影响不大，主要是地面工业活动造成的，无组织的重金属烟粉尘对其影响最大。

（2）日常管理欠佳的铜铅冶炼厂

某铅锌有限公司建设有 10 万吨/年铅冶炼项目。项目采用国际上先进的基夫赛特直接炼铅技术，包括原材料配料、焦炭干燥、配料蒸汽干燥、球磨、基夫赛特熔炼（含烟化炉处理）、煤粉制备、铅火法初步精炼及电解精炼、烟气制酸等。

公司废气主要包括混合料蒸汽干燥废气、焦炭蒸汽干燥废气、混合料球磨筛分废气、基夫赛特炉电热区烟气、烟化炉烟气、煤粉制备干燥烟气、环集烟气、电解精炼烟气、制酸尾气、酸处理废气等有组织废气及精矿仓及配料、熔炼车间、电解车间无组织废气。

废水包括污酸、酸性废水和初期雨水。污酸处理站规模 $1200m^3/d$，采用硫化＋石膏＋中和工艺处理后酸性废水、初期雨水合并进入综合废水处理站，采用石膏中和工艺处理后排入地表水。初期雨水经初期雨水收集池收集后送综合废水处理站处理。

通过对该企业场地内 28 个土壤柱状样监测点、2 个土壤背景对照点，共 150 个土样样品的监测数据的分析，得到：土壤样品中存在铅和砷超过《土壤环境质量 建设用地土壤污染风险管控标准（试行）》（GB 36600—2018）中筛选值的情况。其中在铅电解厂房旁点深度为 0.5～1m 及 1.0～1.5m、1.5～2.0m 处样品中铅超标。在沸腾焙烧炉西面点深度为 0.5～1m 处样品中铅超标。在铅电解厂房旁采样点深度 0～0.5m 及 1.5～2.0m 处样品中砷超标，在铅电解厂房旁点深度为 1.0～1.5m 处样品中砷超标。

经现场调查，导致超标的主要原因为：

① 铅电解工序附近，点位四周均为生产车间，空气流通性较差，飘浮在大气中污染物易在此处沉降，经过多年累积，导致土壤受污染。

② 铅电解生产工序、沸腾燃烧炉上空附近存在大流量物料输送管道，日常生产过程中设备及容器密封不当时，出现了"跑、冒、滴、漏"等现象，且无法全部有效收集处理，造成土壤污染，以及在检维修过程中，管道及设备设施清理置换时，未及时做好物料收集处理，物料散落地面，造成污染，以及其他各种导致污染物进入地表，地表污染物本身向土壤迁移，随地表水、地下水流经向周边土壤迁移，导致土壤污染。

（3）废石场管控措施不到位的铜铅采选厂

南方某铅锌矿发现于 1958 年，1963 年建矿为县办矿山，是一个已有 60 多年开采历史的老矿山。

矿山采用平硐开拓，采矿方法为浅孔溜矿法。坑内采用矿用拖拉机运输矿岩，各中段矿石经矿用拖拉机运出各平窿口简易矿仓，用索道将矿石提升或下放至矿山公路附近的矿仓，用汽车运至公司下属的选矿厂。

现场调查发现，该区矿石开采过程中产生的废石集中堆放在各平窿口附近设置的废石场。沉淀池和污水处理站所积污泥，主要是含重金属废矿渣，部分沉积在沉淀池内未及时清理。整治前，历史遗留废石堆场废石基本堆放于窿口附近。由于 31# 脉冲沟或山沟地形多较陡峭，沿沟地形坡度一般 15°～45°，两侧坡度一般 35°～55°，沿冲沟分段呈阶梯状设置拦石坝拦挡块石碎石流失。崩山矿区 31# 脉历史遗留废石堆场设置了 4#、6#、7# 拦石坝，但拦挡设施效果不佳；此外，建设了 2 号污水处理站，但现场踏勘发现未有效运行，且废石堆场淋溶水等废水收集措施不完善。

　　土壤监测结果显示，铅、镉、砷、汞均有超过《土壤环境质量　建设用地土壤污染风险管控标准（试行）》（GB 36600—2018）中表 1 一类建设用地筛选值标准的现象，超标率分别为 83.33％、22.22％、83.33％和 16.67％，其中铅、镉、砷同时超过《土壤环境质量　建设用地土壤污染风险管控标准（试行）》（GB 36600—2018）中表 1 一类建设用地管制值标准，超标率分别为 72.22％、11.11％和 22.22％，最大超标倍数达 24.25 倍、5.31 倍和 2.32 倍。距离场地较远的地方土壤未见超标。锌的监测值为 40.7～44400mg/kg，平均值为 5230mg/kg。

　　通过与背景值比较，发现该场地废石场对场地中的元素镍、铬、铅、锌、镉、铜、砷、汞均有贡献，而贡献最明显的元素为铅、锌、镉、砷、铜和汞。从贡献程度来讲，镉的影响最大，富集倍数为 2050 倍；其次为锌，富集倍数为 418.079 倍；再次为铅 94.84 倍；后面依次为汞、铜、砷。废石场对土壤中影响最明显的元素为镉、锌、铅和砷。

　　可见，废石堆场污染防治措施不到位导致废石堆场的废渣和废水对场地土壤造成了较大的影响。

6.2.1.2　精细化铜铅行业企业土壤污染状况

　　浙江某铜冶炼公司 2013 年建成 13.5 万吨/年电解阴极铜产能规模的铜冶炼厂并投产运行，2017 年经改扩建后产能规模达到 27 万吨/年电解阴极铜。该项目采用先进的"富氧双侧吹熔池熔炼—PS 转炉吹炼—阳极炉＋电解精炼"工艺，铜冶炼工艺技术和节能环保技术处于国内较先进水平。大气污染物执行《铜镍钴工业污染物排放标准》（GB 25467—2010）及修改单规定的特别排放限值，生产过程中产生的含重金属废水经处理后回用不外排，冶炼废渣和其他工业固体废物全部实现综合利用合规处置。

　　为了掌握厂区外周边环境土壤中重金属的污染情况，企业于 2009 年（建厂前）、2014 年、2017 年、2019 年分别对厂区周边不同方位、不同距离的农田土壤重金属含量进行了检测。厂区外周边农田土壤重金属含量检测结果见表 6-5。

表 6-5　浙江某铜冶炼公司周边农田土壤重金属含量检测结果

采样点位	采样时间	检测结果				
		pH 值	砷 /(mg/kg)	铅 /(mg/kg)	汞 /(mg/kg)	镉 /(mg/kg)
A （东北 1.08km）	2009	6.77	9.28	34.1	0.10	0.28
	2014-7-30	5.96	14.4	42.2	0.048	0.29
	2017-12-27	5.2	6.07	51.7	0.189	0.22
	2019-12-27	6.36	8.25	30	0.145	0.118

采样点位	采样时间	检测结果				
		pH 值	砷 /(mg/kg)	铅 /(mg/kg)	汞 /(mg/kg)	镉 /(mg/kg)
B （西南 1.85km）	2009	5.38	6.15	34.2	0.128	0.13
	2014-7-30	5.96	7.1	31.2	0.052	0.184
	2017-12-27	7.1	10.96	39	0.116	0.2
	2019-12-27	6.09	11.7	41.2	0.214	0.159
C （东南 2.68km）	2014-7-30	4.55	8.56	19.6	0.05	0.03
	2017-12-27	4.8	9.22	25.5	0.067	0.11
	2019-12-27	6.39	13.3	24.1	0.05	0.042
D （西北 2.24km）	2014-7-30	4.47	8.47	26.7	0.06	0.044
	2017-12-27	4.3	7.58	24.5	0.11	0.03
	2019-12-27	6.81	8.80	29.3	0.081	0.121
《土壤环境质量　农用地土壤 污染风险管控标准（试行）》 （GB 15618—2018）筛选值		≤5.5	40	70	1.3	0.3
		5.5～6.5	40	90	1.8	0.3
		6.5～7.5	30	120	2.4	0.3

由表 6-5 可知：

① 厂区外土壤砷、铅、汞、镉含量与《土壤环境质量　农用地土壤污染风险管控标准（试行）》（GB 15618—2018）筛选值进行比较，建厂前（2009 年）本底值和建厂后生产运营期间（2013～2019 年）检测值均没有超标的情况。

② 大气重金属粉尘沉降对厂区外土壤中砷、铅、镉、汞含量无明显变化，造成的环境影响较少。

6.2.2　企业管理水平对土壤污染的影响因素

铜铅冶炼行业场地上不同地块的污染源种类分为气型污染源、水型污染源、固废型污染源；污染源输入途径分为大气沉降、垂直入渗、地表漫流等；污染源输入量的影响因素可概括为场地环境条件（如气象、地形地貌、植被覆盖等）和场地管理水平（如防渗措施、固体废物堆存方式、堆存时间等）。

（1）有色金属冶炼企业主要通过废气排放的重金属沉降影响周边土壤的环境质量

厂区外土壤主要受点源排放影响，厂区内土壤主要受无组织排放影响。

高架点源的重金属沉降情况主要受到烟囱高度、排放浓度、排气温度和排放量影响，低架点源的重金属沉降情况主要受到烟囱高度、排放浓度和排放量影响，无组织源的重金属沉降情况主要受到源高度和排放量影响。风速气象因素与土壤重金属沉降成反比，风向频率也是土壤重金属沉降的主要影响因素。另外，明确了地形高程及 6 种地貌对废气重金属沉降的影响作用。

无组织污染源重金属沉降对周边土壤环境质量影响最大，低架有组织源次之，高架源最小。从排放量与沉降量比值来看，高架源的污染物虽然排放量最大，为其他源排放量的 30 倍至几百倍，但最大沉降量仅为低架源的 1.2 倍左右。该企业所有污染源对周边土壤的重金属沉降主要影响的厂区附近西北部，接近无组织源的最大沉降点。

（2）有毒有害物质防渗漏管控措施对场地土壤影响较大

1）废水处理装置

正常情况下，根据地下水污染防治要求，由于贮存含重金属废水，且泄漏后难以及时发现和处理，铜冶炼污酸收集池、酸性废水调节池、初期雨水收集池等为重点防渗区域，防渗等级较高，重金属污染物泄漏量极小，对场地土壤污染影响较小；部分建设时间较早企业，地下水污染防治水平可能较低，正常情况下重金属污染物泄漏量相对偏大，可能会对场地土壤污染影响也偏大。

事故情况下，污酸收集池、酸性废水调节池、初期雨水收集池等重点防渗区域防渗设施可能出现破裂、损坏，废水污染物直接泄漏下渗至场地土壤，对场地土壤污染影响较大。该情景下，场地土壤污染同时受到区域土壤类型及其渗透系数影响，土壤渗透系数越小，则废水重金属污染物泄漏下渗量越小，对场地土壤污染影响相对较小，土壤渗透系数越大，则废水重金属污染物泄漏下渗量越大，对场地土壤污染影响相对偏大。

2）固体废物堆场

固体废物临时堆场设置防雨棚、围墙、导流沟、防渗地面等设施，并严格按照《危险废物贮存污染控制标准》（GB 18597—2001）和《一般工业固体废物贮存、处置场污染控制标准》（GB 18599—2001）的要求建设，严格按照相关要求进行管理，保证了雨水不进入、废水不外排、废渣不流失，从而最大限度地减轻工业固体废物对水环境的影响。

废石场为 I 类场地，废石场在设计上已经将废石淋滤液导入收集池。在废石场下游设置淋滤液收集池，池内做重点防渗，防渗系数应达到 $10^{-10}\,\mathrm{cm/s}$，可以有效减少渗滤液的渗漏。渗滤液及时返回废水处理站处理。在废石场上下游及各风险污染源处设置多口长期观测井对地下水水质进行监测，掌握厂区及周围地下水水质的动态变化。

尾矿库废水尽量回用不外排。尾矿库周边设置截排水沟，将库区外雨水汇流拦截后排入库区下游，实现清污分流并确保尾矿库安全性；一旦发现尾矿浆输送管道、尾矿水回水管道发生破裂，应立即停止选矿厂生产和排尾，待管道修复正常后方可重新生产；采取尾矿库库底防渗处理；在尾矿库下游（地下水流向下游）设置地下水监测井，及时准确地掌握尾矿库下游地区地下水环境质量状况和地下水体中污染物的动态变化，并能及时发现问题、及时控制。

（3）环境管理水平

环境管理水平高，如企业制定并实施严格的巡检巡查、地下水监测制度，设置地下水防渗漏检测设施等，一旦重点防渗区域发生重金属污染物泄漏下渗可及时发现并处理、修复，则废水重金属污染物泄漏下渗量较小，对场地土壤污染影响相应较小；环境管理水平低，如企业未制定相应的巡检巡查、监测制度，未设置地下水防渗漏检测设施等，则一旦重点防渗区域发生破损，废水重金属污染物持续泄漏、下渗，对场地土壤污染影响相应偏大。

铜铅行业的土壤污染防控重点地块如下：

① 采选行业排在第一梯位的重点污染区域有废石场、尾矿库、事故池、废水收集池、回水池等池子、物料运输道路两侧、检修区等，得分在 4.1 分以上；排在第二梯位的污染区域有选矿工业场地、废水处理站、回水管线区、尾砂输送管线以及物料输送区域，得分在 3.8~4.1 分之间。

② 铜冶炼行业排在第一梯位的重点污染区域有备料区、原料堆场区、熔炼区、废水收集处理、中和渣场、物料运输道路两侧、检修区等，得分在 4.1 分以上；排在第二梯位的污染区域有制酸区、电解区以及管线区，得分在 3.8~4.1 分之间。

③ 铅冶炼行业排在第一梯位的重点污染区域有备料区、原料堆场区、火法冶炼区、湿法冶炼区、废水收集处理区、中和渣场、物料运输道路两侧、检修区等，得分在 4.1 分以上；排在第二梯位的污染区域有制酸区、电解区以及管线区，得分在 3.8~4.1 分之间。

第7章

铜铅采选、冶炼行业场地污染防治对策

7.1 完善污染物排放技术政策

7.1.1 生产工艺技术政策

（1）采矿技术

① 对于露天开采的矿山，宜推广剥离-排土-造地-复垦一体化技术。

② 对于水力开采的矿山，宜推广水重复利用率高的开采技术。

③ 推广应用充填采矿工艺技术，提倡废石不出井，利用尾砂、废石充填采空区。

④ 推广减轻地表沉陷的开采技术，如条带开采、分层间隙开采等技术。

⑤ 宜研究推广溶浸采矿工艺技术，集采、选、冶于一体，直接从矿床中获取金属的工艺技术。

⑥ 在不能对基础设施、道路、河流、湖泊、林木等进行拆迁或异地补偿的情况下，在矿山开采中应保留安全矿柱，确保地面塌陷在允许范围内。

（2）选矿技术

① 开发推广高效无（低）毒的浮选新药剂产品。

② 在干旱缺水地区，宜推广节水型选矿工艺。

③ 积极研究推广共、伴生矿产资源中有价元素的分离回收技术，为共、伴生矿产资源的深加工创造条件。

④ 采用先进的洗选技术和设备。

（3）铜冶炼技术

① 采用生产效率高、工艺先进、能耗低、环保达标、资源综合利用效果好、安全可靠的闪速熔炼和富氧强化熔池熔炼等先进工艺（如旋浮铜熔炼、合成炉熔炼、富氧底吹、富氧侧吹、富氧顶吹、白银炉熔炼等工艺）。

② 严格淘汰鼓风炉、电炉、反射炉炼铜工艺及设备等落后产能。

③ 鼓励有条件的企业对现有传统转炉吹炼工艺进行升级改造。

（4）铅冶炼技术

① 粗铅冶炼须采用先进的富氧熔池熔炼-液态高铅渣直接还原或富氧闪速熔炼等炼铅工艺，以及其他生产效率高、能耗低、环保达标、资源综合利用效果好、

安全可靠的先进炼铅工艺。

② 鼓励矿铅冶炼企业利用富氧熔池熔炼炉、富氧闪速熔炼炉等先进装备处理铅膏、冶炼渣等含铅二次资源。

③ 铅冶炼企业，应配套建设有价金属综合利用系统。

7.1.2 "三废"治理技术政策

（1）废气污染防控技术

① 鼓励高效烟气收集与净化装置的研究与开发。

② 加强无组织排放污染控制技术的研究开发。

③ 鼓励应用陶瓷除尘器、微孔膜复合滤料等新型织物材料的布袋除尘器等高性能除尘技术设备的研究、推广。

④ 鼓励开发低浓度 SO_2 烟气制酸和硫回收新技术；研究开发烟气制酸高效催化剂，提高制酸转化率；研究开发含 SO_2 烟气的高效净化、制酸尾气除雾、洗涤污酸净化循环利用等技术和装备。

⑤ 当烟气中含汞时宜先脱汞后制酸。烟气脱汞鼓励采用新型汞反应器回收装置。

（2）废水污染防控技术

① 矿区应建立污水处理系统，实现雨污分流、清污分流。

② 尾矿库、排土场等应建有雨水截水沟，淋溶水经处理后回用。

③ 鼓励企业生产废水回用与"零排放"，减少新水用量，提高水循环利用率，减少废水排放量。

④ 逐步实现末端治理向工艺节水-分质回用-末端治理技术集成。

⑤ 加大污酸处置的技术创新，将污酸处置工艺思路从污酸达标排放逐渐向废渣减量化或无害化、回收有价金属和实现综合利用方向发展。

⑥ 结合含铊废水的特点探索联合处理技术，选择合适经济环保的工艺类型，使得出水中的铊浓度实现稳定达标是铅冶炼行业含铊污水处理的未来发展方向。

（3）固体废物污染防控技术

① 遵循"减量化、再使用、再循环"原则，先循环利用，后综合处理。

② 企业宜开展废石、尾矿中的有用组分回收和尾矿中稀散金属的提取与利用，以及针对废石、尾矿开展回填、筑路、制作建筑材料等资源化利用工作。

③ 鼓励应用以无害水淬渣为原料，生产建材制品、建材原料、路基材料等综合利用技术。

④ 除尘器收集的烟尘应综合利用、回收金属。

⑤ 铅冶炼企业，应配套建设有价金属综合利用系统。

⑥ 鼓励开发固体废物中稀贵金属等有价值物质的回收技术和无害化处置技术；

鼓励研发利用水淬渣制备高附加值产品的技术。

⑦ 围绕"控砷—脱砷—固砷—无砷"总体思路，建立含砷固体废物无害化与资源化处置的技术体系。

7.1.3　土壤污染防治技术政策

（1）无组织排放管控技术

① 爆破后的松散矿堆、岩堆，采用喷淋洒水，保持一定的湿度；

② 排土场的边坡形成后矿山及时对排土场进行复垦，尽量减少排土场的大气扬尘；

③ 尾矿库干滩在大风天气下产生扬尘污染，应及时对干滩区域采取洒水抑尘等措施；

④ 尾矿库堆积子坝应及时采取边坡覆土种草绿化或洒水等抑尘方式；

⑤ 对于正在使用的尾矿库，利用药剂或添加剂与尾矿表面作用，以长时间防止尾矿库粉尘扩散；

⑥ 露天临时堆场扬尘采取洒水抑尘措施等措施；

⑦ 原辅料均采用库房贮存。备料工序产生点设置集气罩，并配备除尘设施；

⑧ 冶炼炉加料口、出料口设置集气罩并保证足够的集气效率，配套设置密闭抽风除尘设施，溜槽设置盖板；

⑨ 在厂区粉状物料运输中均采用密闭措施；

⑩ 在大宗物料转移、输送中采取皮带通廊、封闭式皮带输送机等输送方式；

⑪ 厂区运输道路硬化，并采取洒水、喷雾、移动吸尘等措施；

⑫ 运输车辆驶离厂区冲洗车轮或采取其他控制措施。

（2）有毒有害物质的防渗漏

① 根据污染控制难易程度、天然包气带防污性能进行分区防渗处理，重点对采选场地堆存一般Ⅱ类固体废物的废石场、尾矿库、事故池、废水收集池、回水池等池子、废水处理站，铜冶炼厂备料区、原料堆场区、熔炼区、废水收集处理、中和渣场，铅冶炼厂备料区、原料堆场区、火法冶炼区、湿法冶炼区、废水收集处理区、中和渣场进行分区防渗处理。

② 对于地下储油罐应选用具有二次保护空间的双层储油罐，其二次保护空间应能进行泄漏检测（可根据实际情况选择气体法、液体法或传感器法进行泄漏检测），且在储油罐底还应设计现浇混凝土地坑，以确保储油罐的安全。

③ 厂区内各污水管道下方设置集废水渠道，并采用抗渗混凝土整体浇筑，以防"跑、冒、滴、漏"及管道泄漏等产生的废水发生渗漏，并将收集到的废水排往废水处理站处理后回用。

④ 成立专门事故小组，小组成员分班每日检查各车间设备及堆渣场等处的运

行情况，尤其强调每日检查各车间废水泄漏风险点处的防渗系统的维护情况，确保防渗系统的完好无损，并记录、处理各种非正常情况。

7.2 建立企业土壤环境管理制度

7.2.1 土壤和地下水监测评估制度

（1）建设期现状监测

铜铅行业在产企业新、改、扩建项目，应当在开展建设项目环境影响评价时，按照国家有关技术规范开展工矿用地土壤和地下水环境现状调查，编制调查报告，并按规定上报环境影响评价基础数据库。

（2）运营期动态监测

企业应每年一次开展土壤和地下水自行监测，重点监测存在污染隐患的区域和设施周边的土壤、地下水的动态变化。监测介质包括土壤和地下水，监测因子包括各重点设施涉及的关注污染物。

（3）退役期现状监测

重点单位终止生产经营活动前，应当参照污染地块土壤环境管理有关规定，开展土壤和地下水环境初步调查，编制调查报告，及时上传全国污染地块土壤环境管理信息系统。

（4）信息公开

重点单位应当将以上规定的调查报告主要内容通过其网站等便于公众知晓的方式向社会公开。

7.2.2 土壤污染隐患排查制度

建立土壤污染隐患排查制度是土壤环境保护的基础工作，是企业环境保护管理要素的重要内容。

铜铅行业在产企业应当建立土壤和地下水污染隐患排查治理制度，定期对重点区域、重点设施开展隐患排查。发现污染隐患的应当制定整改方案，及时采取技术、管理措施消除隐患。隐患排查、治理情况应当如实记录并建立档案。

根据《土壤污染隐患排查技术指南（征求意见稿）》，铜铅行业企业原则上应在指南发布后一年内，以厂区为单位开展一次全面、系统土壤污染隐患排查；之后可针对生产经营活动中涉及有毒有害物质的场所、设施设备，定期开展重点排查，原则上每2~5年排查一次。企业可结合行业特点和生产实际，优化调整排查频次和排查范围。对于生产工艺、设施设备等发生变化的场所，或者新改扩建区域，应一年内开展补充排查。

7.2.3　环境应急管理制度

铜铅行业在产企业的突发环境事件应急预案应当包括防止土壤和地下水污染相关内容。

重点单位突发环境事件造成或者可能造成土壤和地下水污染的，应当采取应急措施避免或者减少土壤和地下水污染；应急处置结束后，应当立即组织开展环境影响和损害评估工作，评估认为需要开展治理与修复的应当制定并落实污染土壤和地下水治理与修复方案。

7.2.4　重点设施管理备案制度

重点单位建设涉及有毒有害物质的生产装置、储罐和管道，或者建设污水处理池、应急池等存在土壤污染风险的设施，应当按照国家有关标准和规范的要求，设计、建设和安装有关防腐蚀、防泄漏设施和泄漏监测装置，防止有毒有害物质污染土壤和地下水。

现有地下储罐贮存有毒有害物质的，应当在《工矿用地土壤环境管理办法（试行）》发布后一年之内，将地下储罐的信息报所在地设区的市级生态环境主管部门备案。新、改、扩建项目地下储罐贮存有毒有害物质的，应当在项目投入生产或者使用之前，将地下储罐的信息报所在地设区的市级生态环境主管部门备案。

7.2.5　风险管控和修复制度

在隐患排查、监测等活动中发现工矿用地土壤和地下水存在污染迹象的，应当排查污染源，查明污染原因，采取措施防止新增污染，并参照污染地块土壤环境管理有关规定及时开展土壤和地下水环境调查与风险评估，根据调查与风险评估结果采取风险管控或者治理与修复等措施。

终止生产经营活动前，土壤和地下水环境初步调查发现该重点单位用地污染物含量超过国家或者地方有关建设用地土壤污染风险管控标准的，应当参照污染地块土壤环境管理有关规定开展详细调查、风险评估、风险管控、治理与修复等活动。

7.2.6　拆除污染防控制度

重点单位拆除涉及有毒有害物质的生产设施设备、构筑物和污染治理设施的，应当按照有关规定，事先制定企业拆除活动污染防治方案，并在拆除活动前 15 个工作日报所在地县级生态环境、工业和信息化主管部门备案。重点单位拆除活动应当严格按照有关规定实施残留物料和污染物、污染设备和设施的安全处理处置，并做好拆除活动相关记录，防范拆除活动污染土壤和地下水。拆除活动相关记录应当长期保存。

7.3 强化重金属监管能力建设

7.3.1 优化产业结构，坚决淘汰落后产能

以国家产业政策为指导，将高耗能、高排放、高污染的粗放式向节能、环保、低碳、高效的集约式发展方式发展，从粗放式经营到精细化管理。严格执行国家产业政策和有色金属及相关行业调整振兴规划，将淘汰落后产能任务落实到地方、分解到企业，按期完成。坚决淘汰落后工艺和落后产能，推进涉有色金属冶炼重点行业产业结构、产业技术优化升级，促进产业健康协调发展。

按照《产业结构调整指导目录》，鼓励发展产污强度低、能耗低、清洁生产水平先进的有色冶炼工艺。淘汰装备落后、资源能源消耗高、环保不达标的落后产能，鼓励使用先进生产工艺和治污工艺，促进产业健康协调发展。严格执行行业准入条件，大力推进全行业的清洁生产，实现产业技术升级。

7.3.2 实现产品生命周期跟踪监控

企业应建立一套比较完整的重金属污染源监管、监控机制，实施全过程的重金属污染物管理，例如对企业的原料中的重金属元素特别是有毒有害元素进行分析检测备案，对企业生产、日常环境管理、清洁生产、治理设施运行情况、在线自动监测安装及联网情况、监测数据、污染事故、环境应急预案、环境执法及解决历史遗留问题等情况要列入数据库进行动态管理，实施综合分析、核查监管。

对各种重金属沿"矿石-产品与废物-产品损耗和产品与废物的最终处置"的完整周期进行总量核算和流向的记录，确认重点控管的重金属成分的走向和最终处理方式，管理矿石及其有害成分的流向。

参考文献

[1] 赵文斌，阎南，蔡增祥.浅论我国金属矿山采矿技术现状与发展趋势[J].有色金属设计，2011，38(03)：1-5.

[2] 雷力，周兴龙，文书明，等.我国铅锌矿资源特点及开发利用现状[J].矿业快报，2007，461(09)：1-4.

[3] 马晓楠，吕振福，武秋杰，等.中国铅锌矿能源资源基地开发利用现状研究[J].能源与环保，2020，42(11)：103-106.

[4] 周连碧.铅锌矿采选过程中铅污染特征与污染防治的关键技术[C]//中国有色金属学会，有色金属工业科学发展——中国有色金属学会第八届学术年会论文集.长沙：中南大学出版社，2010：577-580.

[5] 周连碧，祝怡斌，邵立南，等.有色金属工业废物综合利用[M].北京：化学工业出版社，2018.

[6] 贾文清.铜火法冶炼熔池熔炼工艺比较[J].山西冶金，2020，43(03)：82-83.

[7] 周俊.铜冶炼工艺技术的进展与我国铜冶炼厂的技术升级[J].有色金属(冶炼部分)，2019，08：1-10.

[8] 臧秀进.湿法炼铜工艺研究[J].科技创新导报，2009，36：3-4.

[9] 吴卫国，宋言.中国铅冶炼工业技术创新与应用实践[J].中国有色冶金，2021，50(02)：7-13.

[10] 苏宏杰.露天矿路面抑尘技术的研究[J].安全，1998，04：1-2.

[11] 张震宇.露天采矿场粉尘污染及其防治[J].金属矿山，2006，02：85-87.

[12] 杜翠凤，蒋仲安，李怀宇，等.干燥气候条件下采场路面抑尘技术的试验研究[J].有色金属(矿山部分)，2004，03：41-43.

[13] 胡博，黄凌云，孙鑫，等.矿山废水处理技术研究进展[J].矿产保护与利用，2021，41(01)：46-52.

[14] 胡尚军，谢贤，黎洁，等.选矿废水处理技术现状及展望[J].矿产保护与利用，2021，41(04)：43-49.

[15] 林星杰，苗雨，刘楠楠，等.有色金属冶炼重点行业超细颗粒物污染源解析与控制技术[M].北京：中国环境出版社，2017.

[16] 莫小荣，吴烈善，邓书庭，等.某冶炼厂拆迁场地土壤重金属污染健康风险评价[J].生态毒理学报，2015，10(04)：235-243.

[17] 李嘉蕊.基于土壤-作物-人体系统的耕地重金属污染评价和健康风险评估[D]，杭州:浙江大学，2019.

[18] Zheng J.Q, Ma Q.L, Li Li, et al. Characteristics of heavy metal pollution in soils of a typical copper smelting site in China[J]. IOP Conference Series: Earth and Environmental Science, 2021, 865(1).

[19] Kumar Adarsh, Tripti, Maleva Maria, et al. Toxic metal(loid)s contamination and potential human health risk assessment in the vicinity of century-old copper smelter, Karabash, Russia[J]. Environmental geochemistry and health, 2020, 42(12): 4113-4124.

[20] Behnam Keshavarzi, Farid Moore, Nasim Ahsani Estahbanati. Soil trace elements contamination in the vicinity of Khatoon Abad copper smelter, Kerman province, Iran[J]. Toxicology and Environmental Health Sciences, 2015, 7(3)：195-204.

[21] Else Marie Løbersli, Eiliv Steinnes. Metal uptake in plants from a birch forest area near a copper smelter in Norway[J]. Water, Air, and Soil Pollution, 1988, 37(1-2).

[22] 谢小进.上海地区土壤重金属空间分布特征及其成因分析[D].上海：上海师范大学，2010.

[23] 龙安华, 刘建军, 倪才英, 等. 贵溪冶炼厂周边农田土壤重金属污染特性及评价[J]. 土壤通报, 2006, (6): 1212-1217.

[24] 曹雪莹, 张莎娜, 谭长银, 等. 中南大型有色金属冶炼厂周边农田土壤重金属污染特征研究[J]. 土壤, 2015, (2): 94-99.

[25] 李玉梅, 李海鹏, 张连科, 等. 包头某铜厂周边土壤重金属分布特征及来源分析[J]. 农业环境科学学报, 2016, (7): 1321-1328.

[26] 杜平. 铅锌冶炼厂周边土壤中重金属污染的空间分布及其形态研究[D]. 北京: 中国环境科学研究院, 2007.

[27] 王栋成, 王勃, 王磊, 等. 复杂地形大气扩散模式在环境影响评价中的应用[J]. 环境工程, 2010, (6): 89-93.

[28] 伯鑫, 王刚, 田军, 等. AERMOD 模型地表参数标准化集成系统研究[J]. 中国环境科学, 2015, (9): 2570-2575.

[29] 杨庆周, 刘厚凤, 荆林晓. MM5 模拟数据在质量模型 AERMOD 中的应用评价[J]. 中国环境管理干部学院学报, 2008, (4): 28-30.

[30] 刘爱华, 胡伟, 沈海波. 对复杂地形和低风条件下放射性核素大气扩散模拟对比研究[J]. 四川环境, 2017, (5): 153-158.

[31] 陶美娟, 周静, 梁家妮, 等. 大型铜冶炼厂周边农田区大气重金属沉降特征研究[J]. 农业环境科学学报, 2014, (7): 1328-1334.

[32] 刘大钧, 汪家权. 铅冶炼厂无组织排放源不同颗粒物中铅含量特征[J]. 环境科学, 2016, 37(9): 3315-3321.

[33] 彭王敏子, 姚琳, 温新龙, 等. 气象参证站的选取对 AERMOD 模型结果的影响分析[J]. 气象与环境科学, 2017, (9): 66-71.

[34] 梁向锋, 杨新. 钢铁企业颗粒物沉降对土壤重金属影响的预测方法探讨[J]. 环境影响评价, 2020(7): 85-87.

[35] 舒璐, 关勖, 祝禄祺, 等. AERMOD 和 CALPUFF 干沉降在复杂地形下模拟结果的对比研究[J]. 环境科学与管理, 2019, (1): 19-24.

[36] 尹伊, 仝纪龙, 潘峰, 等. 不同精度地形数据对 AERMOD 模型预测面源扩散的影响[J]. 环境影响评价, 2018, (5): 56-60.

[37] 付正旭, 仝纪龙, 潘峰, 等. AERMOD 预测中网格划分与地形数据的优化配置研究[J]. 环境科学与技术, 2018, 41(05): 182-186.

[38] 甄天坷. 某金属冶炼厂低空排放二氧化硫污染治理研究[D]. 兰州: 兰州大学, 2017.

[39] 徐君妃, 伯鑫, 王刚, 等. AERMOD 模型中高空数据在多地理时区下的应用[J]. 环境影响评价, 2018, 40(06): 59-62.

[40] 张权, 田勇, 叶博嘉, 等. 基于多元线性回归的机场空气质量影响因素研究[J]. 环境保护科学, 2019, 45(1): 35-43.

[41] 唐超. 大气污染源调查及基于 AERMOD 的污染物浓度分布特征研究[D]. 扬州: 扬州大学, 2017.

[42] 布玛力亚木·阿尔垦. AERMOD 模式地表气象数据与地形数据参数的敏感性分析[D]. 青岛: 中国石油大学(华东), 2016.

[43] 张伟, 蒲玖臣, 张卫华, 等. NO_2 短期浓度和长期浓度随排气筒高度变化的差异性分析[J], 环境影响评价, 2021, 43, (1): 52-56.

[44] 杨晓松, 等. 有色金属冶炼重点行业重金属污染控制与管理[M]. 北京: 中国环境出版社, 2014.

[45] 铜冶炼污染防治最佳可行技术指南(试行), 环境保护部公告 2015 年第 24 号.

[46] 铅冶炼污染防治最佳可行技术指南(试行)(HJ-BAT-7).

[47] 铅冶炼废水治理工程技术规范(HJ 2057—2018).

[48] 铜镍钴采选废水治理工程技术规范(HJ 2056—2018).

[49] 排污许可证申请与核发技术规范 有色金属工业——铅锌冶炼（HJ 863. 1—2017）.

[50] 排污许可证申请与核发技术规范 有色金属工业——铜冶炼（HJ 863. 3—2017）.

[51] 生态环境部第二次全国污染源普查工作办公室. 第二次全国污染源普查系数手册, 2019.

[52] 刘志勇, 陈建中, 康海笑, 等. 酸性矿山废水的处理研究[J]. 四川环境, 2004, 23(6)：50-57.

[53] 吕克新, 夏青, 邱亚丽. 浅谈冶炼烟气制酸污酸处理技术[J]. 中国金属通报, 2020, (10)：103-104.

[54] 米丽平, 孙春宝, 周峰, 等. 某铜铅锌硫化矿浮选废水特性研究[J]. 金属矿山, 2010, (5)：161-164.

[55] 唐伟. 典型危险废物填埋场渗漏源强及其环境风险评价研究[D]. 合肥：合肥工业大学, 2014.

[56] 沈楼燕, 李海港. 尾矿库防渗土工膜渗漏问题的探讨[J]. 有色金属（矿山部分）, 2009, 61(3)：71-74.

[57] 扬尘源颗粒物排放清单编制技术指南（试行）（公告 2014 年第 92 号）.

[58] 排放源统计调查产排污核算方法和系数手册（公告 2021 年第 24 号）.

[59] 李玉梅, 李海鹏, 张连科, 等. 包头某铜厂周边土壤重金属分布特征及来源分析[J]. 农业环境科学学报, 2016, 35(7)：1321-1328.

[60] 范书凯, 刘瑜. 某铜冶炼厂周围土壤砷污染特征及生态风险评价[J]. 中国矿业, 205, 24(S2)：89-91.

[61] 杨文聪, 祁士华, 邢新丽, 等. 大冶冶炼厂对周边土壤重金属贡献机制研究[J]. 环境科学与技术, 2020, 43(S1)：110-115.

[62] Nilo L, Marcelo A, Manuel B, et al. Human Health Risk Assessment from the Consumption of Vegetables Grown near a Copper Smelter in Central Chile[J]. Journal of Soil Science and Plant Nutrition, 2020, 20(3)：1472-1479.

[63] 张亚武, 金志玉, 李惠清, 等. 铜冶炼厂废水对土壤环境污染现状评价[J], 农业环境科学学报, 1985, 03：20-22.

[64] 胡宁静, 李泽琴, 黄朋, 等. 江西贵溪冶炼厂重金属环境污染特征及生态风险评价[J], 地球科学进展, 2004, 6：467-471.

[65] 张亚武, 金志玉, 李惠清, 等. 铜冶炼厂废气对土壤环境污染现状评价[J], 环境科学, 1984, 04：45-51.

[66] 刘鹏. 铜冶炼厂污染区域土壤重金属分布特性及其植物有效性研究[D]. 南京：南京农业大学, 2009.

[67] 张鑫. 安徽铜陵矿区重金属元素释放迁移地球化学特征及其环境效应研究[D]. 合肥：合肥工业大学, 2005.

附 录

附录1

《中华人民共和国土壤污染防治法》（节选）

（2018年8月31日第十三届全国人民代表大会常务委员会第五次会议通过）

第三章　预防和保护

第十八条　各类涉及土地利用的规划和可能造成土壤污染的建设项目，应当依法进行环境影响评价。环境影响评价文件应当包括对土壤可能造成的不良影响及应当采取的相应预防措施等内容。

第十九条　生产、使用、贮存、运输、回收、处置、排放有毒有害物质的单位和个人，应当采取有效措施，防止有毒有害物质渗漏、流失、扬散，避免土壤受到污染。

第二十一条　设区的市级以上地方人民政府生态环境主管部门应当按照国务院生态环境主管部门的规定，根据有毒有害物质排放等情况，制定本行政区域土壤污染重点监管单位名录，向社会公开并适时更新。

土壤污染重点监管单位应当履行下列义务：

（一）严格控制有毒有害物质排放，并按年度向生态环境主管部门报告排放情况；

（二）建立土壤污染隐患排查制度，保证持续有效防止有毒有害物质渗漏、流失、扬散；

（三）制定、实施自行监测方案，并将监测数据报生态环境主管部门。

第二十二条　企业事业单位拆除设施、设备或者建筑物、构筑物的，应当采取相应的土壤污染防治措施。

第二十三条　尾矿库运营、管理单位应当按照规定，加强尾矿库的安全管理，采取措施防止土壤污染。危库、险库、病库以及其他需要重点监管的尾矿库的运营、管理单位应当按照规定，进行土壤污染状况监测和定期评估。

第二十五条　建设和运行污水集中处理设施、固体废物处置设施，应当依照法律法规和相关标准的要求，采取措施防止土壤污染。

第二十八条　禁止向农用地排放重金属或者其他有毒有害物质含量超标的污水、污泥，以及可能造成土壤污染的清淤底泥、尾矿、矿渣等。

第三十三条　国家加强对土壤资源的保护和合理利用。对开发建设过程中剥离的表土，应当单独收集和存放，符合条件的应当优先用于土地复垦、土壤改良、造地和绿化等。

禁止将重金属或者其他有毒有害物质含量超标的工业固体废物、生活垃圾或者污染土壤用于土地复垦。

第四章　风险管控和修复

第一节　一般规定

第三十五条　土壤污染风险管控和修复，包括土壤污染状况调查和土壤污染风险评估、风险管控、修复、风险管控效果评估、修复效果评估、后期管理等活动。

第三十六条　实施土壤污染状况调查活动，应当编制土壤污染状况调查报告。

土壤污染状况调查报告应当主要包括地块基本信息、污染物含量是否超过土壤污染风险管控标准等内容。污染物含量超过土壤污染风险管控标准的，土壤污染状况调查报告还应当包括污染类型、污染来源以及地下水是否受到污染等内容。

第三十七条　实施土壤污染风险评估活动，应当编制土壤污染风险评估报告。

土壤污染风险评估报告应当主要包括下列内容：

（一）主要污染物状况；

（二）土壤及地下水污染范围；

（三）农产品质量安全风险、公众健康风险或者生态风险；

（四）风险管控、修复的目标和基本要求等。

第三十八条　实施风险管控、修复活动，应当因地制宜、科学合理，提高针对性和有效性。

实施风险管控、修复活动，不得对土壤和周边环境造成新的污染。

第三十九条　实施风险管控、修复活动前，地方人民政府有关部门有权根据实际情况，要求土壤污染责任人、土地使用权人采取移除污染源、防止污染扩散等措施。

第四十条　实施风险管控、修复活动中产生的废水、废气和固体废物，应当按照规定进行处理、处置，并达到相关环境保护标准。

实施风险管控、修复活动中产生的固体废物以及拆除的设施、设备或者建筑物、构筑物属于危险废物的，应当依照法律法规和相关标准的要求进行处置。

修复施工期间，应当设立公告牌，公开相关情况和环境保护措施。

第四十一条　修复施工单位转运污染土壤的，应当制定转运计划，将运输时间、方式、线路和污染土壤数量、去向、最终处置措施等，提前报所在地和接收地生态环境主管部门。

转运的污染土壤属于危险废物的，修复施工单位应当依照法律法规和相关标准的要求进行处置。

第四十二条　实施风险管控效果评估、修复效果评估活动，应当编制效果评估报告。

效果评估报告应当主要包括是否达到土壤污染风险评估报告确定的风险管控、修复目标等内容。

风险管控、修复活动完成后，需要实施后期管理的，土壤污染责任人应当按照要求实施后期管理。

第四十三条　从事土壤污染状况调查和土壤污染风险评估、风险管控、修复、风险管控效果评估、修复效果评估、后期管理等活动的单位，应当具备相应的专业能力。

受委托从事前款活动的单位对其出具的调查报告、风险评估报告、风险管控效果评估报告、修复效果评估报告的真实性、准确性、完整性负责，并按照约定对风险管控、修复、后期管理等活动结果负责。

第四十四条　发生突发事件可能造成土壤污染的，地方人民政府及其有关部门和相关企业事业单位以及其他生产经营者应当立即采取应急措施，防止土壤污染，并依照本法规定做好土壤污染状况监测、调查和土壤污染风险评估、风险管控、修复等工作。

第四十五条　土壤污染责任人负有实施土壤污染风险管控和修复的义务。土壤污染责任人无法认定的，土地使用权人应当实施土壤污染风险管控和修复。

地方人民政府及其有关部门可以根据实际情况组织实施土壤污染风险管控和修复。

国家鼓励和支持有关当事人自愿实施土壤污染风险管控和修复。

第四十六条　因实施或者组织实施土壤污染状况调查和土壤污染风险评估、风险管控、修复、风险管控效果评估、修复效果评估、后期管理等活动所支出的费用，由土壤污染责任人承担。

第四十七条　土壤污染责任人变更的，由变更后承继其债权、债务的单位或者个人履行相关土壤污染风险管控和修复义务并承担相关费用。

第四十八条　土壤污染责任人不明确或者存在争议的，农用地由地方人民政府农业农村、林业草原主管部门会同生态环境、自然资源主管部门认定，建设用地由地方人民政府生态环境主管部门会同自然资源主管部门认定。认定办法由国务院生态环境主管部门会同有关部门制定。

第三节 建设用地

第五十八条 国家实行建设用地土壤污染风险管控和修复名录制度。

建设用地土壤污染风险管控和修复名录由省级人民政府生态环境主管部门会同自然资源等主管部门制定，按照规定向社会公开，并根据风险管控、修复情况适时更新。

第五十九条 对土壤污染状况普查、详查和监测、现场检查表明有土壤污染风险的建设用地地块，地方人民政府生态环境主管部门应当要求土地使用权人按照规定进行土壤污染状况调查。

用途变更为住宅、公共管理与公共服务用地的，变更前应当按照规定进行土壤污染状况调查。

前两款规定的土壤污染状况调查报告应当报地方人民政府生态环境主管部门，由地方人民政府生态环境主管部门会同自然资源主管部门组织评审。

第六十条 对土壤污染状况调查报告评审表明污染物含量超过土壤污染风险管控标准的建设用地地块，土壤污染责任人、土地使用权人应当按照国务院生态环境主管部门的规定进行土壤污染风险评估，并将土壤污染风险评估报告报省级人民政府生态环境主管部门。

第六十一条 省级人民政府生态环境主管部门应当会同自然资源等主管部门按照国务院生态环境主管部门的规定，对土壤污染风险评估报告组织评审，及时将需要实施风险管控、修复的地块纳入建设用地土壤污染风险管控和修复名录，并定期向国务院生态环境主管部门报告。

列入建设用地土壤污染风险管控和修复名录的地块，不得作为住宅、公共管理与公共服务用地。

第六十二条 对建设用地土壤污染风险管控和修复名录中的地块，土壤污染责任人应当按照国家有关规定以及土壤污染风险评估报告的要求，采取相应的风险管控措施，并定期向地方人民政府生态环境主管部门报告。风险管控措施应当包括地下水污染防治的内容。

第六十三条 对建设用地土壤污染风险管控和修复名录中的地块，地方人民政府生态环境主管部门可以根据实际情况采取下列风险管控措施：

（一）提出划定隔离区域的建议，报本级人民政府批准后实施；

（二）进行土壤及地下水污染状况监测；

（三）其他风险管控措施。

第六十四条 对建设用地土壤污染风险管控和修复名录中需要实施修复的地块，土壤污染责任人应当结合土地利用总体规划和城乡规划编制修复方案，报地方人民政府生态环境主管部门备案并实施。修复方案应当包括地下水污染防治的内容。

第六十五条　风险管控、修复活动完成后，土壤污染责任人应当另行委托有关单位对风险管控效果、修复效果进行评估，并将效果评估报告报地方人民政府生态环境主管部门备案。

第六十六条　对达到土壤污染风险评估报告确定的风险管控、修复目标的建设用地地块，土壤污染责任人、土地使用权人可以申请省级人民政府生态环境主管部门移出建设用地土壤污染风险管控和修复名录。

省级人民政府生态环境主管部门应当会同自然资源等主管部门对风险管控效果评估报告、修复效果评估报告组织评审，及时将达到土壤污染风险评估报告确定的风险管控、修复目标且可以安全利用的地块移出建设用地土壤污染风险管控和修复名录，按照规定向社会公开，并定期向国务院生态环境主管部门报告。

未达到土壤污染风险评估报告确定的风险管控、修复目标的建设用地地块，禁止开工建设任何与风险管控、修复无关的项目。

第六十七条　土壤污染重点监管单位生产经营用地的用途变更或者在其土地使用权收回、转让前，应当由土地使用权人按照规定进行土壤污染状况调查。土壤污染状况调查报告应当作为不动产登记资料送交地方人民政府不动产登记机构，并报地方人民政府生态环境主管部门备案。

第六十八条　土地使用权已经被地方人民政府收回，土壤污染责任人为原土地使用权人的，由地方人民政府组织实施土壤污染风险管控和修复。

附录 2
《土壤污染防治行动计划》（国发［2016］31号）（节选）

总体要求： 全面贯彻党的十八大和十八届三中、四中、五中全会精神，按照"五位一体"总体布局和"四个全面"战略布局，牢固树立创新、协调、绿色、开放、共享的新发展理念，认真落实党中央、国务院决策部署，立足我国国情和发展阶段，着眼经济社会发展全局，以改善土壤环境质量为核心，以保障农产品质量和人居环境安全为出发点，坚持预防为主、保护优先、风险管控，突出重点区域、行业和污染物，实施分类别、分用途、分阶段治理，严控新增污染、逐步减少存量，形成政府主导、企业担责、公众参与、社会监督的土壤污染防治体系，促进土壤资源永续利用，为建设"蓝天常在、青山常在、绿水常在"的美丽中国而奋斗。

工作目标： 到 2020 年，全国土壤污染加重趋势得到初步遏制，土壤环境质量总体保持稳定，农用地和建设用地土壤环境安全得到基本保障，土壤环境风险得到基本管控。到 2030 年，全国土壤环境质量稳中向好，农用地和建设用地土壤环境安全得到有效保障，土壤环境风险得到全面管控。到 21 世纪中叶，土壤环境质量全面改善，生态系统实现良性循环。

主要指标：到 2020 年，受污染耕地安全利用率达到 90％左右，污染地块安全利用率达到 90％以上。到 2030 年，受污染耕地安全利用率达到 95％以上，污染地块安全利用率达到 95％以上。

一、开展土壤污染调查，掌握土壤环境质量状况

（一）深入开展土壤环境质量调查。建立土壤环境质量状况定期调查制度，每 10 年开展 1 次。

（十二）明确管理要求。建立调查评估制度。自 2018 年起，重度污染农用地转为城镇建设用地的，由所在地市、县级人民政府负责组织开展调查评估。调查评估结果向所在地环境保护、城乡规划、国土资源部门备案。

分用途明确管理措施。自 2017 年起，各地要结合土壤污染状况详查情况，根据建设用地土壤环境调查评估结果，逐步建立污染地块名录及其开发利用的负面清单，合理确定土地用途。符合相应规划用地土壤环境质量要求的地块，可进入用地程序。暂不开发利用或现阶段不具备治理修复条件的污染地块，由所在地县级人民政府组织划定管控区域，设立标识，发布公告，开展土壤、地表水、地下水、空气环境监测；发现污染扩散的，有关责任主体要及时采取污染物隔离、阻断等环境风险管控措施。

（十三）落实监管责任。地方各级城乡规划部门要结合土壤环境质量状况，加强城乡规划论证和审批管理。地方各级国土资源部门要依据土地利用总体规划、城乡规划和地块土壤环境质量状况，加强土地征收、收回、收购以及转让、改变用途等环节的监管。地方各级环境保护部门要加强对建设用地土壤环境状况调查、风险评估和污染地块治理与修复活动的监管。建立城乡规划、国土资源、环境保护等部门间的信息沟通机制，实行联动监管。

（十四）严格用地准入。将建设用地土壤环境管理要求纳入城市规划和供地管理，土地开发利用必须符合土壤环境质量要求。地方各级国土资源、城乡规划等部门在编制土地利用总体规划、城市总体规划、控制性详细规划等相关规划时，应充分考虑污染地块的环境风险，合理确定土地用途。

五、强化未污染土壤保护，严控新增土壤污染

（十五）加强未利用地环境管理。按照科学有序原则开发利用未利用地，防止造成土壤污染。拟开发为农用地的，有关县（市、区）人民政府要组织开展土壤环境质量状况评估；不符合相应标准的，不得种植食用农产品。各地要加强纳入耕地后备资源的未利用地保护，定期开展巡查。依法严查向沙漠、滩涂、盐碱地、

沼泽地等非法排污、倾倒有毒有害物质的环境违法行为。加强对矿山、油田等矿产资源开采活动影响区域内未利用地的环境监管，发现土壤污染问题的，要及时督促有关企业采取防治措施。推动盐碱地土壤改良，自 2017 年起，在新疆生产建设兵团等地开展利用燃煤电厂脱硫石膏改良盐碱地试点。

（十六）防范建设用地新增污染。排放重点污染物的建设项目，在开展环境影响评价时，要增加对土壤环境影响的评价内容，并提出防范土壤污染的具体措施；需要建设的土壤污染防治设施，要与主体工程同时设计、同时施工、同时投产使用；有关环境保护部门要做好有关措施落实情况的监督管理工作。自 2017 年起，有关地方人民政府要与重点行业企业签订土壤污染防治责任书，明确相关措施和责任，责任书向社会公开。

（十七）强化空间布局管控。加强规划区划和建设项目布局论证，根据土壤等环境承载能力，合理确定区域功能定位、空间布局。鼓励工业企业集聚发展，提高土地节约集约利用水平，减少土壤污染。严格执行相关行业企业布局选址要求，禁止在居民区、学校、医疗和养老机构等周边新建有色金属冶炼、焦化等行业企业；结合推进新型城镇化、产业结构调整和化解过剩产能等，有序搬迁或依法关闭对土壤造成严重污染的现有企业。结合区域功能定位和土壤污染防治需要，科学布局生活垃圾处理、危险废物处置、废旧资源再生利用等设施和场所，合理确定畜禽养殖布局和规模。

六、加强污染源监管，做好土壤污染预防工作

（十八）严控工矿污染。加强日常环境监管。各地要根据工矿企业分布和污染排放情况，确定土壤环境重点监管企业名单，实行动态更新，并向社会公布。列入名单的企业每年要自行对其用地进行土壤环境监测，结果向社会公开。有关环境保护部门要定期对重点监管企业和工业园区周边开展监测，数据及时上传全国土壤环境信息化管理平台，结果作为环境执法和风险预警的重要依据。适时修订国家鼓励的有毒有害原料（产品）替代品目录。加强电器电子、汽车等工业产品中有害物质控制。有色金属冶炼、石油加工、化工、焦化、电镀、制革等行业企业拆除生产设施设备、构筑物和污染治理设施，要事先制定残留污染物清理和安全处置方案，并报所在地县级环境保护、工业和信息化部门备案；要严格按照有关规定实施安全处理处置，防范拆除活动污染土壤。

严防矿产资源开发污染土壤。自 2017 年起，内蒙古、江西、河南、湖北、湖南、广东、广西、四川、贵州、云南、陕西、甘肃、新疆等省（区）矿产资源开发活动集中的区域，执行重点污染物特别排放限值。全面整治历史遗留尾矿库，完善覆膜、压土、排洪、堤坝加固等隐患治理和闭库措施。有重点监管尾矿库的企业要开展环境风险评估，完善污染治理设施，储备应急物资。加强对矿产资源

开发利用活动的辐射安全监管，有关企业每年要对本矿区土壤进行辐射环境监测。

加强涉重金属行业污染防控。严格执行重金属污染物排放标准并落实相关总量控制指标，加大监督检查力度，对整改后仍不达标的企业，依法责令其停业、关闭，并将企业名单向社会公开。继续淘汰涉重金属重点行业落后产能，完善重金属相关行业准入条件，禁止新建落后产能或产能严重过剩行业的建设项目。按计划逐步淘汰普通照明白炽灯。提高铅酸蓄电池等行业落后产能淘汰标准，逐步退出落后产能。制定涉重金属重点工业行业清洁生产技术推行方案，鼓励企业采用先进适用生产工艺和技术。

加强工业废物处理处置。全面整治尾矿、煤矸石、工业副产石膏、粉煤灰、赤泥、冶炼渣、电石渣、铬渣、砷渣以及脱硫、脱硝、除尘产生固体废物的堆存场所，完善防扬散、防流失、防渗漏等设施，制定整治方案并有序实施。加强工业固体废物综合利用。对电子废物、废轮胎、废塑料等再生利用活动进行清理整顿，引导有关企业采用先进适用加工工艺、集聚发展，集中建设和运营污染治理设施，防止污染土壤和地下水。

七、开展污染治理与修复，改善区域土壤环境质量

（二十一）明确治理与修复主体。按照"谁污染，谁治理"原则，造成土壤污染的单位或个人要承担治理与修复的主体责任。责任主体发生变更的，由变更后继承其债权、债务的单位或个人承担相关责任；土地使用权依法转让的，由土地使用权受让人或双方约定的责任人承担相关责任。责任主体灭失或责任主体不明确的，由所在地县级人民政府依法承担相关责任。

（二十三）有序开展治理与修复。确定治理与修复重点。各地要结合城市环境质量提升和发展布局调整，以拟开发建设居住、商业、学校、医疗和养老机构等项目的污染地块为重点，开展治理与修复。在江西、湖北、湖南、广东、广西、四川、贵州、云南等省份污染耕地集中区域优先组织开展治理与修复；其他省份要根据耕地土壤污染程度、环境风险及其影响范围，确定治理与修复的重点区域。

强化治理与修复工程监管。治理与修复工程原则上在原址进行，并采取必要措施防止污染土壤挖掘、堆存等造成二次污染；需要转运污染土壤的，有关责任单位要将运输时间、方式、线路和污染土壤数量、去向、最终处置措施等，提前向所在地和接收地环境保护部门报告。工程施工期间，责任单位要设立公告牌，公开工程基本情况、环境影响及其防范措施；所在地环境保护部门要对各项环境保护措施落实情况进行检查。工程完工后，责任单位要委托第三方机构对治理与修复效果进行评估，结果向社会公开。实行土壤污染治理与修复终身责任制，2017 年底前，出台有关责任追究办法。

（二十四）监督目标任务落实。各省级环境保护部门要定期向环境保护部报告

土壤污染治理与修复工作进展；环境保护部要会同有关部门进行督导检查。各省（区、市）要委托第三方机构对本行政区域各县（市、区）土壤污染治理与修复成效进行综合评估，结果向社会公开。2017 年底前，出台土壤污染治理与修复成效评估办法。

八、加大科技研发力度，推动环境保护产业发展

（二十五）加强土壤污染防治研究。整合高等学校、研究机构、企业等科研资源，开展土壤环境基准、土壤环境容量与承载能力、污染物迁移转化规律、污染生态效应、重金属低积累作物和修复植物筛选，以及土壤污染与农产品质量、人体健康关系等方面基础研究。推进土壤污染诊断、风险管控、治理与修复等共性关键技术研究，研发先进适用装备和高效低成本功能材料（药剂），强化卫星遥感技术应用，建设一批土壤污染防治实验室、科研基地。优化整合科技计划（专项、基金等），支持土壤污染防治研究。

（二十六）加大适用技术推广力度。建立健全技术体系。综合土壤污染类型、程度和区域代表性，针对典型受污染农用地、污染地块，分批实施 200 个土壤污染治理与修复技术应用试点项目。根据试点情况，比选形成一批易推广、成本低、效果好的适用技术。

加快成果转化应用。完善土壤污染防治科技成果转化机制，建成以环保为主导产业的高新技术产业开发区等一批成果转化平台。开展国际合作研究与技术交流，引进消化土壤污染风险识别、土壤污染物快速检测、土壤及地下水污染阻隔等风险管控先进技术和管理经验。

（二十七）推动治理与修复产业发展。放开服务性监测市场，鼓励社会机构参与土壤环境监测评估等活动。通过政策推动，加快完善覆盖土壤环境调查、分析测试、风险评估、治理与修复工程设计和施工等环节的成熟产业链，形成若干综合实力雄厚的龙头企业，培育一批充满活力的中小企业。推动有条件的地区建设产业化示范基地。规范土壤污染治理与修复从业单位和人员管理，建立健全监督机制，将技术服务能力弱、运营管理水平低、综合信用差的从业单位名单通过企业信用信息公示系统向社会公开。发挥"互联网＋"在土壤污染治理与修复全产业链中的作用，推进大众创业、万众创新。

附录 3
《工矿用地土壤环境管理办法（试行）》（节选）
生态环境部令 第 3 号

第二条 本办法适用于从事工业、矿业生产经营活动的土壤环境污染重点监

管单位用地土壤和地下水的环境现状调查、环境影响评价、污染防治设施的建设和运行管理、污染隐患排查、环境监测和风险评估、污染应急、风险管控和治理与修复等活动，以及相关环境保护监督管理。

矿产开采作业区域用地，固体废物集中贮存、填埋场所用地，不适用本办法。

第三条　土壤环境污染重点监管单位（以下简称重点单位）包括：

（一）有色金属冶炼、石油加工、化工、焦化、电镀、制革等行业中应当纳入排污许可重点管理的企业；

（二）有色金属矿采选、石油开采行业规模以上企业；

（三）其他根据有关规定纳入土壤环境污染重点监管单位名录的企事业单位。

重点单位以外的企事业单位和其他生产经营者生产经营活动涉及有毒有害物质的，其用地土壤和地下水环境保护相关活动及相关环境保护监督管理，可以参照本办法执行。

第七条　重点单位新、改、扩建项目，应当在开展建设项目环境影响评价时，按照国家有关技术规范开展工矿用地土壤和地下水环境现状调查，编制调查报告，并按规定上报环境影响评价基础数据库。

重点单位应当将前款规定的调查报告主要内容通过其网站等便于公众知晓的方式向社会公开。

第八条　重点单位新、改、扩建项目用地应当符合国家或者地方有关建设用地土壤污染风险管控标准。

重点单位通过新、改、扩建项目的土壤和地下水环境现状调查，发现项目用地污染物含量超过国家或者地方有关建设用地土壤污染风险管控标准的，土地使用权人或者污染责任人应当参照污染地块土壤环境管理有关规定开展详细调查、风险评估、风险管控、治理与修复等活动。

第九条　重点单位建设涉及有毒有害物质的生产装置、储罐和管道，或者建设污水处理池、应急池等存在土壤污染风险的设施，应当按照国家有关标准和规范的要求，设计、建设和安装有关防腐蚀、防泄漏设施和泄漏监测装置，防止有毒有害物质污染土壤和地下水。

第十条　重点单位现有地下储罐储存有毒有害物质的，应当在本办法公布后一年之内，将地下储罐的信息报所在地设区的市级生态环境主管部门备案。

重点单位新、改、扩建项目地下储罐储存有毒有害物质的，应当在项目投入生产或者使用之前，将地下储罐的信息报所在地设区的市级生态环境主管部门备案。

地下储罐的信息包括地下储罐的使用年限、类型、规格、位置和使用情况等。

第十一条　重点单位应当建立土壤和地下水污染隐患排查治理制度，定期对重点区域、重点设施开展隐患排查。发现污染隐患的，应当制定整改方案，及时采取技术、管理措施消除隐患。隐患排查、治理情况应当如实记录并建立档案。

重点区域包括涉及有毒有害物质的生产区，原材料及固体废物的堆存区、储放区和转运区等；重点设施包括涉及有毒有害物质的地下储罐、地下管线，以及污染治理设施等。

第十二条　重点单位应当按照相关技术规范要求，自行或者委托第三方定期开展土壤和地下水监测，重点监测存在污染隐患的区域和设施周边的土壤、地下水，并按照规定公开相关信息。

第十三条　重点单位在隐患排查、监测等活动中发现工矿用地土壤和地下水存在污染迹象的，应当排查污染源，查明污染原因，采取措施防止新增污染，并参照污染地块土壤环境管理有关规定及时开展土壤和地下水环境调查与风险评估，根据调查与风险评估结果采取风险管控或者治理与修复等措施。

第十四条　重点单位拆除涉及有毒有害物质的生产设施设备、构筑物和污染治理设施的，应当按照有关规定，事先制定企业拆除活动污染防治方案，并在拆除活动前十五个工作日报所在地县级生态环境、工业和信息化主管部门备案。

企业拆除活动污染防治方案应当包括被拆除生产设施设备、构筑物和污染治理设施的基本情况、拆除活动全过程土壤污染防治的技术要求、针对周边环境的污染防治要求等内容。

重点单位拆除活动应当严格按照有关规定实施残留物料和污染物、污染设备和设施的安全处理处置，并做好拆除活动相关记录，防范拆除活动污染土壤和地下水。拆除活动相关记录应当长期保存。

第十五条　重点单位突发环境事件应急预案应当包括防止土壤和地下水污染相关内容。

重点单位突发环境事件造成或者可能造成土壤和地下水污染的，应当采取应急措施避免或者减少土壤和地下水污染；应急处置结束后，应当立即组织开展环境影响和损害评估工作，评估认为需要开展治理与修复的，应当制定并落实污染土壤和地下水治理与修复方案。

第十六条　重点单位终止生产经营活动前，应当参照污染地块土壤环境管理有关规定，开展土壤和地下水环境初步调查，编制调查报告，及时上传全国污染地块土壤环境管理信息系统。

重点单位应当将前款规定的调查报告主要内容通过其网站等便于公众知晓的方式向社会公开。

土壤和地下水环境初步调查发现该重点单位用地污染物含量超过国家或者地方有关建设用地土壤污染风险管控标准的，应当参照污染地块土壤环境管理有关规定开展详细调查、风险评估、风险管控、治理与修复等活动。

附录 4

《污染地块土壤环境管理办法》（节选）

环境保护部令 第 42 号

第二条 本办法所称疑似污染地块，是指从事过有色金属冶炼、石油加工、化工、焦化、电镀、制革等行业生产经营活动，以及从事过危险废物贮存、利用、处置活动的用地。

按照国家技术规范确认超过有关土壤环境标准的疑似污染地块，称为污染地块。

本办法所称疑似污染地块和污染地块相关活动，是指对疑似污染地块开展的土壤环境初步调查活动，以及对污染地块开展的土壤环境详细调查、风险评估、风险管控、治理与修复及其效果评估等活动。

第三条 拟收回土地使用权的，已收回土地使用权的，以及用途拟变更为居住用地和商业、学校、医疗、养老机构等公共设施用地的疑似污染地块和污染地块相关活动及其环境保护监督管理，适用本办法。

不具备本条第一款情形的疑似污染地块和污染地块土壤环境管理办法另行制定。

放射性污染地块环境保护监督管理，不适用本办法。

第九条 土地使用权人应当按照本办法的规定，负责开展疑似污染地块和污染地块相关活动，并对上述活动的结果负责。

第十条 按照"谁污染，谁治理"原则，造成土壤污染的单位或者个人应当承担治理与修复的主体责任。

责任主体发生变更的，由变更后继承其债权、债务的单位或者个人承担相关责任。

责任主体灭失或者责任主体不明确的，由所在地县级人民政府依法承担相关责任。

土地使用权依法转让的，由土地使用权受让人或者双方约定的责任人承担相关责任。

土地使用权终止的，由原土地使用权人对其使用该地块期间所造成的土壤污染承担相关责任。

土壤污染治理与修复实行终身责任制。

第十三条 对列入疑似污染地块名单的地块，所在地县级环境保护主管部门应当书面通知土地使用权人。

土地使用权人应当自接到书面通知之日起六个月内完成土壤环境初步调查，编制调查报告，及时上传污染地块信息系统，并将调查报告主要内容通过其网站等便于公众知晓的方式向社会公开。

土壤环境初步调查应当按照国家有关环境标准和技术规范开展，调查报告应当包括地块基本信息、疑似污染地块是否为污染地块的明确结论等主要内容，并附具采样信息和检测报告。

第十四条　设区的市级环境保护主管部门根据土地使用权人提交的土壤环境初步调查报告建立污染地块名录，及时上传污染地块信息系统，同时向社会公开，并通报各污染地块所在地县级人民政府。

对列入名录的污染地块，设区的市级环境保护主管部门应当按照国家有关环境标准和技术规范，确定该污染地块的风险等级。

污染地块名录实行动态更新。

第十六条　对列入污染地块名录的地块，设区的市级环境保护主管部门应当书面通知土地使用权人。

土地使用权人应当在接到书面通知后，按照国家有关环境标准和技术规范，开展土壤环境详细调查，编制调查报告，及时上传污染地块信息系统，并将调查报告主要内容通过其网站等便于公众知晓的方式向社会公开。

土壤环境详细调查报告应当包括地块基本信息，土壤污染物的分布状况及其范围，以及对土壤、地表水、地下水、空气污染的影响情况等主要内容，并附具采样信息和检测报告。

第十七条　土地使用权人应当按照国家有关环境标准和技术规范，在污染地块土壤环境详细调查的基础上开展风险评估，编制风险评估报告，及时上传污染地块信息系统，并将评估报告主要内容通过其网站等便于公众知晓的方式向社会公开。

风险评估报告应当包括地块基本信息、应当关注的污染物、主要暴露途径、风险水平、风险管控以及治理与修复建议等主要内容。

第十八条　污染地块土地使用权人应当根据风险评估结果，并结合污染地块相关开发利用计划，有针对性地实施风险管控。

对暂不开发利用的污染地块，实施以防止污染扩散为目的的风险管控。

对拟开发利用为居住用地和商业、学校、医疗、养老机构等公共设施用地的污染地块，实施以安全利用为目的的风险管控。

第十九条　污染地块土地使用权人应当按照国家有关环境标准和技术规范，编制风险管控方案，及时上传污染地块信息系统，同时抄送所在地县级人民政府，并将方案主要内容通过其网站等便于公众知晓的方式向社会公开。

风险管控方案应当包括管控区域、目标、主要措施、环境监测计划以及应急措施等内容。

第二十条　土地使用权人应当按照风险管控方案要求，采取以下主要措施：

（一）及时移除或者清理污染源；

（二）采取污染隔离、阻断等措施，防止污染扩散；

（三）开展土壤、地表水、地下水、空气环境监测；

（四）发现污染扩散的，及时采取有效补救措施。

第二十一条　因采取风险管控措施不当等原因，造成污染地块周边的土壤、地表水、地下水或者空气污染等突发环境事件的，土地使用权人应当及时采取环境应急措施，并向所在地县级以上环境保护主管部门和其他有关部门报告。

第二十二条　对暂不开发利用的污染地块，由所在地县级环境保护主管部门配合有关部门提出划定管控区域的建议，报同级人民政府批准后设立标识、发布公告，并组织开展土壤、地表水、地下水、空气环境监测。

第二十三条　对拟开发利用为居住用地和商业、学校、医疗、养老机构等公共设施用地的污染地块，经风险评估确认需要治理与修复的，土地使用权人应当开展治理与修复。

第二十四条　对需要开展治理与修复的污染地块，土地使用权人应当根据土壤环境详细调查报告、风险评估报告等，按照国家有关环境标准和技术规范，编制污染地块治理与修复工程方案，并及时上传污染地块信息系统。

土地使用权人应当在工程实施期间，将治理与修复工程方案的主要内容通过其网站等便于公众知晓的方式向社会公开。

工程方案应当包括治理与修复范围和目标、技术路线和工艺参数、二次污染防范措施等内容。

第二十五条　污染地块治理与修复期间，土地使用权人或者其委托的专业机构应当采取措施，防止对地块及其周边环境造成二次污染；治理与修复过程中产生的废水、废气和固体废物，应当按照国家有关规定进行处理或者处置，并达到国家或者地方规定的环境标准和要求。

治理与修复工程原则上应当在原址进行；确需转运污染土壤的，土地使用权人或者其委托的专业机构应当将运输时间、方式、线路和污染土壤数量、去向、最终处置措施等，提前五个工作日向所在地和接收地设区的市级环境保护主管部门报告。

修复后的土壤再利用应当符合国家或者地方有关规定和标准要求。

治理与修复期间，土地使用权人或者其委托的专业机构应当设立公告牌和警示标识，公开工程基本情况、环境影响及其防范措施等。

第二十六条　治理与修复工程完工后，土地使用权人应当委托第三方机构按照国家有关环境标准和技术规范，开展治理与修复效果评估，编制治理与修复效果评估报告，及时上传污染地块信息系统，并通过其网站等便于公众知晓的方式公开，公开时间不得少于两个月。

治理与修复效果评估报告应当包括治理与修复工程概况、环境保护措施落实情况、治理与修复效果监测结果、评估结论及后续监测建议等内容。

第二十七条 污染地块未经治理与修复，或者经治理与修复但未达到相关规划用地土壤环境质量要求的，有关环境保护主管部门不予批准选址涉及该污染地块的建设项目环境影响报告书或者报告表。

附录5
《重点监管单位土壤污染隐患排查指南（试行）》（节选）
生态环境部公告 2021年 第1号

一、适用范围

本指南适用于重点监管单位为保证持续有效防止重点场所或者重点设施设备发生有毒有害物质渗漏、流失、扬散造成土壤污染，而依法自行组织开展的土壤污染隐患排查工作。

其他工矿企业开展土壤污染隐患排查工作，可参照本指南。本指南未作规定事宜，应符合国家和行业有关标准的要求或规定。

三、总体要求

重点监管单位是土壤污染隐患排查工作的实施主体，应建立隐患排查组织领导机构，配备相应的管理和技术人员，可根据自身技术能力情况，自行组织开展排查，或者委托相关技术单位协助完成排查。

重点监管单位原则上应在本指南发布后一年内，以厂区为单位开展一次全面、系统的土壤污染隐患排查，新增重点监管单位应在纳入土壤污染重点监管单位名录后一年内开展。之后原则上针对生产经营活动中涉及有毒有害物质的场所、设施设备，每2～3年开展一次排查。重点监管单位可结合行业特点和生产实际，优化调整排查频次和排查范围。对于新、改、扩建项目，应在投产后一年内开展补充排查。

重点监管单位开展土壤和地下水自行监测结果存在异常的，应及时开展土壤污染隐患排查。

生态环境部门现场检查发现存在有毒有害物质渗漏、流失、扬散等污染土壤风险的，可要求重点监管单位及时开展土壤污染隐患排查，重点监管单位应按照本指南要求开展排查。

四、工作程序和要点

一般包括确定排查范围、开展现场排查、落实隐患整改、档案建立与应用等。

（一）确定排查范围。通过资料收集、人员访谈，确定重点场所和重点设施设备，即可能或易发生有毒有害物质渗漏、流失、扬散的场所和设施设备。

（二）开展现场排查。土壤污染隐患取决于土壤污染预防设施设备（硬件）和管理措施（软件）的组合。针对重点场所和重点设施设备，排查土壤污染预防设施设备的配备和运行情况，有关预防土壤污染管理制度建立和执行情况，分析判断是否能有效防止和及时发现有毒有害物质渗漏、流失、扬散，并形成隐患排查台账。

（三）落实隐患整改。根据隐患排查台账，制定整改方案，针对每个隐患提出具体整改措施，以及计划完成时间。整改方案应包括必要的设施设备提标改造或者管理整改措施。重点监管单位应按照整改方案进行隐患整改，形成隐患整改台账。

（四）档案建立与应用。隐患排查活动结束后，应建立隐患排查档案并存档备查。隐患排查成果可用于指导重点监管单位优化土壤和地下水自行监测点位布设等相关工作。

附录6
《建设用地土壤污染状况调查技术导则》（HJ 25.1—2019）（节选）

1 适用范围

本标准规定了建设用地土壤污染状况调查的原则、内容、程序和技术要求。

本标准适用于建设用地土壤污染状况调查，为建设用地土壤污染风险管控和修复提供基础数据和信息。

本标准不适用于含有放射性污染的地块调查。

4 基本原则和工作程序

4.2 工作程序

4.2.1 第一阶段土壤污染状况调查

第一阶段土壤污染状况调查是以资料收集、现场踏勘和人员访谈为主的污染识别阶段，原则上不进行现场采样分析。若第一阶段调查确认地块内及周围区域当前和历史上均无可能的污染源，则认为地块的环境状况可以接受，调查活动可以结束。

4.2.2 第二阶段土壤污染状况调查

4.2.2.1 第二阶段土壤污染状况调查是以采样与分析为主的污染证实阶段。若第一阶段土壤污染状况调查表明地块内或周围区域存在可能的污染源，如化工厂、农药厂、冶炼厂、加油站、化学品储罐、固体废物处理等可能产生有毒有害物质的设施或活动；以及由于资料缺失等原因造成无法排除地块内外存在污染源时，进行第二阶段土壤污染状况调查，确定污染物种类、浓度（程度）和空间分布。

4.2.2.2 第二阶段土壤污染状况调查通常可以分为初步采样分析和详细采样分析两步进行，每步均包括制定工作计划、现场采样、数据评估和结果分析等步骤。初步采样分析和详细采样分析均可根据实际情况分批次实施，逐步减少调查的不确定性。

4.2.2.3 根据初步采样分析结果，如果污染物浓度均未超过 GB 36600 等国家和地方相关标准以及清洁对照点浓度（有土壤环境背景的无机物），并且经过不确定性分析确认不需要进一步调查后，第二阶段土壤污染状况调查工作可以结束；否则认为可能存在环境风险，须进行详细调查。标准中没有涉及的污染物，可根据专业知识和经验综合判断。详细采样分析是在初步采样分析的基础上，进一步采样和分析，确定土壤污染程度和范围。

4.2.3 第三阶段土壤污染状况调查

第三阶段土壤污染状况调查以补充采样和测试为主，获得满足风险评估及土壤和地下水修复所需的参数。本阶段的调查工作可单独进行，也可在第二阶段调查过程中同时开展。

5 第一阶段土壤污染状况调查

5.4 结论与分析

本阶段调查结论应明确地块内及周围区域有无可能的污染源，并进行不确定性分析。若有可能的污染源，应说明可能的污染类型、污染状况和来源，并应提出第二阶段土壤污染状况调查的建议。

6 第二阶段土壤污染状况调查

6.1 初步采样分析工作计划

根据第一阶段土壤污染状况调查的情况制定初步采样分析工作计划，内容包括核查已有信息、判断污染物的可能分布、制定采样方案、制定健康和安全防护计划、制定样品分析方案和确定质量保证和质量控制程序等任务。

6.2 详细采样分析工作计划

在初步采样分析的基础上制定详细采样分析工作计划。详细采样分析工作计划主要包括：评估初步采样分析工作计划和结果，制定采样方案，以及制定样品分析方案等。详细调查过程中监测的技术要求按照 HJ 25.2 中的规定执行。

6.4 数据评估和结果分析

6.4.3 结果分析

根据土壤和地下水检测结果进行统计分析，确定地块关注污染物种类、浓度水平和空间分布。

7 第三阶段土壤污染状况调查

7.1 主要工作内容

主要工作内容包括地块特征参数和受体暴露参数的调查。

7.3 调查结果

该阶段的调查结果供地块风险评估、风险管控和修复使用。

附录7

《建设用地土壤污染风险管控和修复监测技术导则》
(HJ 25.1—2019)（节选）

1 适用范围

本标准规定了建设用地土壤污染风险管控和修复监测的基本原则、程序、工作内容和技术要求。

本标准适用于建设用地土壤污染状况调查和土壤污染风险评估、风险管控、修复、风险管控效果评估、修复效果评估、后期管理等活动的环境监测。

本标准不适用于建设用地的放射性及致病性生物污染监测。

4 基本原则、工作内容及工作程序

4.2 工作内容

4.2.1 地块土壤污染状况调查监测

地块土壤污染状况调查和土壤污染风险评估过程中的环境监测，主要工作是采用监测手段识别土壤、地下水、地表水、环境空气、残余废弃物中的关注污染物及水文地质特征，并全面分析、确定地块的污染物种类、污染程度和污染范围。

4.2.2 地块治理修复监测

地块治理修复过程中的环境监测，主要工作是针对各项治理修复技术措施的实施效果所开展的相关监测，包括治理修复过程中涉及环境保护的工程质量监测和二次污染物排放的监测。

4.2.3 地块修复效果评估监测

对地块治理修复工程完成后的环境监测，主要工作是考核和评价治理修复后的地块是否达到已确定的修复目标及工程设计所提出的相关要求。

4.2.4 地块回顾性评估监测

地块经过修复效果评估后，在特定的时间范围内，为评价治理修复后地块对土壤、地下水、地表水及环境空气的环境影响所进行的环境监测，同时也包括针对地块长期原位治理修复工程措施的效果开展验证性的环境监测。

4.3 工作程序

地块环境监测的工作程序主要包括监测内容确定、监测计划制定、监测实施及监测报告编制。监测内容确定是监测启动后按照4.2中的要求确定具体工作内容；监测计划制定包括资料收集分析，确定监测范围、监测介质、监测项目及监测工作组织等过程；监测实施包括监测点位布设、样品采集及样品分析等过程。

附录 8

《建设用地土壤污染风险评估技术导则》（HJ 25.3—2019）（节选）

1 适用范围

本标准规定了开展建设用地土壤污染风险评估的原则、内容、程序、方法和技术要求。

本标准适用于建设用地健康风险评估和土壤、地下水风险控制值的确定。

本标准不适用于铅、放射性物质、致病性生物污染以及农用地土壤污染的风险评估。

4 工作程序和内容

地块风险评估工作内容包括危害识别、暴露评估、毒性评估、风险表征，以及土壤和地下水风险控制值的计算。

4.1 危害识别

收集土壤污染状况调查阶段获得的相关资料和数据，掌握地块土壤和地下水中关注污染物的浓度分布，明确规划土地利用方式，分析可能的敏感受体，如儿童、成人、地下水体等。

4.2 暴露评估

在危害识别的基础上，分析地块内关注污染物迁移和危害敏感受体的可能性，确定地块土壤和地下水污染物的主要暴露途径和暴露评估模型，确定评估模型参数取值，计算敏感人群对土壤和地下水中污染物的暴露量。

4.3 毒性评估

在危害识别的基础上，分析关注污染物对人体健康的危害效应，包括致癌效应和非致癌效应，确定与关注污染物相关的参数，包括参考剂量、参考浓度、致癌斜率因子和呼吸吸入单位致癌因子等。

4.4 风险表征

在暴露评估和毒性评估的基础上，采用风险评估模型计算土壤和地下水中单一污染物经单一途径的致癌风险和危害商，计算单一污染物的总致癌风险和危害指数，进行不确定性分析。

4.5 土壤和地下水风险控制值的计算

在风险表征的基础上，判断计算得到的风险值是否超过可接受风险水平。如地块风险评估结果未超过可接受风险水平，则结束风险评估工作；如地块风险评估结果超过可接受风险水平，则计算土壤、地下水中关注污染物的风险控制值；如调查结果表明，土壤中关注污染物可迁移进入地下水，则计算保护地下水的土壤风险控制值；根据计算结果，提出关注污染物的土壤和地下水风险控制值。

附录 9

《建设用地土壤修复技术导则》（HJ 25.4—2019）（节选）

1 适用范围

本标准规定了建设用地土壤修复方案编制的基本原则、程序、内容和技术要求。

本标准适用于建设用地土壤修复方案的制定。地下水修复技术导则另行公布。

本标准不适用于放射性污染和致病性生物污染的土壤修复。

4 基本原则和工作程序

地块土壤修复方案编制分为以下三个阶段。

4.2.1 选择修复模式

在分析前期污染土壤污染状况调查和风险评估资料的基础上，根据地块特征条件、目标污染物、修复目标、修复范围和修复时间长短，选择确定地块修复总体思路。

4.2.2 筛选修复技术

根据地块的具体情况，按照确定的修复模式，筛选实用的土壤修复技术，开展必要的实验室小试和现场中试，或对土壤修复技术应用案例进行分析，从适用条件、对本地块土壤修复效果、成本和环境安全性等方面进行评估。

4.2.3 制定修复方案

根据确定的修复技术，制定土壤修复技术路线，确定土壤修复技术的工艺参数，估算地块土壤修复的工程量，提出初步修复方案。从主要技术指标、修复工程费用以及二次污染防治措施等方面进行方案可行性比选，确定经济、实用和可行的修复方案。

附录 10

《污染地块风险管控与土壤修复效果评估技术导则》
（HJ 25.5—2018）（节选）

1 适用范围

本标准规定了建设用地污染地块风险管控与土壤修复效果评估的内容、程序、方法和技术要求。

本标准适用于建设用地污染地块风险管控与土壤修复效果的评估。地下水修复效果评估技术导则另行公布。

本标准不适用于含有放射性物质与致病性生物污染地块治理与修复效果的评估。

4 基本原则、工作内容与工作程序

4.2 工作内容

污染地块风险管控与土壤修复效果评估的工作内容包括：更新地块概念模型、布点采样与实验室检测、风险管控与修复效果评估、提出后期环境监管建议、编制效果评估报告。

4.3 工作程序

4.3.1 更新地块概念模型

应根据风险管控与修复进度，以及掌握的地块信息对地块概念模型进行实时更新，为制定效果评估布点方案提供依据。

4.3.2 布点采样与实验室检测

布点方案包括效果评估的对象和范围、采样节点、采样周期和频次、布点数量和位置、检测指标等内容，并说明上述内容确定的依据。原则上应在风险管控与修复实施方案编制阶段编制效果评估初步布点方案，并在地块风险管控与修复效果评估工作开展之前，根据更新后的概念模型进行完善和更新。

根据布点方案，制定采样计划，确定检测指标和实验室分析方法，开展现场采样与实验室检测，明确现场和实验室质量保证与质量控制要求。

4.3.3 风险管控与土壤修复效果评估

根据检测结果，评估土壤修复是否达到修复目标或可接受水平，评估风险管控是否达到规定要求。

对于土壤修复效果，可采用逐一对比和统计分析的方法进行评估，若达到修复效果，则根据情况提出后期环境监管建议并编制修复效果评估报告，若未达到修复效果，则应开展补充修复。

对于风险管控效果，若工程性能指标和污染物指标均达到评估标准，则判断风险管控达到预期效果，可继续开展运行与维护；若工程性能指标或污染物指标未达到评估标准，则判断风险管控未达到预期效果，必须对风险管控措施进行优化或调整。

4.3.4 提出后期环境监管建议

根据风险管控与修复工程实施情况与效果评估结论，提出后期环境监管建议。

4.3.5 编制效果评估报告

汇总前述工作内容，编制效果评估报告，报告应包括风险管控与修复工程概况、环境保护措施落实情况、效果评估布点与采样、检测结果分析、效果评估结论及后期环境监管建议等内容。